RUSSISCHE KAMPFFLUGZEUGE

SEIT 1934

Wilfried Bergholz

Motor
buch
Verlag

Einbandgestaltung: Frank Zähringer

Bildnachweis: Die Fotos, wenn nicht anders verzeichnet, stammen vom Autor oder aus seinem Archiv.

ISBN 978-3-613-04226-1

1. Auflage 2019

Sie finden uns im Internet unter www.motorbuch-verlag.de

Lektorat: Alexander Burden
Innengestaltung: WS – WerbeService Linke, 76185 Karlsruhe
Druck und Bindung: Graspo CZ, 76302 Zlin
Printed in Czech Republic

Inhalt

Vorwort

Ich lade Sie ein zu einer Entdeckungsreise durch den sowjetischen, heute russischen, militärischen Flugzeugbau, beginnend mit den 1930er Jahren. Machen Sie sich bekannt mit kreativen Konstrukteuren und ihren engsten Mitarbeitern in der „zweiten Reihe", die die eigentliche Leistung erbrachten. In den kriegerischen Auseinandersetzungen der letzten hundert Jahre spielten die Luftstreitkräfte eine zunehmende Rolle, es entstand der Begriff der Luftherrschaft, entscheidend für den Ausgang einer Schlacht. Sowjetische Flugzeuge hinterließen dabei einen besonderen Eindruck. Im Spanischen Bürgerkrieg (I-16), im Zweiten Weltkrieg (Jak-9, La-5), im Korea-Krieg (MiG-15), im Vietnam-Krieg (MiG-21). In allen Fällen kam diese Qualität für den Gegner überraschend.
Am 30. September 2015 griffen die russischen Luftstreitkräfte in den Konflikt in Syrien ein, auch überraschend, auf der Seite des syrischen Präsidenten Baschar al-Assad. Auf dem Militärflugplatz Hmeimim südlich von Latakia am Mittelmeer wurden 34 Kampfflugzeuge stationiert (Su-24M2, Su-25M3, Su-30M, Su-34), von der Strategischen Bomberflotte nahmen Maschinen des Typs Tu-160 und Tu-95 an den Kämpfen teil. Vom Kaspischen Meer aus verschoss die russische Marine 26 Marschflugkörper Kalibr-NK über 1.500 km auf Stellungen des IS. Die Präzision der russischen Lenkflugkörper beeindruckte US-amerikanische Militärs (Admiral James G. Foggo).
Kurz erwähnt werden muss noch, dass russische Kampfflugzeuge in über 40 Staaten im Einsatz waren oder noch sind, von der I-152 in den 30er Jahren bis zu den modernen Maschinen (Jak-130, Su-35, MiG-27K). Und wer dieses Buch aufmerksam liest, wird feststellen, dass die sowjetisch/russische Luftrüstung immer eine Reaktion auf bereits bestehende Kampfflugzeuge war, früher deutsche und heute amerikanische. Dieses ruinöse Wettrüsten trug auch zum Zerfall der Sowjetunion 1990 bei. Unter Präsident Boris Jelzin (bis 1999) stand das Land kurz vor dem politischen und ökonomischen (und somit auch militärischen) Zusammenbruch. Russland ist heute kein sozialistisches Land mehr, aber in vielen Ländern Europas wird es von den Medien als permanente Gefahr dargestellt. Dabei wird oft unterschlagen, wie oft das Land selbst Opfer von Invasionen war (u.a. Überfall durch Polen 1919-1921, Marschall Józef Pilsudski). Gerade für Deutschland bietet ein friedliches und kooperatives Zusammenleben mit Russland, dem größten Land Europas, eine sichere Zukunft.
Der wichtigste Schritt zur Konsolidierung des russischen Flugzeugbaus war 2006 die Gründung des Luftfahrtkonzerns OAK (Vereinigte Flugzeugbau Kooperation / englisch UAC United Aircraft Corporation) auf Dekret von Präsident Wladimir Putin. Im OAK versammelten sich alle verbliebenen Firmen: JSC Suchoi, RSK MiG, Tupolew, Iljuschin sowie die Holding IRKUT – einschließlich der zivilen Themen Superjet 100, MS-21 und CR929 (geplanter Erstflug 2020).
Jedes Buch hat zwei Deckel, leider. Mein Ziel war die Schaffung eines kompakten Nachschlagewerkes zur sowjetischen und russischen Luftrüstung ab 1934 – und den historischen Hintergründen. Das Buch wurde nicht als komplette Übersicht über alle Flugzeugtypen geplant und ich verweise den interessierten Leser gerne auf die Reihe Typenkompass zu den Themen Typolew, Suchoi, Mikojan/Gurewitsch, Jakowlew und Iljuschin. Eine vorzügliche Reihe. Etwas mehr Raum habe ich den Konstrukteuren Nikolai Polikarpow und Semjon Lawotschkin eingeräumt, über die bisher im deutschen Sprachraum wenig erschienen ist.
Ich bedanke mich für die wertvolle Unterstützung bei Ulrich Unger, Holger Lorenz, Rudolf Höfling, Rob Schleiffert, Wiktor Bakurski (Mir Techniki), Wladimir Awerjanow und Gennadi Petrow. Mein besonderer Dank gilt Wolfgang Zähle, Jens Wichmann und Christiane Müncheberg, die das Manuskript durchgesehen haben.

Wilfried Bergholz, August 2019

Zur großen Flugparade am 9. Juli 1967 in Domodedowo wurden die Jak-36, MiG-21PD, T-58WD vorgeflogen, Ausstellung: La-7, MiG-3, Jak-3, Il-2, Tu-2, E-66, E-166, Su-7B, Jak-28, Tu-16, M-4. (Foto via Ulrich Unger)

Polikarpow I-15 / I-152

Flugzeugtyp:	I-15bis
Verwendungszweck:	Jagdflugzeug
Antrieb:	1 x Schwezow M-25W Neunzylinder-Sternmotor mit 750 PS (552 kW)
Besatzung:	1
Länge:	6,28 m
Spannweite:	10,20 / 7,02 m
Höhe:	2,45 m
Flügelfläche:	22,50 m^2
Leermasse:	1.310 kg
Startmasse:	1.730 kg
max. Geschwindigkeit:	372 km/h
prakt. Gipfelhöhe:	9.800 m
Reichweite:	670 km
Bewaffnung:	4 x 7,62-mm-MG PW-1, 2 x FAB-50
Erstflug:	28. April 1930
Auflage:	384 (I-15) + 2.408 (I-152)

Nikolai Polikarpow (1892-1944) besuchte ab 1911 das Polytechnische Institut in Sankt Petersburg, nach dem Diplom 1916 wurde er Ingenieur bei den Russisch-Baltischen Luftschiff- und Flugzeugwerken, im August 1918 (nach der Revolution) dann Technischer Direktor im Moskauer DUX-Werk (russisch: Duks). Seine erste Aufgabe war die Nachkonstruktion der De Havilland DH.9A (als DUX R-1). Das Werk war im Jahr 1900 von Juri Möller gegründet worden, produzierte zunächst Fahrräder, dann Motorräder und mit Beginn des Ersten Weltkriegs Flugzeuge in Lizenz: Nieuport- und Farman-Typen, später auch Morane-Saulnier, Voisin L/LA und Sopwith Strutter (120 gekauft, 100 im DUX in Lizenz gebaut). Im Herbst 1928 brachte Polikarpow ein erfolgreiches Derivat der DH.4A an den Start, die R-5 (Antrieb Lizenz BMW VI, M-17, 690 PS). Dieser robuste und zuverlässige Anderthalbdecker kam im Massenbau auf fast 7.000 Exemplare, die sich als Aufklärer, Transporter (auch bei der Aeroflot) und als leichtes Bombenflugzeug bewährten. Die U-2 mit dem luftgekühlten Fünfzylinder-Sternmotor Schwezow M-11 (100 PS) entwickelte Polikarpow ursprünglich als Schulflugzeug, aber die sicheren Flugleistungen, die einfache Wartung und die kostengünstige Produktion machten sie zu einem „Bestseller". Die Angaben der Historiker schwanken, aber man kann von 40.000 gebauten Exemplaren ausgehen, die bis 1954 produziert wurden – als Schulflugzeug, Aufklärer, Verbindungsflugzeug und sogar als Kampflugzeug. Das heißt, in der Zeit des fast ungebremsten Vormarsches der deutschen Truppen 1941/42 kam die U-2, seit März 1942 Po-2 genannt, auch bei nächtlichen Störangriffen auf die deutschen Linien zum Einsatz. In der Wehrmacht wurde das Flugzeug verächtlich als „Nähmaschine" bezeichnet, aber etwas „störend" war der Abwurf von bis zu 300 kg Bomben dann wohl schon.

Im November 1929 war Polikarpow verhaftet worden, als Reaktion auf den Absturz des zweisitzigen Jägers 2I-N1 am 31. März 1926 (Vorwurf Sabotage) und kam ins Butyrka-Gefängnis in Moskau, durfte später aber weiter arbeiten. Um die Konstruktion eines neuen Jägers zu ermöglichen, wurde im ZKB-39 (Menschinski-Werk) eine Holzbaracke bereitgestellt. 20 Personen arbeiteten dort unter Bewachung: Konstrukteure, Zeichner, Statiker, Tischler, Metallarbeiter – alle Entscheidungen wurden gemeinsam diskutiert. Das fertige Produkt wurde zum Chodynka-Feld im Norden Moskaus transportiert und am 28. April 1930 startete Testpilot Benedikt Buchholz (1900-1933) zum Erstflug. Der Prototyp WT-11 trug am Leitwerk das Kennzeichen WT (für Inneres Gefängnis) und hatte einen Gnome-Rhône Jupiter VII (M-22, 473 PS) als Antrieb, Serienbau als I-5 (812 Exemplare).

Nach diesem Erfolg kam Polikarpow 1932 frei, versehen mit dem Auftrag, die 300 km/h-Grenze mit der I-15 endlich zu überspringen. Ebenfalls am Start war Pawel Suchoi (1895-1975) mit seiner I-14 (ANT-31). Für beide Maschinen war zunächst der Einbau des M-22 geplant, Suchoi schlug bereits einen freitragenden Tiefdecker vor. Da man mit dieser Konfiguration noch wenig Erfahrung hatte, wurden beide Konstrukteure mit dem Bau von je zwei Prototypen beauftragt. Aber als Bestmarke verlangte man bereits 400 km/h.

Mitte 1932 kam eine sowjetische Handelsdelegation mit der Firma Curtiss-Wright überein, den Neunzylinder-Sternmotor Cyclone SGR-1820-F3 (650 PS) in der Sowjetunion als M-25 in Lizenz zu bauen, zudem wurde 1934 eine komplette Motorenfabrik gekauft und dann in Perm, im westlichen Ural, Werk Nr. 19, errichtet. Das war zu jener Zeit ein Spitzenmotor, der in der Weiterentwicklung M-25A auf 710 PS gebracht werden konnte. Und der Motor war die Grundlage für den legendären ASch-62 (40.000 Auflagen), er trieb mit seinen 1.000 PS so bekannte Flugzeuge an wie die An-2 und die Li-2.

Wesentliche Schaltzentrale (wissenschaftlich und technologisch) im sowjetischen Flugzeugbau war damals (und ist heute noch) das ZAGI (Zentrales Aerohydrodynamisches Institut). Anmerkung: kyrillisch gibt es kein „h", sprich Gidro gleich Hydro. Das Institut war am 1. Dezember 1918 von Prof. Nikolai

Die erste erfolgreiche Konstruktion von Nikolai Polikarpow war die R-5, Auflage etwa 7.000 und im Einsatz als Aufklärer und leichtes Bombenflugzeug bis 1942.

Grundlage der I-5 war die WT-11, die während der Inhaftierung Polikarpows (WT für Inneres Gefängnis) entstand, Erstflug 28. April 1930, Serienbau bis 1934 (812).

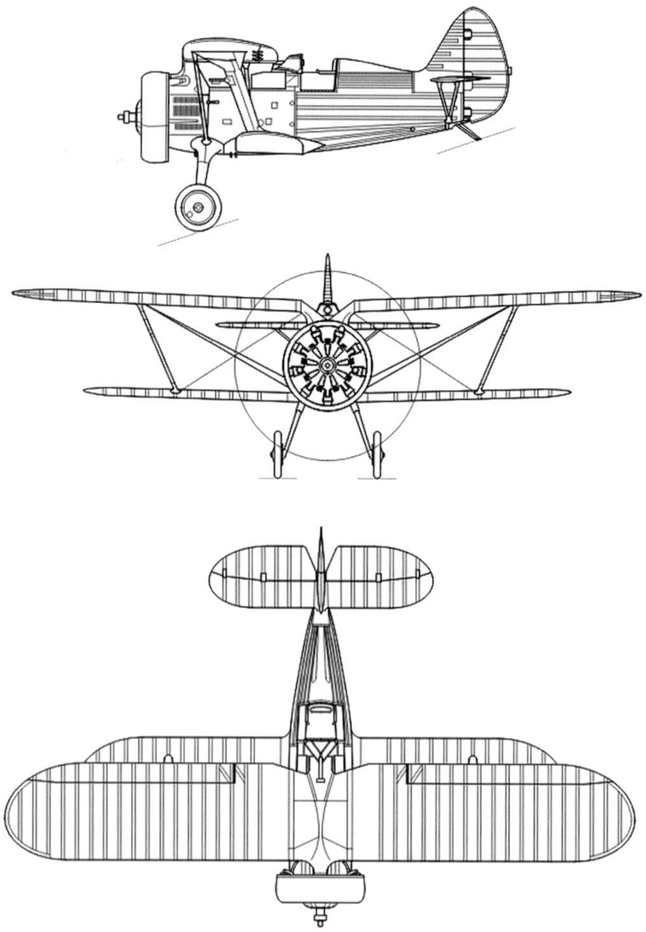

Polikarpow I-15 (Dr. Péter Kaboldy)

Schukowski (1847-1921) gegründet worden, einem international anerkannten Wissenschaftler (und Praktiker) auf dem Gebiet der aerodynamischen Forschung. Das ZAGI wurde auch Ausgangspunkt weiterführender Einrichtungen wie etwa das ZIAM (Zentrales Institut für Flugmotorenbau), das NII-WWS (Wissenschaftliches Forschungsinstitut der Luftstreitkräfte, u.a. für die staatliche Abnahme vor dem Serienbau) und die Institute für Avionik, Materialforschung, Produktionstechnologie u.v.a. Am 13. Januar 1933 veröffentlichte der Leiter der Hauptdirektion der Luftfahrtindustrie (GUAP), Pjotr Baranow, den Beschluss, alle Flugzeugkonstrukteure in einem Zentralen Konstruktionsbüro (ZKB) im Werk 39 in Moskau zusammenzufassen und in Brigaden zu strukturieren. Baranow (1893-1933) war Kommandeur im Bürgerkrieg und ein zielstrebiger Funktionär der jungen Sowjetmacht. Am 15. April 1925 unterzeichnete er in Moskau ein Dokument über die Gründung der deutschen Luftfahrtschule in Lipetsk (siehe deutsche Luftrüstung nach dem Ersten Weltkrieg). Baranow war auch an den Verhandlungen mit der Firma Curtiss-Wright in den USA beteiligt und wurde zum wichtigsten Organisator des sowjetischen Flugzeugbaus. Er kümmerte sich intensiv um das ZKB und das ZIAM, es erhielt Ende 1933 seinen Namen. Am 5. September 1933 starb Pjotr Baranow bei einem Flugzeugabsturz in einer zweimotorigen Tupolew R-6L (ANT-7) in der Region Podolsk, bei schlechtem Wetter. Dabei war seit dem 12. Juli 1931 hochrangigen Beamten des Sowjetstaats die Benutzung von Flugzeugen nur unter Auflagen erlaubt. Baranows Tod war ein großer Verlust, mit ihm hätte die sowjetische Luftrüstung im Sommer 1941 sicher anders ausgesehen. Von ihm überliefert ist das Zitat: „Ich weiß, dass dies eine schwierige Sache ist, aber unsere Luftflotte wird die erste in der Welt sein".

Polikarpows Gruppe im ZKB erhielt den Namen Brigade 2, die zukünftige I-15 wurde nun ZKB-3 genannt. Die I-15 war konstruktiv ein direkter Nachfolger der I-5: Stahlrohrrumpf, stoffbespanntes Tragwerk aus Holz, Profil Clark YN, Leitwerk mit einem Rahmen aus Duraluminium. Die Modellkommission der Luftfahrtindustrie bestellte am 4. Juni 1933 zwei Prototypen mit geschlossenem Cockpit, was von den Piloten jedoch abgelehnt wurde. Am 23. Oktober 1933 führte Waleri Tschkalow (1904-1938) den Erstflug aus. Die Flugerprobung wurde im Winter fortgesetzt, allerdings brach am 18. November das Ski-Fahrwerk ab bei einem Sinkflug mit 480 km/h, und bei der Landung wurde der Prototyp zerstört, Tschkalow blieb unverletzt. Die Erprobung konnte schon am 7. Dezember mit dem zweiten Prototyp fortgesetzt werden: Geschwindigkeit in Bodennähe 324 km/h, in 3.000 m 356 km/h, Steiggeschwindigkeit auf 3.000 m in 6,2 min, Vollkreis in 16 Sekunden. Das überzeugte den Auftraggeber, und so wurde der Serienbau in den zwei Moskauer Werken Nr. 1 und Nr. 39 beschlossen. Insgesamt konnten 1934 noch 94 Maschinen gebaut werden (alle mit Cyclone-Motoren), die Gesamtzahl stieg bis 1936 nur noch auf 384 Exemplare. Um internationale Wertschätzung für den sowjetischen Flugzeugbau zu erwerben, wurde der zweite Prototyp der I-15 für einen Rekordflug vorbereitet. Alles was irgendwie entbehrlich war, wurde entfernt, der Höhenmotor „Cyclone F54" (655 PS) eingebaut – ohne Townend-Ring. Am 21. November erreichte Wladimir Kokkinaki (1904-1985) die Höhe von 14.575 m. Der Weltrekord des italienischen Piloten Renato Donatti (Caproni-Doppeldecker), aufgestellt im April 1934, konnte somit um 140 Meter überboten werden.

Aber die Führung der Luftstreitkräfte tat sich schwer mit diesem Flugzeug. Die Piloten beklagten sich über die schlechte Bauqualität des Flugzeugs, im sowjetischen Flugzeugbau kein Einzelfall. Auch wurden die starken Triebwerke ohne eine geeignete Dämpfung montiert, was zu erhöhten Vibrationen, besonders beim Start, führte. Parallel mussten die üblichen „Kinderkrankheiten" erforscht und behoben werden: Instabilität um die Längsachse, zu hohes Leergewicht, Querrudervibrationen ab 340 km/h. Unter „russischen" Bedingungen wurde auf den

Einbau eines Ölkühlers verzichtet. Der Einsatz im Spanischen Bürgerkrieg 1936-1939 (20 Flugzeuge) auf Seiten der demokratisch gewählten Regierung zeigte diese Schwachstelle auf. Es handelte sich dabei schon um die Weiterentwicklung I-15bis, auch I-152 genannt. Das Kürzel „bis", das bei sowjetischen Flugzeugen wiederholt auftaucht, bedeutet so viel wie „neu gedacht" – benutzt wurde auch „Dubler" im Sinne von „Verbesserung".
Optisch auffällig bei der I-15bis ist der gerade Oberflügel (mit N-Stilen über dem Rumpf), um die Sicht der Piloten zu verbessern. Neben den 4 MGs vom Typ PW-1 konnten jetzt am unteren Flügel auch kleine Bomben (max. 100 kg) bzw. ungelenkte Raketen RS-82 mitgeführt werden. Das entsprach genau den Wünschen der militärischen Führung. Nun begann der eigentliche Massenbau: 2.408 Exemplare bis 1939. Aber diese Muster hatten natürlich ein deutliches Manko bei der Geschwindigkeit gegenüber der Konkurrenz – Erstflug der Bf 109 V1 am 28. Mai 1935. Das bedeutete maximale Geschwindigkeit 372 km/h zu 470 km/h. Neben in Spanien erfolgte der Einsatz der I-152 im Frühjahr 1939 auch in der Mongolei (gegen Japan) und im „Winterkrieg" gegen Finnland 1939-40. Fünf Maschinen wurden nach Notlandungen durch die finnische Luftwaffe erbeutet und als Schulflugzeuge verwendet.

Der erste Prototyp der I-15 (ZKB-3) erhielt den Neunzylinder-Sternmotor Cyclone SGR-1820-F3 (650 PS), der als M-25 in Perm in Lizenz gebaut wurde.

Die I-152 hatte einen geraden Oberflügel (mit N-Stilen über dem Rumpf), bis 1939 wurden 2.408 Maschinen gebaut (Foto: Francois Cabrol)

Polikarpow I-16

Anfang der 1930er Jahre zeichnete sich ab, dass die Zeit des Doppeldeckers vorbei war. Im Juni 1933 machte sich Polikarpow an ein modernes Konzept, das zwar auf der I-152 basierte, aber als freitragender Tiefdecker konzipiert war, Projektname ZKB-12. Eingearbeitet wurde ein geschlossenes Cockpit und eine neue Cowling für den Schwezow M-22 (Lizenz Gnome-Rhône 9). Zunächst entstand ein Mock-up aus Holz, das nach Besichtigung durch die Leitung der Luftstreitkräfte am 22. November 1933 sofort für den Massenbau empfohlen wurde. Alles ging ungewöhnlich schnell, und so hob die ZKB-12 am 30. Dezember 1933 erstmals ab, Pilot Waleri Tschkalow. Er gehörte noch zur „ersten Generation" der Testpiloten: unerschrockene Recken, die sich in jede Konstruktion schwangen, zum Erstflug aufstiegen – und sich ungern an den Flugplan hielten. Später bevorzugten die Konstrukteure ingenieurtechnisch ausgebildete Testpiloten, die sich mit mehr Vorsicht und Sachverstand einem neuen Flugzeug näherten und auch sachdienliche Hinweise für die Konstruktion geben konnten, wie etwa Michail Gromow (1899-1985). Später war er Dozent am Institut für Flugforschung in Schukowski (LII-WWS) im Osten Moskaus (Gründung 8. März 1941), das heute seinen Namen trägt. Neben hohen sowjetischen Auszeichnungen erhielt er auch das Kreuz der Ehrenlegion.

Am 3. Januar 1934 startete der zweite Prototyp der ZKB-12 und bereits am 16. Februar begann die staatliche Abnahme im NII durch Wladimir Kokkinaki (1904-1985), auch ein Vertreter der „zweiten Generation" von Testpiloten. Als Inhaber zahlreicher Weltrekorde war er ab 1966 Präsident der Fédération Aéronautique Internationale (FAI). Seine Bewertung der ZKB-12 fiel negativ aus. Möglicherweise lag es daran, dass die Maschine im russischen Winter mit Kufen ausgerüstet war, aber das Urteil lautete: schwer zu steuern, schwer zu kontrollieren. Die Flugzeuge wurden für den Umbau an das Werk Nr. 1 zurückgeschickt. Kleiner (wichtiger) Trost, das Konkurrenzmodell aus dem Hause Tupolew, die I-14 von Pawel Suchoi, bekam noch schlechtere Noten. Zudem hielt Jakow Alksnis (1897-1938), als Chef der Luftstreitkräfte, an der ZKB-12 fest. Alksnis war lettischer Abstammung und ein erfolgreicher Pilot, Rekordflug mit einer Polikarpow R-5 am 21. Juli 1929 von Moskau nach Sewastopol (1.300 km nonstop mit 233 km/h). Seine Laufbahn war von Leo Trotzki (1879-1940, Gründer der Roten Armee und bis 1925 Kriegskommissar) gefördert worden, der ihn allerdings für zu rabiat hielt. Am 23. November 1937 verlor Alksnis seine Ämter. Und im Rahmen eines geheimen Prozesses gegen fast die komplette Armeeführung, der sich in erster Linie gegen Michail Tuchatschewski (1893-1938, Marschall der Sowjetunion) richtete, wurde Alksnis am 29. Juli 1938 zusammen mit den anderen „Verschwörern" erschossen. Polikarpow arbeitete ab März 1934 die lange Liste der aufgeführten Mängel ab, betreffend auch die Elektrik, Sicht der Piloten, Qualität der Gurte, den schwerfälligen Einstieg ins Cockpit (Einbau Seitenklappe). Um bessere Bedingungen für die Erprobung zu schaffen, zog man vom verschneiten Flugplatz in Chodynka (damals noch Sitz des NII) um nach Katscha (Flug-

Flugzeugtyp:	**I-16 Typ 29**
Verwendungszweck:	Jagdflugzeug
Antrieb:	1 x Schwezow M-63 Neunzylinder-Sternmotor mit 900 PS (671 kW)
Besatzung:	1
Länge:	6,13 m
Spannweite:	9,00 m
Höhe:	2,41 m
Flügelfläche:	14,54 m^2
Leermasse:	1.383 kg
Startmasse:	1.882 kg
max. Geschwindigkeit:	462 km/h
prakt. Gipfelhöhe:	8.650 m
Reichweite:	440 km
Bewaffnung:	2 x 7,62-mm-MG SchKAS, extern 2 x 12,7-mm-MG BS
Erstflug:	30. Dezember 1933
Auflage:	10.292

I-16 Serie 18 mit Genadi Zokolajew (1916-1976) Kommandeur des 4. Gardejagdfliegeregiments 1942 an der Leningrad-Front (8 Abschüsse, 14 in der Gruppe).

Die I-16, hier der erste Prototyp vor dem Werk 1 in Moskau Ende 1933, wurde auf der Internationalen Luftfahrtausstellung in Mailand 1935 ausgestellt.

schule der Militärpiloten Nr. 1) in der Nähe von Sewastopol. Die Erprobung durch Tschkalow ab dem 22. März war durchweg positiv. Die Höchstgeschwindigkeit betrug 359 km/h. Probleme bereitete nur das einziehbare Hauptfahrwerk (damals eine Neuheit), das mittels einer Kurbel bewegt werden musste, was sogar kräftigen Piloten wie Tschkalow nicht leicht fiel. Aber das Flugverhalten war stabil. Es ließen sich beachtliche Kunstflugfiguren erfliegen ohne die Gefahr, ins Flachtrudeln zu geraten. In den nächsten Monaten stand Polikarpow auch der M-25A zur Verfügung und mit immensen Überstunden konnte die Anpassung an die Zelle vollzogen werden, auch das Tragwerk wurde verstärkt. Die Erprobung der ZKB-12bis ab dem 7. September 1934 erbrachte 437 km/h in 3.000 m Höhe, aber erst am 17. Juli 1935 konnte der Serienbau im Werk 21 in Gorki (400 km östlich von Moskau) beginnen, erste Serie als I-16 Typ 4, bis Ende des Jahres wurden 350 Maschinen gebaut. Auffallend bei diesem Jäger war der kurze Rumpf (5,86 m); siehe Bf 109 mit 8,55 m und Jak-3 mit 8,49 m.

Es würde in diesem Rahmen zu weit führen, alle Serienmodelle der I-16 zu benennen, Fertigung bis 1942 auch in Nowosibirsk. Am 25. April 1935 trat die Seriennummer 123954 mit dem M-25A (730 PS) hervor, Leergewicht 1.432 kg. Sie brachte es auf 456 km/h – Einführung in die Serie als Typ 5. Wichtiger Vorteil für die Piloten: Das Fahrwerk konnte nun mittels Druckluft in die Flächen eingefahren werden. Für die Truppenerprobung wurde das 107. Jagdfliegerregiment (1. Luftbrigade in Brjansk) ausgewählt, das Urteil: „Einfache Steuerung, empfindliche Ruder, kleinste Fehler werden nicht verziehen."

Auf der Internationalen Luftfahrtausstellung in Mailand 1935 wurde die I-16 ausgestellt (neben der AIR-9 von Jakowlew, der Stahl-3 von Putilow und dem Flugboot OSGA-101 von Tschetwerikow). Im Spanischen Bürgerkrieg kamen ab dem

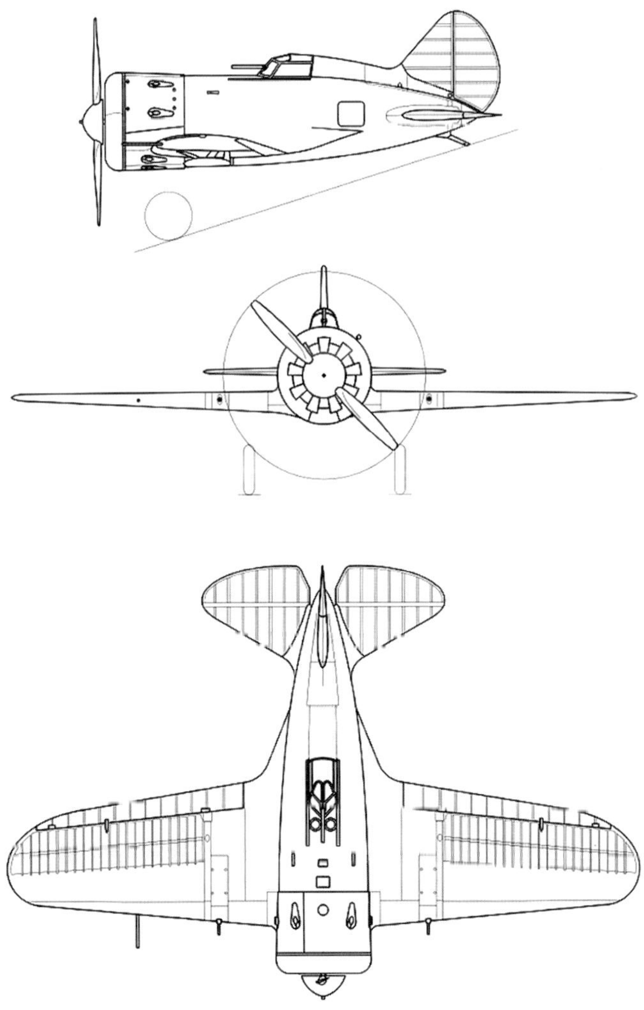

Polikarpow I-16 (Dr. Péter Kaboldy)

Erfolgreicher Einsatz der I-16 im Spanischen Bürgerkrieg, beim deutschen Überfall 1941 war sie jedoch veraltert, hier die D-EPRN 2010 in La Ferte-Alais (Foto: Pierre Cester).

9. November 1936 zunächst 31 Flugzeuge I-16 Typ 5 zum Einsatz, die Piloten stammten aus der 1. Luftbrigade in Brjansk, die Gruppe wurde befehligt von Hauptmann Sergej Tarchow (1909-1936). Schon in den ersten Tagen absolvierte er 20 Feindflüge (Hauptgegner He 51 und Fiat CR.32) und schoss fünf deutsche Jäger ab. Am 13. November 1936 versuchten um 15 Uhr 18 Bombenflugzeuge der Legion Condor nach Madrid durchzubrechen. Zur Abwehr stiegen 12 Jäger Typ I-152 auf und 12 der neuen I-16. Tarchow wurde abgeschossen, konnte sich noch mit dem Fallschirm retten, starb aber am 23. November in Madrid. Die Putschisten gaben der I-16 den Namen „Rata" (Ratte), bei den Republikanern bekam sie den Namen „Mosca" (Fliege). Die I-16 brachte es auf 350 Einsatzstunden ohne Inspektion, allerdings waren 35 % beständig in der Wartung, die Betriebszeit des Motors betrug nur 90 Stunden. Für die deutsche Luftwaffe war das Erscheinen der I-16 durchaus eine Überraschung, auch wenn sie noch schwach bewaffnet war. Ab der Serie 10 erhielt die I-16 endlich vier MGs SchKAS (7,62 mm), wobei zwei synchronisiert durch den Propeller schossen – siehe „Super-Mosca". Im März 1938 wurden 31 Maschinen nach Spanien verschifft, 90 folgten im August. Diese Modifikation konnte der Bf 109 halbwegs Paroli bieten, jedoch nur bis zu einer Höhe von 3.000 m. Ab Juli 1939 (Typ 18) konnte ohne große Umbauten der Schwezow M-63 (900 PS, 3.087 Exemplare) an die Zelle angepasst werden, der maximale Durchmesser von 1.375 mm war nur 10 mm größer als beim Vorgänger. Die letzte Serie der I-16 Typ 29 wurde ab Januar 1940 gebaut, bewaffnet mit zwei SchKAS (je 475 Patronen) und zwei 12,7-mm-MGs BS (unter dem Tragwerk mit je 240 Patronen), alternativ konnten bis zu 200 kg Bomben mitgeführt werden, bzw. sechs ungelenkte Raketen RS-82.

Wolfgang Zähle beschreibt die Konstruktion in Auswertung der originalen Dokumente sehr genau, ich zitiere ihn hier, da die Bauweise bei vielen Mustern von Polikarpow ähnlich war: „Die I-16 ist ein Flugzeug in Mischbauweise aus verschiedenen Materialien. So wurde Holz verwendet für die ovalen Spanten sowie mehrlagig geklebtes Furnierholz in verschiedenen Dicken für die Rumpfbeplankung. Chromstahlrohre für die Flügel- und Leitwerksholme, für das Fahrgestell und das Motorgerüst, Baustahl für Scharniere und Kleinteile. Duraluminium-Profile für die Rippen, Duralbleche für Teilbeplankungen am Bug und Perkal für die Bespannung. Perkal ist ein feinfädiges, dichtes Baumwollgewebe. Die zwei Holme des Mittelflügels und der beiden Außenflügel bestanden anfangs aus importiertem Chrom-Molybdän-, später aus inländischen Chrom-Mangan-Stahlrohren (Chromansil-Stahl 30CrMnSiA)."

Der Massenbau ergab eine beachtliche Zahl, wobei der russische Luftfahrtjournalist Michael Maslow von 10.292 Stück ausgeht, davon 1.639 zweisitzige Ausführungen (nach Wilfried Kopenhagen). Zu Beginn der deutschen Invasion 1941 waren noch etwa 3.600 Flugzeuge des Typs im regulären Einsatz.

Im Jahr 1995 konnte im Flugzeugwerk Nowosibirsk eine kleine Serie von Repliken aufgelegt werden, zum Teil bestehend aus Originalteilen, in jedem Fall auf der Basis noch vorhandener Konstruktionsunterlagen – auch der Schwezow M-62 stand noch zur Verfügung. Das Los umfasste 12 Maschinen des Typs I-16 und drei I-153, vorgestellt als Attraktion auf Flugshows weltweit. Mit deutscher Zulassung fliegt eine I-16 als D-EPRN (vormals ZK-JIN), Seriennummer 2421319 / Typ 24, Werk 21, Nummer 319.

Als Alternative zur I-16 bot Pawel Suchoi, damals Konstrukteur bei Tupolew, die I-14 an, Erstflug 7. Mai 1933, nur 18 Maschinen wurden gebaut.

Polikarpow I-17 / I-172

Mit dem Spanischen Bürgerkrieg wurde für alle neuen sowjetischen Jagdflugzeuge die Bf 109 B aus dem Jahr 1936 zum Maßstab, die mit dem 12-Zylinder-V-Motor Jumo 210D (680 PS) auftrat und 470 km/h in 4.000 m Höhe erreichte (Leergewicht 2.200 kg, 2 x synchronisierte Rheinmetall 7,92-mm-MG 17). Dieses Niveau sollte erreicht werden, und Polikarpow entschied sich bei der Modernisierung seiner I-16 auch für einen Reihenmotor. Sein Auge fiel schon früh auf den Hispano-Suiza 12Y (V12 mit 60° Zylinderwinkel), entwickelt von dem genialen Schweizer Konstrukteur Marc Birkigt (1878-1953). Die 12Y-Baureihe hatte 36 Liter Hubraum, ein Trockengewicht von nur 385 kg und leistete ab 1932 in der ersten Serie als HS12Ybrs 760 PS bei 2.400 U/min – der erste Rolls-Royce Kestrel brachte es auf 480 PS. Und Ende 1933 vereinbarte eine sowjetische Handelsdelegation die Lizenz zum Nachbau des Ybrs. Unverzüglich ging man im neuen Motorenwerk Nr. 26 in Rybinsk an die Arbeit und Anfang 1935 verließen die ersten Motoren mit der Bezeichnung M-100 (750 PS) die Taktstraße. Bis Jahresende gelang die Produktion von 100 Motoren, die zunächst im neuen Kampfflugzeug SB-2 (ANT 40) eingebaut wurden.

Auch Polikarpow meldete Ansprüche auf den neuen flüssig-

Flugzeugtyp:	**I-17**
Verwendungszweck:	Jagdflugzeug
Antrieb:	1 x Klimow M-100 Zwölfzylinder-V-Motor mit 750 PS (559 kW)
Besatzung:	1
Länge:	7,37 m
Spannweite:	10,00 m
Höhe:	2,55 m
Flügelfläche:	17,65 m²
Leermasse:	1.560 kg
Startmasse:	1.917 kg
max. Geschwindigkeit:	485 km/h
prakt. Gipfelhöhe:	9.700 m
Reichweite:	750 km
Bewaffnung:	4 x 7,62-mm-MG SchKAS
Erstflug:	1. September 1934
Auflage:	3

Es ist eine Überraschung, dass der zweite Prototyp der I-17 erhalten blieb und heute in der Geburtsstadt von Waleri Tschkalow ausgestellt ist (Foto: Wladimir Awerjanow).

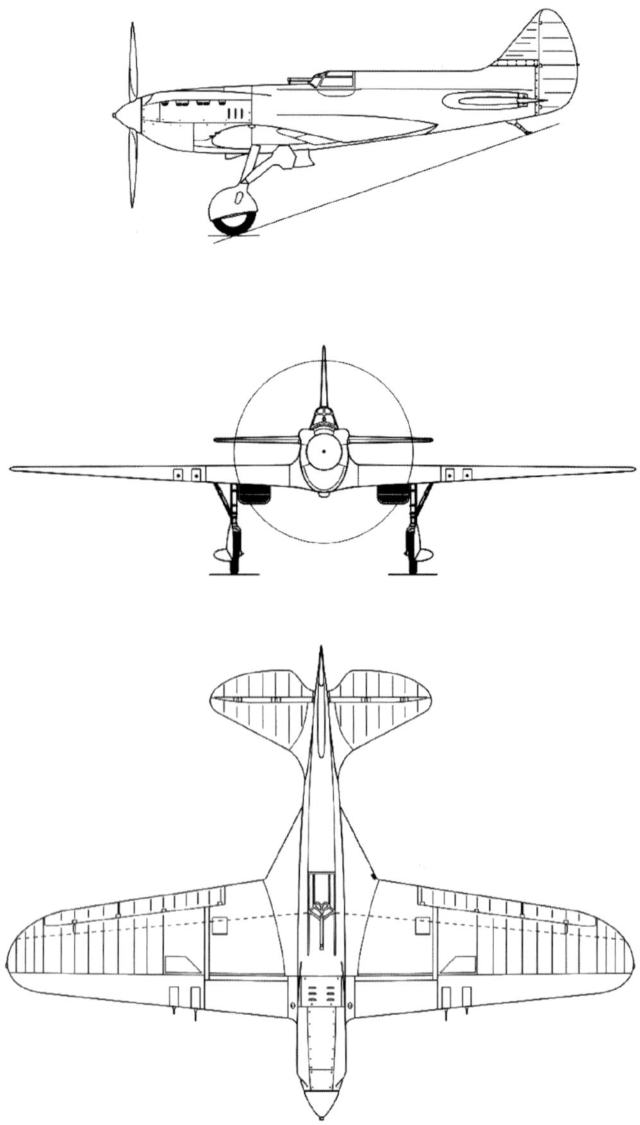

Polikarpow I-16 (Ugolok Neba).

keitsgekühlten Motor an. Als Ausgangspunkt für die Projektierung wählte er die I-16 Typ 5 und berechnete eine maximale Geschwindigkeit von 500 km/h, interne Bezeichnung ZKB-15. Jakow Alksnis, Chef der Luftstreitkräfte, beteiligte sich persönlich an den Planungsgesprächen, erster Termin am 7. Dezember 1933 um 20 Uhr – schon am 9. Dezember erhielt Polikarpow schriftlich den Auftrag zum Bau von drei Prototypen, einer für die Untersuchungen im Windkanal des ZAGI. 1939 wurde südöstlich von Moskau in Schukowski (in der Sowjetunion erhielten Orte oft Namen berühmter Persönlichkeiten) für das ZAGI ein gewaltiger Forschungskomplex eröffnet, u.a. mit dem Windkanal T-101. Mit ihm konnten Flugzeuge in Originalgröße (maximale Spannweite 25 m) getestet werden, siehe Polikarpow SPB.

Von den Luftstreitkräften erhielt die ZKB-15 die Bezeichnung I-17. Obwohl 1936 das ZKB (Zentrales Konstruktionsbüro) aufgelöst wurde und neue eigenständige Konstruktionsbüros (OKB) entstanden, wurde die alte Bezeichnung bis 1938 beibehalten. Der neue Jäger, Typenleiter Michail Gurewitsch (1893-1976), konnte noch Mitte 1934 im Menschinski-Werk fertig gestellt werden, Erstflug am 1. September, und am 12. September erreichte Tschkalow in 3.000 m Höhe 455 km/h. Die Erprobung gestaltete sich kompliziert. Das Flugzeug lag nicht sicher in der Hand, neigte zum Trudeln und war zu schnell im Landeanflug. Im April 1936 erschien der dritte Prototyp auf dem Flugplatz als ZKB-19. Als Bewaffnung wurden hier erstmals zwei synchronisierte SchKAS (7,62 mm) und zwei SchWAK (20 mm) eingebaut, im Tragwerk außerhalb des Propellerkreises. Erflogener Spitzenwert 485 km/h in 9.000 m Höhe.

Vom 13. bis 30. November 1936 war der zweite Prototyp I-17bis auf der 15. Internationalen Luftfahrtschau in Paris zu sehen (zusammen mit der ANT-25 und ANT-35). Das staatliche Interesse an der I-17 war aber deutlich abgeflaut. Offiziell hieß es, der Prototyp sei beim Rücktransport aus Paris beschädigt worden. Dennoch begann am 27. Dezember 1936 die staatliche Abnahme im NII mit dem Ziel, den Serienbau zu erreichen. Testpilot Wasili Stepantschonok (1901-1943) bewertete das Flugzeug durchaus positiv. Er verunglückte am 5. April 1943 mit der I-185. Stepantschonok gehörte zu den besten sowjetischen Piloten, der schon Mitte der 20er Jahre auf dem jährlichen Segelflugfest in Koktebel (Krim) mit waghalsigen Manövern die Zuschauer begeisterte (dreifacher Looping in Bodennähe).

Hauptproblem während der Erprobung der I-17bis war, dass Stepantschonok wiederholt auf einem Feld notlanden musste, da der Motor nicht sicher arbeitete. So zogen sich die Tests in die Länge, noch im März 1939 wurde an der I-17bis gearbeitet, die inzwischen den M-103 (960 PS) erhalten hatte, neue Bezeichnung I-172. Für diese Version hatte Polikarpow 550 km/h berechnet, wobei eine Motorkanone SchWAK eingebaut werden sollte, aber es ging nicht vorwärts. Außerdem standen zahlreiche Konkurrenten am Start mit luftgekühlten Sternmotoren: Jatschenko I-28, Silwanski I-220, Borowkow-Florow I-207. Auch Polikarpow arbeitete parallel an der I-180 mit Sternmotor (Erstflug 15. Dezember 1938). Damit war es für ihn an der Zeit, der langen Entwicklung der I-17 ein Ende zu setzen. Die Konstruktion in Gemischtbauweise entsprach durchaus dem technologischen Standard jener Zeit. Der Rumpf war eine Stahlrohrkonstruktion, der Bug war bis zum Cockpit mit Duralblechen verkleidet, der restliche Rumpf mit Furnierholz. Das zweiholmige Tragwerk hatte Rippen aus Duraluminium, die Ruder waren stoffbespannt. Überraschend und zugleich

Im November 1936 war die I-17bis auf der 15. Internationalen Luftfahrtschau in Paris zu sehen (zusammen mit der ANT-25 und ANT-35).

erfreulich ist, dass der zweite Prototyp der I-17 noch heute in dem kleinen, aber sehr bemerkenswerten Tschkalow-Museum in der Geburtsstadt des berühmten Testpiloten in Tschkalowsk (bis 1937 Wassiljowo, Region Nischni Nowgorod) zu sehen ist.

Nikolai Polikarpow im Juli 1938 mit Mitgliedern des Flugsportvereins im Werk 39 in Moskau, Ende 1941 wurde der Betrieb nach Irkutsk evakuiert.

Iljuschin DB-3 / Il-4

Zum 1933 neu gegründeten ZKB gehörte auch Sergej Iljuschin, damals schon 39 Jahre alt. Er war zwar einer der ersten Absolventen der Schukowski-Akademie für Ingenieure der Luftstreitkräfte (gegründet 1919), hatte aber eigentlich wenig vorzuweisen. Nun, ein paar erfolgreiche Segelflugzeuge hatte er konstruiert, und 1925 nahm er am alljährlichen Röhn-Segelflugwettbewerb in Deutschland teil. Danach wechselte er ins ZAGI, dem zentralen Forschungsinstitut für Flugzeugbau der Sowjetunion, um sich mit dem Bau eines Höhenforschungsballons zu beschäftigen. Er galt als guter Organisator. Im ZKB bekam seine Brigade Nr. 1 endlich eine „richtige" Aufgabe: Konstruktion und Bau eines Langstreckenbombers (DB). Allerdings waren zu dieser Zeit keine Flugmotoren für diese Aufgabe verfügbar. Pjotr Baranow wandte sich direkt an Stalin, und nach einer Diskussion Mitte 1933 in Kunzewo (Stalins Wohnsitz) erging der Beschluss, die Lizenz moderner Motoren im Ausland zu erwerben und diese weiterzuentwickeln. Neben den Büros für den Flugzeugbau gab es und entstanden nachfolgend Ingenieurbüros für den Triebwerksbau, die eine wesentliche Rolle spielten, wenigstens drei seien kurz genannt: Wladimir Klimow (Nachfolger Sergej Isotow) schuf in Sankt Petersburg, wo bereits 1914 im russischen Renault-Werk die Motoren für die „Ilja Muromez" von Igor Sikorski (1889-1972) gebaut worden waren, den M-100 auf der Basis des Hispano-Suiza 12Ydrs (Zwölfzylinder-V-Reihenmotor), sehr nachgefragt war der WK-105P. Klimow lieferte dann auch die Turbinen für die MiG-15 und die Tu-14. Arkadi Schwezow (Nachfolger Pawel Solowjow) baute ab 1930 in einem neuen Werk in Perm den Neunzylinder-Sternmotor M-25 in Serie (zuerst als Lizenz des Wright R-1820-F2 „Cyclone", dann als Weiterentwicklung), siehe auch ASch-82FN. Später lieferte das Büro die Triebwerke für die Tu-134 und Mi-6. Alexander Mikulin (Nachfolger Sergej Tumanski) entwickelte luftgekühlte Sternmotoren auf der Basis des Gnome-Rhône 9K bzw. 14K als M-22 (Siebenzylinder) bzw. M-82 ff. (Vierzehnzylinder-Doppelstern). Als erste sowjetische Eigenproduktion gilt der wassergekühlte M-34 bzw. AM-35A von Mikulin, bekannt geworden in der ANT-25, der MiG-1 und Il-2. Sein AM-3, das stärkste TL-Triebwerk der Welt jener Zeit (9.500 kp), ging 1952 in Serie (Tu-16, Tu-104). Zwischen den Flugzeug- und Motorenbauern gab es eine enge Kooperation. Die Motoren erhielten zunächst nur die Bezeichnung M, ab 1942 dann die Buchstaben ihrer Konstrukteure (wie die Flugzeuge auch).

Flugzeugtyp:	**DB-3F (Il-4)**
Verwendungszweck:	Bombenflugzeug
Antrieb:	2 x Mikulin M-88B Vierzehnzylinder-Sternmotoren mit 1.100 PS (809 kW)
Besatzung:	4
Länge:	14,76 m
Spannweite:	21,44 m
Höhe:	4,10 m
Flügelfläche:	66,70 m²
Leermasse:	6.421 kg
Startmasse:	10.055 kg
max. Geschwindigkeit:	398 km/h
prakt. Gipfelhöhe:	8.300 m
Reichweite:	3.800 km
Bewaffnung:	2 x 7,62-mm-MG SchKAS, 1 x 12,7-mm-MG BT, 2.000 kg Bomben
Erstflug:	1. Juli 1935
Auflage:	1.526 (DB-3), 5.256 (Il-4)

Sergej Iljuschin erwarb 1917 seinen Pilotenschein, am 21. April 1938 stürzte er mit der Jakowlew AIR-11 ab, überlebte aber schwer verletzt.

Noch bevor die Lizenz für den Gnome-Rhône 14K erworben war, machte sich Iljuschin an den Entwurf eines Bombenflugzeugs, das den Namen ZKB-26 erhielt, zunächst ausgestattet mit dem

Die DB-3 war das erste Serienmodell von Sergej Iljuschin (Erstflug 1. Juli 1935), sie setzte sich gegenüber der DB-2 (ANT-37) von Tupolew durch (Foto: Sergej Rjabsew).

Während von der DB-3 im Ganzen 1.526 Maschinen gebaut wurden, brachte es der Nachfolger Il-4 (neuer Bug und Antrieb) auf 5.256 Auflagen.

Auf dem Rumpfrücken war die Il-4 mit einem Drehturm bewaffnet, 12,7-mm-MG BT, unter dem Rumpf war ein 7,62-mm-MG SchKAS platziert.

In vielen sowjetischen Kampfflugzeugen wurden das MG SchKAS 7,62 mm (10 kg, von Schpitalny und Komaritzki) verwendet.

Mikulin M-34NA (V12-Zylinder, 900 PS). Damit waren die klaren Vorgaben aber nicht zu erreichen: Reichweite 4.000 km, praktische Gipfelhöhe 10.000, Geschwindigkeit 400 km/h. Iljuschin konstruierte einen schmalen Rumpf mit ovalem Querschnitt, der zunächst aus Holz gefertigt wurde, Serienausführung dann aus Metall. Im Juni 1934 begann im Werk 39 der Bau des ersten Prototyps. Allerdings wollte Tupolew das Eindringen eines „Neulings" in seine Domäne mit allen Mittel verhindern. Er intervenierte heftig bei den Luftstreitkräften, schob seine DB-2 (ANT-37, Erstflug 16. Juli 1935, Spannweite jedoch 31 m) nach vorn, aber Iljuschin erhielt seine Chance, d.h. zwei Triebwerke Gnome-Rhône 14K (Lizenz M-85), und am 1. Juli 1935 stand die neue Maschine auf dem Fruse-Flugplatz in Chodynka am Start (Wladimir Kokkinaki). Die Flugerprobung verlief sehr erfolgreich. Bis auf die Reichweite konnten alle Leistungen der DB-2 übertroffen werden. Man muss wissen, dass deren Massenbau in Werk 39 und in den Werken 18 (Woronesch) und 126 (Komsomolsk am Amur) schon in Vorbereitung war. Der eigentliche Durchbruch für Iljuschin kam am 1. Mai 1936, als sein Bomber an der Luftparade über dem Roten Platz teilnahm. Noch am selben Tag traf Stalin auf dem Flugplatz ein und bat um eine „private Flugschau" mit Kunstflug. Kokkinaki legte sich ins Zeug und zeigte das volle Programm: Fassrolle, Trudeln (Ausleiten nach drei Umdrehungen), Turn, Looping, Seitengleitflug. Fazit: Stalin ordnete an, den Massenbau als DB-3 noch im Sommer 1936 zu beginnen. So schnell ging es dann nicht, denn das neue Flugzeug (zweiter Prototyp ZKB-30) hatte noch die üblichen „Kinderkrankheiten", besonders der Austausch der Motoren dauerte zu lange (2-4 Tage). Aber im März 1937 konnte die Serie gestartet werden, erst in Moskau, dann in Woronesch – sie ergab 1.526 Flugzeuge. Kurz ein paar Sätze zur vertikalen Struktur in der Sowjetunion: Ganz oben stand der „Woschd" (auf Deutsch: der Führer) – Stalin. Nach seinem unauffälligen Aufstieg als Generalsekretär der Kommunistischen Partei (Bolschewiki) vernichtete er zunächst die bolschewistische Garde (Kamenjew, Sinowjew, Rykow, Bucharin, Trotzki) und dann fast die komplette Führung der Roten Armee. Zum engen Kreis seiner „Berater" wählte er: Anastas Mikojan, Wjatscheslaw Molotow, Kliment Woroschilow, Lasar Kaganowitsch – später kamen Lawrenti Berija und Nikita Chruschtschow dazu. Ziel der Politik war die Vernichtung der Opposition und eine industrielle Revolution. Diese Entwicklung wurde erzwungen durch den brutalen Umbau des Landes von einer Agrar- zu einer Industriewirtschaft. Der sowjetische Diktator Stalin regierte das Land mit eiserner Hand und seinem Geheimdienst NKWD. Winston Churchill schrieb über ihn: „Er übernahm das Russland des Hakenpflugs und hinterließ es im Besitz der Atombombe." Der erste Fünfjahrplan 1928 war auf der einen Seite bestimmt von der Zwangskollektivierung in der Landwirtschaft (verheerende Hungersnöte) und andererseits von der Errichtung von Stahlwerken, Kanälen, Staudämmen, Traktorenfabriken, chemischen Großanlagen und Werken für den Flugzeugbau. Nicht selten errichtet durch ein Heer von Zwangsarbeitern (man spricht für 1938 von 1,7 Millionen Gefangenen) unter dem Diktat von NKWD. Stalin war nicht nur paranoid, sondern auch intelligent und belesen. Er neigte dazu, sich in Fachdiskussionen zunächst schweigend die Ausführungen der Experten anzuhören. Dabei hatte er selten eine vorgefertigte Meinung. Stets anwesend bei diesen Besprechungen waren die schweigsamen „Beisitzer" Wjatscheslaw Molotow (1890-1986), die Nr. 2 und später Außenminister, sowie Kliment Woroschilow (1881-1969), bis 1940 Verteidigungsminister. Sie hörten zu und waren so etwas wie ein Aushängeschild einer „kollektiven Führung". Wenn alle Argumente ausgetauscht waren, stellte Stalin einige fachliche Fragen, um dann konkrete Aufgaben zu erteilen. Es ist zu betonen, dass jeder der Beauftragten die volle Unterstützung Stalins erhielt und sich jederzeit an den „Woschd" wenden konnte, wenn es im Gebälk der sowjetischen Bürokratie knirschte. Die Reihe der Mitspieler und z.T. auch Gegenspieler war groß: das Volkskommissariat (bis 1938, dann Ministerium) für Luftfahrtindustrie (NKAP / MAP), das Oberkommando der Luftstreitkräfte (WWS), deren wissenschaftliches Forschungsinstitut (NII-WWS) und das Flugerprobungsinstitut (LII-WWS), das Volkskommissariat für Verteidigung (NKO), das Zentralinstitut für aerodynamische Forschung (ZAGI) und viele andere ...

Zurück zur DB-3. Der erste Motor M-85 erwies sich als zu schwer, störanfällig und durstig ¬– ersetzt durch den 86, 87A und dann den 88. Der Einsatz zeigte (u.a. im sowjetisch-finnischen Krieg 1939-1940) einige Mängel des Bombers, die großen Verluste (50 Flugzeuge) wurden aber eher der schlechten Ausbildung der Besatzungen angekreidet. Die Weiterentwicklung DB-3F (Il-4) erhielt einen neuen verglasten Bug mit beweglichem 7,62-mm-MG, ein neues Tragwerk und ein viertes Besatzungsmitglied (Heckschütze nach unten). Beibehalten wurde der Drehturm auf dem Rumpfrücken (12,7-mm-MG BT). Die wichtigsten Waffen der sowjetischen Flugzeuge waren das MG SchKAS 7,62 mm (10 kg, von Schpitalny und Komaritzki), die MK SchWAK 20 mm (45 kg, von Schpitalny und Wladimirow), das schwere MG UB 12,7 mm (21 kg, von Beresin) und die MK NS-23 mit 23 mm (37 kg, von Nudelman-Suranow). Ab 1965 wurde die NS-23 durch die Grjasew-Schipunow GSch-23 und die Afanasjew-Makarow AM-23 ersetzt. Das sind nur ein paar Beispiele.

Der Massenbau der Il-4 ergab bis August 1945 eine Auflage von 5.256 Flugzeugen. Seiner eigentlichen Bestimmung entsprechend kam der Bomber kaum zum Einsatz (wenige Angriffe auf Berlin, Königsberg, Breslau). Er bekämpfte in erster Linie Verkehrsknotenpunkte und feindliche Truppenansammlungen. Bei Kriegsende waren noch etwa 1.200 Maschinen im Einsatz, sie wurden bis 1949 ausgemustert, die Il-4T (Torpedo) blieb bis 1952 im Dienst.

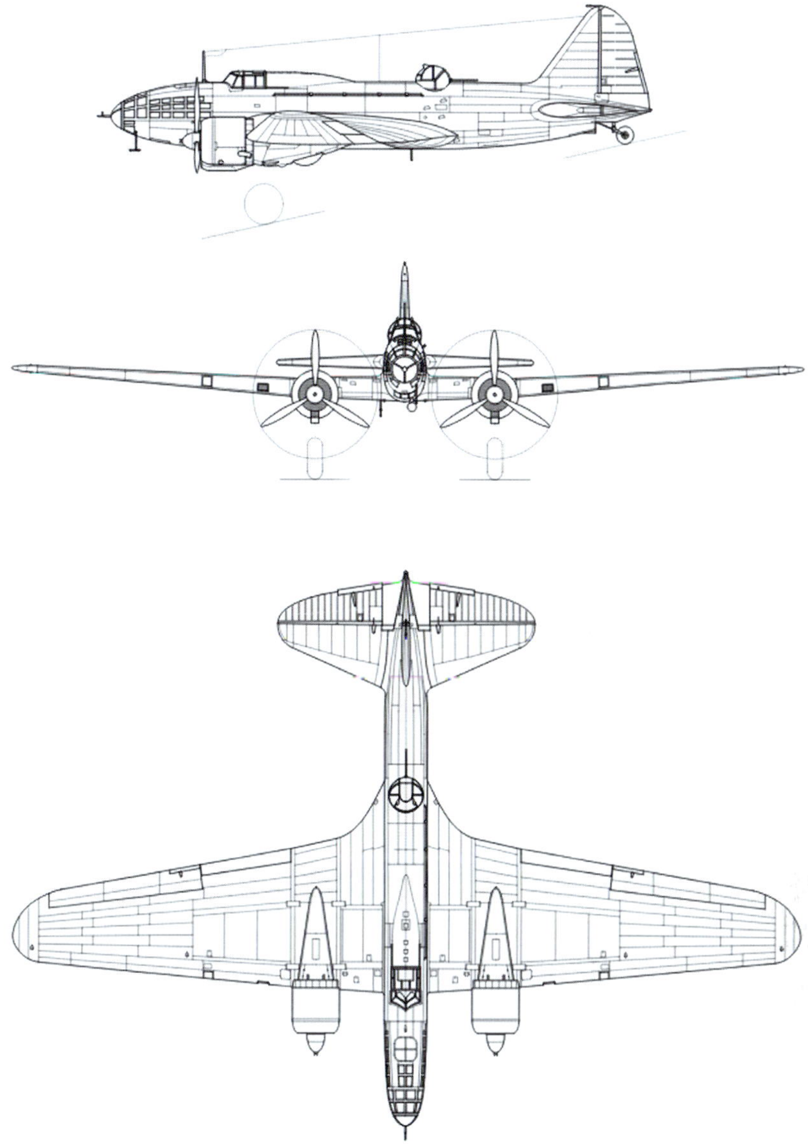

Iljuschin Il-4 (Dr. Péter Kaboldy)

Die Maschinenkanone SchWAK 20 mm (45 kg, von Schpitalny und Wladimirow) leistete eine Kadenz von 800 Schuss/min.

Polikarpow WIT-1 /-2 / SPB

WIT leitet sich aus dem russischen Namen „Luftjäger gegen Panzer“ ab. Mitte der 1930er Jahre gab es in der sowjetischen militärischen Führung keine Konzeption, wie man einem massiven Angriff von Panzern aus der Luft begegnen konnte. Genau genommen waren Nikolai Polikarpow und Boris Schpitalny (1902-1972), der Schöpfer der MK Sch-37, die ersten, die Anfang 1936 auf das Thema aufmerksam machten und einen konkreten Vorschlag unterbreiten konnten. Neu für Polikarpow war die Auslegung mit zwei Motoren. Zu einem späteren Zeitpunkt gab es zu diesem Thema weitere Projekte wie die MiG-5 (DIS, Erstflug 11. Juni 1941) und die Suchoi Su-8 (Erstflug 11. März 1944), siehe Typenkompass.

Bereits im Februar 1936 stellte Polikarpow bei einer Besprechung im Ministerium für Luftfahrtindustrie sein Projekt mit zwei M-100-Motoren und der MK Sch-37 vor. Es gab durchaus Zustimmung, aber „sachliche Zwänge“ hielten das Projekt auf. Entscheidend war, dass man dem Werk 39 bereits die Serienfertigung der Iljuschin DB-3M zugeteilt hatte. Polikarpow selbst wurde nach Gorki beordert, um im Werk 21 den Serienbau der I-16 zu verbessern. Im Ministerium selbst hatte man am 5. Juli 1936 „vergessen“, das neue Projekt in den Plan aufzuehmen.

Polikarpow hatte die WIT als Ganzmetallkonstruktion angelegt, Rumpf mit ovalem Querschnitt, Fertigung in Halbschalenbauweise mit einem genieteten Rahmen aus Chrom-Molybdän-Stahl.

Flugzeugtyp:	**WIT-2**
Verwendungszweck:	Schlachtflugzeug
Antrieb:	2 x Klimow M-105 Zwölfzylinder-V-Motor mit 1.050 PS (772 kW)
Besatzung:	3
Länge:	12,70 m
Spannweite:	16,50 m
Höhe:	3,40 m
Flügelfläche:	40,40 m^2
Leermasse:	4.010 kg
Startmasse:	6.160 kg
max. Geschwindigkeit:	523 km/h
prakt. Gipfelhöhe:	7.700 m
Reichweite:	950 km
Bewaffnung:	2 x 37-mm-MK Sch-37, 1 x 20-mm-MK SchWAK, 1 x 7,62-mm-MG SchKAS, 2 x FAB-100 Bomben
Erstflug:	29. Oktober 1937
Auflage:	5 Prototypen

Dieser „Luftjäger gegen Panzer“ (WIT) flog erstmals am 29. Oktober 1937, Bewaffnung 2 x 37-mm-MK, 1 x 20-mm-MK, 1 x 7,62-mm-MG, im Bild die WIT-2 mit doppeltem Leitwerk (Foto via Gennadi Petrow).

Die Rippen des trapezförmigen Tragwerks, die Rahmen für das Leitwerk und die Ruder sollten aus Duraluminium bestehen. Bewaffnung mit zwei Sch-37 (je 100 Patronen) rechts und links am vorderen Rumpf, später in die Flügelwurzeln verlegt. Das langgestreckte Cockpit nahm den Piloten und den Heckschützen auf, der über ein bewegliches 7,62-m-MG SchKAS (520 Patronen) verfügte. Der Navigator im verglasten Bug konnte ein mobiles 20-mm-MG SchKAS bedienen. Die Bombenlast war zunächst auf 200 kg beschränkt (2 x FAB-100 bzw. 20 x A0-10). Im Bewerbungsschreiben hieß es: „Weder in der UdSSR noch in fremden Armeen gibt es ein Kampfflugzeug mit dieser Bewaffnung gegen Panzer.“ Aber die Begeisterung der Führung der Luftstreitkräfte hielt sich in Grenzen (Frankreich wurde erst vier Jahre später von deutschen Panzern überrollt). Zumindest Kliment Woroschilow (1881-1969, bis 1940 Verteidigungsminister) zeigte Interesse, und so wies er am 26. August 1936 das kleine Werk Nr. 84 in Chimki (eigentlich ein Reparaturbetrieb mit wenig geeignetem Personal) an, die erste WIT zu bauen. Mit Hochdruck wurde im Büro von Polikarpow an der Erstellung der Zeichnungen gearbeitet. Am 31. Januar 1937 konnte der Modellkommission des Ministeriums bereits ein Mock-up vorgestellt werden und am 25. Juli erging der Regierungsbeschluss, zwei Prototypen zu bauen. Vorgabe: M-103 (960 PS), Geschwindigkeit in Bodennähe 480 km/h. Es ist fast unvorstellbar, aber am 14. Oktober (also nach drei Monaten) rollte die WIT-1 aus der Werkhalle und am 29. Oktober 1937 fand der Erstflug statt, Waleri Tschkalow. Zweiter Pilot war Pjotr Stefanowski (Testpilot LII): „Das Flugzeug ist leicht zu fliegen, Manövrierfähigkeit gut, Motorleistung akzeptabel.“ Allerdings gab es einige Probleme mit der Querstabilität und das Muster erreichte nicht die geforderten 500 km/h, so wurde die Staatsprüfung abgelehnt. Ein Jahr verstrich ungenutzt und erst am 13. Juli 1938 begann auf dem Schießstand der Luftstreitkräfte die Erprobung der Bewaffnung im Bodentest, Ergebnis: aus 500 m Entfernung konnte eine Panzerung von 30 mm durchschlagen werden. Dann folgte die Erprobung der Bewaffnung im Flug, Angriffswinkel aus einer Höhe von 3.000 m mit 35, 45 und 60 °. Die Zuverlässigkeit der Kanone wurde als ziemlich hoch eingeschätzt. Aber als Plattform für die ungewöhnliche Bewaffnung wurde die WIT als zu labil eingeschätzt. Besonders, wenn beide Kanonen im Einsatz waren, neigte das Flugzeug dazu, nach rechts auszubrechen.

Daraufhin entstand die WIT-2 mit doppeltem Leitwerk, der M-105 war geplant, aber noch nicht verfügbar, Erstflug am 11. Mai 1938. Polikarpow versprach eine Bombenlast von 1.000 kg und die WIT-2 zeigte am 1. Mai 1939 über dem Roten Platz ihr Können. Gut gemacht. Und endlich wurde das Flugzeug zur staatlichen Abnahme vorgestellt und Ende August 1939 (!) für den Serienbau empfohlen. Aber wo produzieren? Ab dem 2. August standen auch die ersten Exemplare des Klimow M-105 zur Verfügung, wobei sich der Einbau des ganzen Systems als schwierig erwies. Maximale Geschwindigkeit 523 km/h. Es muss ehrlich festgestellt werden, dass die Luftstreitkräfte wenig Interesse hatten an einem „Panzerjäger“, der im Sommer 1941 so wichtig gewesen wäre gegen die deutschen Panzerspitzen.

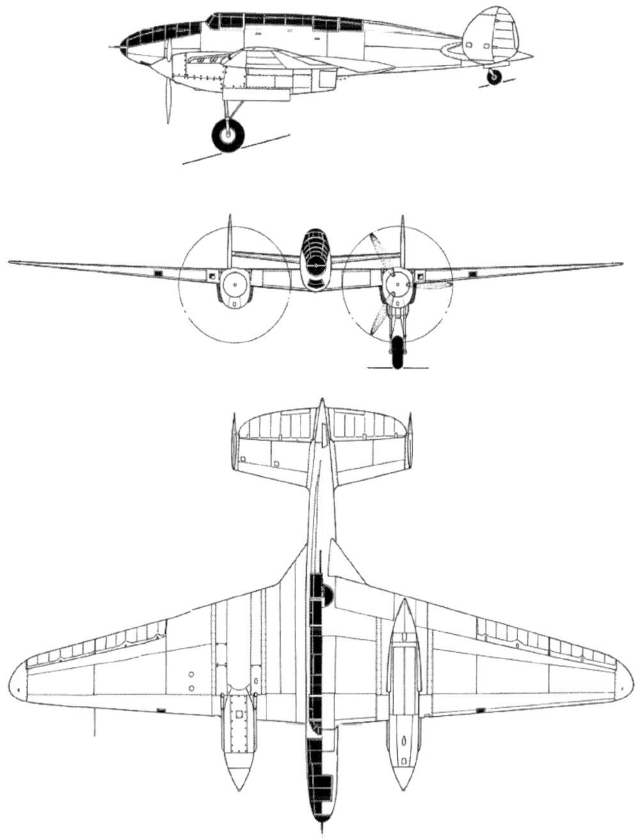

Polikarpow SPB (Ugolok Neba)

Man dachte Mitte 1939 eher an einen schnellen Nahbomber, wie die Jak-2 (Erstflug 12. Februar 1939), die es mit den gleichen Motoren auf 567 km/h brachte (allerdings ohne Bewaffnung) und dann im Einsatz die Erwartungen nicht erfüllen konnte. Mit Blick auf dieses Thema leitete Polikarpow von der WIT-2 parallel einen Sturzkampfbomber ab, genannt SPB (schneller Tiefflug-Bomber), von dem zwei Prototypen im Werk Nr. 22 (Moskau/Fili) gebaut wurden (Länge: 10,80 m, Spannweite 17,00 m, Leergewicht 4.590). Die erste Maschine konnte ab 12. November 1939 im großen Windkanal (T-101) im ZAGI erprobt werden. Erstflug am 18. Februar 1940, am Steuer saß der Werkspilot Boris Kudrin (1898-1977). Ab September 1941 war er Testpilot des sowjetischen Raketenflugzeugs Bolchowitinow BI-1.

Die SPB von Polikarpow erfüllte die Erwartungen nicht, zudem stürzte der zweite Prototyp am 26. April 1940 über dem Flugplatz Tuschino ab. Zum Einsatz kam schließlich die PB-100 (Sturzkampf-Bomber) von Wladimir Petljakow (Erstflug 22. Dezember 1939), die ab Januar 1941 in den Werken 22 und 39 in Serie gebaut wurde (siehe Pe-2, 11.426 Auflagen).

Aus der WIT-2 leitete Polikarpow den Sturzkampfbomber SPB ab, geplante Zuladung 1.000 kg Bomben, hier am 12. November 1939 im Windkanal T-101 des ZAGI, beachte die Person im Windkanal.

Die WIT war gut zu fliegen, aber als Plattform für die ungewöhnlich starke Bewaffnung erwies sie sich als zu instabil.

Polikarpow I-153 / I-190

Zwei Veränderungen stechen hervor im Vergleich zur I-15: das einziehbare Fahrwerk und der neue kraftvolle M-62 (800 PS) von Schwezow, zudem wurden beschussfeste Tanks eingebaut. Im Vorfeld des Zweiten Weltkriegs setzte Polikarpow die Arbeiten an der I-15 in dieser Weise fort. Das Muster war zwar nicht besonders schnell, aber ungewöhnlich wendig, was sich im Spanischen Bürgerkrieg als nicht zu unterschätzender Vorteil auch gegen moderne Muster erwiesen hatte, und die Bewaffnung mit vier 7,62-mm-MG war im Vergleich zur Bf 109 und He 51 eindrucksvoll. Während das MG PW-1 noch auf Basis des veralteten „Maxim“ entwickelt worden war, brachte es das neue MG SchKAS auf eine Schussgeschwindigkeit von 1.800 / min (bis 1940 wurden über 30.000 Ausgaben gebaut). Für die I-153 lag zunächst kein staatlicher Auftrag vor, aber Polikarpow konnte am 11. Oktober 1937 ein gutes Angebot vorlegen: maximale Geschwindigkeit 430 km/h. Einen Monat später wurde das Projekt genehmigt: Bau von zwei Prototypen. Aber das Militär verlangte den Einbau von zwei schweren MG 20 mm, die allerdings noch nicht zur Verfügung standen. So lag das Projekt auf Eis, zumal der Massenbau der 152 auf Hochtouren lief und zunächst nur der Schwezow M-25 zur Verfügung stand. Erst im August des Folgejahres konnten zwei neue „Möwen“ (russ. Tschaika wegen der Knickflügel)

Flugzeugtyp:	**I-153**
Verwendungszweck:	Jagdflugzeug
Antrieb:	1 x Schwezow M-62 Neunzylinder-Sternmotor mit 800 PS (588 kW)
Besatzung:	1
Länge:	6,18 m
Spannweite:	10,00 m / 7,50 m
Höhe:	2,80 m
Flügelfläche:	22,10 m^2
Leermasse:	1.348 kg
Startmasse:	1.765 kg
max. Geschwindigkeit:	443 km/h
prakt. Gipfelhöhe:	9.800 m
Reichweite:	740 km
Bewaffnung:	4 x 7,62-mm-MG SchKAS
Erstflug:	12. Dezember 1938
Auflage:	3.437

Die I-190 war das letzte Jagdflugzeug als Doppeldecker von Polikarpow, Erstflug in Chodynka am 30. Dezember 1939 auf Kufen, kein Serienauftrag.

Erste Ziele beim Angriff der deutschen Luftwaffe auf die Sowjetunion am 22. Juni 1941 waren frontnahen Flugplätze, hier ein Foto aus Minsk.

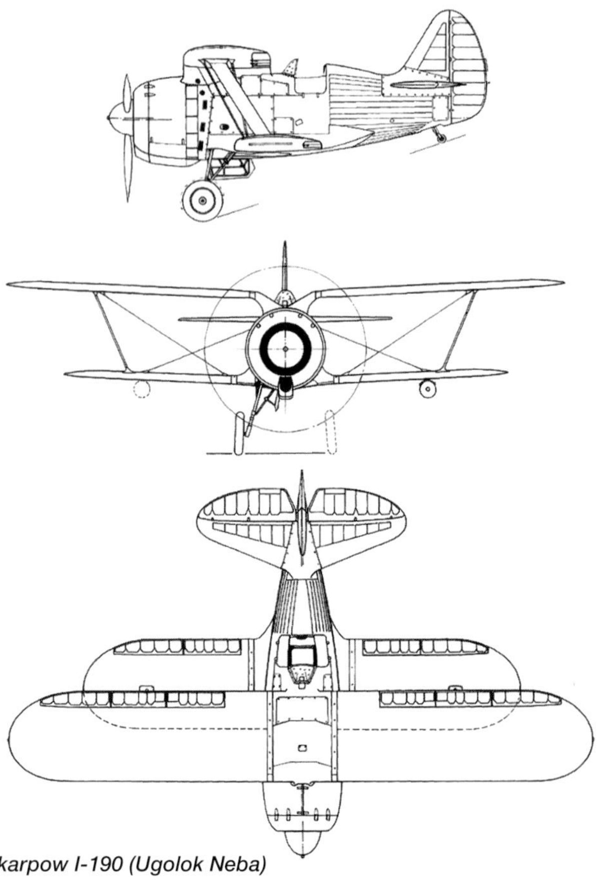

Polikarpow I-190 (Ugolok Neba)

fertig gestellt werden, das hatte sich Polikarpow ganz anders vorgestellt, und dann begann (12. Dezember 1938) noch eine aufwendige Flugerprobung mit NII-Testpilot Pawel Fedrowi (1902-1984, genannt „Pascha"), der später Testpilot im OKB Jakowlew werden sollte. Die Tests (454 Flüge) ergaben 424 km/h in 3.400 m und eine Steiggeschwindigkeit auf 5.000 m in 6,4 Minuten. Erst danach wurde im Werk 1 in Moskau auf den neuen Jäger umgestellt. Aber schon die 8. Maschine der Serienproduktion ging am 11. April 1939 verloren, als bei einem Sturzflug 500 km/h erreicht wurden und das linke obere Tragwerk abbrach. Die Verstärkung der Zelle und des Tragwerks erhöhten das Leergewicht auf 1.348 kg. Erst mit der 4. Serie stand der M-62 (Propeller WFSch, Durchmesser 2,80 m) ausreichend zur Verfügung, womit 443 km/h erreicht wurden (Polikarpow hatte 475 errechnet), die praktische Gipfelhöhe stieg auf 9.800 m. Der Einsatz in den Streitkräften zeigte aber neue Mängel der Konstruktion auf, so erwies sich das Fahrwerk beim Start und beim Rollen als instabil und zerbrechlich, die Maschine neigte zum gefährlichen Flachtrudeln, die Trimmung war aufgrund von Fertigungsfehlern oft mangelhaft. Um die Leistungen zu verbessern, setzte Polikarpow auf den neuen, unerprobten M-63 mit 960 PS, aber ein Leistungssprung blieb aus (345 Exemplare). Polikarpow musste einsehen, dass die Grenzen der Konstruktion ausgereizt waren. Zu Beginn des Jahres 1940 entstanden acht Maschinen als I-153P mit zwei 20-mm-MK SchWAK, was die Manövrierfähigkeit aber deutlich verschlechterte. Ähnliche Resultate ergab die Erprobung von zwei Bombenbehältern unter dem Tragwerk (mit je zwanzig 2,5 kg Bomben) mit der I-153Sch. Auch tropfenförmige Außentanks mit jeweils 150 l kamen zum Einsatz und erhöhten die Reichweite auf das Doppelte – 50 Maschinen wurden so ausgerüstet, speziell für die Marine. Zu den ungewöhnlichen Ableitungen gehört die I-153DM, die mit zwei Staustrahltriebwerken DM-4S von Igor Merkulow (1913-1991) unter dem Tragwerk versehen wurde. Sie konnten mit normalem Treibstoff betrieben werden und brachten es bei einer Länge von 2,30 m und einem Durchmesser 0,50 m auf einen kurzzeitigen Schub von 150 kp – maximaler Zuwachs an Geschwindigkeit 45 km/h. Die Aggregate waren mit 32 kg relativ leicht. Ähnliche Versuche waren auch mit der Borowkow-Florow I-207 und der LaGG-3 unternommen worden bzw. mit der Jak-7PWRD, hier betrug der Zuwachs an Geschwindigkeit 133 km/h.

Im „Sommerkrieg“ 1939 zwischen der Sowjetunion und Japan kam die I-153 zum Fronteinsatz (von den Japanern irrtümlich als I-17 bezeichnet) im 70. und 53. Jagdfliegerregiment (72 Flugzeuge). Verzeichnet wurden 34 Abschüsse, bei 23 Verlusten im Luftkampf bzw. bei Unfällen. Im Grunde handelte es sich um einen Grenzkonflikt und den sowjetischen Versuch, den weiteren Vormarsch der Japaner über die Mandschurei hinaus in die verbündete Mongolei (Gold- und Kupfervorkommen) zu stoppen, Historiker sprechen von der Schlacht am Fluss Chalchin Gol. Die japanische 6. Armee wurde bei den Kampfhandlungen eingeschlossen und bis zum 30. August 1939 vernichtet – Abschluss eines Waffenstillstands am 16. September. Diese lokale Episode bekam zwei Jahre später eine welthistorische Bedeutung, als die Japaner nicht (wie von Hitler gefordert) im Osten zum Angriff auf die Sowjetunion antraten. Stattdessen schlossen beide Länder am 13. April 1941 einen Neutralitätspakt (geplanter Angriff auf Pearl Harbor). Das bedeutete (siehe Richard Sorge), dass Stalin, genauer gesagt General Georgi Schukow (1896-1974), in der Schlacht um Moskau ab dem 5. Dezember 1941 frische und für den Winterkrieg gut ausgerüstete Truppen an die Front werfen konnte. Damit war die sowjetische Hauptstadt entsetzt. Das Gros der Regierung, einschließlich der Mumie Lenins, hatte man bereits nach Kuibyschew (ab 1990 wieder Samara) evakuiert, und der deutsche „Blitzkrieg“ gegen die Sowjetunion war eigentlich zu diesem Zeitpunkt schon gescheitert.

Die I-153 hatte es trotz aller Bedenken und Schwierigkeiten bis 1940 auf 3.437 Auflagen gebracht. Damit war das Thema Doppeldecker eigentlich durch. Ende 1940 stellte das Flugzeugwerk Nr. 1 schrittweise auf die MiG-1 um. Allerdings er-

Im Jahr 1995 konnte im Flugzeugwerk Nowosibirsk eine kleine Serie von Repliken aufgelegt werden, 12 Maschinen des Typs I-16 und drei I-153 (Foto: Jeff Gilbert).

Blick in die Gemischbauweise vieler sowjetischer Jagdflugzeuge in den 40er Jahren, hier die I-190: Chromstahlstruktur, Beplankung mit Duralblechen bzw. Furnierholz.

reichte der tägliche Ausstoß an Jagdflugzeugen in dieser Zeit in der Sowjetunion nur 26 Flugzeuge, und es gab auch nicht die notwendigen Flugplätze (und Funkgeräte) für eine wachsende Armada. In den oft aussichtslosen Kämpfen (I-153, I-16) im ersten Kriegsjahr gingen viele erfahrene Piloten verloren. Ein großer Teil der Jagdflugzeuge wurde jedoch schon in den ersten Stunden des Krieges am Boden zerstört.

Abschließend zur I-153 möchte ich noch eine Ableitung erwähnen. Die I-190 war das letzte Jagdflugzeug als Doppeldecker von Polikarpow. Wesentliches Merkmal war der 14-Zylinder-Doppelsternmotor M-88 mit 1.100 PS und aerodynamische Verbesserungen, Ziel 550 km/h. Der M-88, ein Abkömmling des Gnome-Rhône 14, wurde konstruiert von Sergej Nasarow (1899-1987) im Flugzeugmotorwerk Nr. 16 in Woronesch. Vorher hatte er den M-22 und M-85 in die Serienfertigung überführt. Nach seiner Verhaftung 1938 (10 Jahre Haft) setzte Sergej Tumanski (1901-1973) die Arbeiten am M-88 fort.

Strukturell gab es bei der I-190 keine wesentlichen Veränderungen, um einen raschen Start des Massenbaus zu gewährleisten. Der erste von zwei Prototypen verließ am 23. November 1939 die Werkhalle. Allerdings lag das Leergewicht mit 2.290 kg deutlich über dem errechneten Wert, Erstflug in Chodynka am 30. Dezember 1939 auf Kufen. Die geforderten 500 km/h konnten nicht erreicht werden, und nach einem Landeunfall am 13. Februar 1941 wurde die Maschine nicht mehr repariert, der zweite Prototyp nicht fertig gestellt.

Polikarpow I-180

Parallel zur Entwicklung und Erprobung der I-17 mit Reihenmotor arbeitete eine andere Arbeitsgruppe im OKB Polikarpow an der Verbesserung der I-16, geleitet von Dimitri Tomaschewitsch (1899-1974). Als neuer Motor bot sich der M-85 an, ein Vierzehnzylinder-Doppelsternmotor auf der Basis des Gnome-Rhône 14K Mistral Major. Das Trockengewicht lag bei 503 kg, Durchmesser 1.288 mm, Leistung 800 PS. Die Lizenz wurde recht bald u.a. an Italien, Ungarn und 1934 an die Sowjetunion vergeben. Im Motorenwerk Saporoschje (heute Iwtschenko Progress) in der Ukraine übernahm der junge Ingenieur Sergej Tumanski (1901-1973) die Vorbereitung der Serienproduktion des Motors (M-85). 1943 wurde Tumanski Stellvertreter im OKB von Alexander Mikulin (1895-1985) und 1956 dessen Nachfolger.

Polikarpow betrachtete den M-85 im Jahr 1936 zunächst (nur 468 wurden gebaut) als nicht verwertbar: zu schwer, zu wenig Leistung. Erst das Modell M-88 mit 1.100 PS machte den Motor interessant. Allerdings war sein OKB mehr als ausgelastet: I-17, WIT-1 und das Projekt „Iwanow" (leichter Bomber/Aufklärer, Werk 156, Erstflug 2. August 1938). Mitte 1938, unter dem Eindruck des Spanischen Bürgerkriegs, erhielt das Thema I-180 plötzlich höchste Priorität: geplante Höchstgeschwindigkeit 572 km/h, Bewaffnung mit vier MG SchKAS. Wie aus dem Nichts entstand eine große Hektik. Eine typisch

Flugzeugtyp:	**I-180**
Verwendungszweck:	Jagdflugzeug
Antrieb:	1 x Tumanski M-88R Vierzehnzylinder-Sternmotoren mit 1.100 PS (809 kW)
Besatzung:	1
Länge:	6,88 m
Spannweite:	10,09 m
Höhe:	2,45 m
Flügelfläche:	16.11 m^2
Leermasse:	2.245 kg
Startmasse:	2.650 kg
max. Geschwindigkeit:	585 km/h
prakt. Gipfelhöhe:	10.500 m
Reichweite:	850 km
Bewaffnung:	2 x 7,62-mm-MG SchKAS, 2 x 12,7-mm-MG BS
Erstflug:	15. Dezember 1938
Auflage:	13

Die I-180 litt unter dem unzuverlässigen Motor M-88 (1.100 PS), am 15. Dezember 1938 stürzte Waleri Tschkalow, ein Volksheld, mit dem ersten Prototyp tödlich ab.

Der tollkühne Pilot Waleri Tschkalow überredete seine Mutter Irina im Sommer 1937 zu einem Rundflug mit einer Po-2.

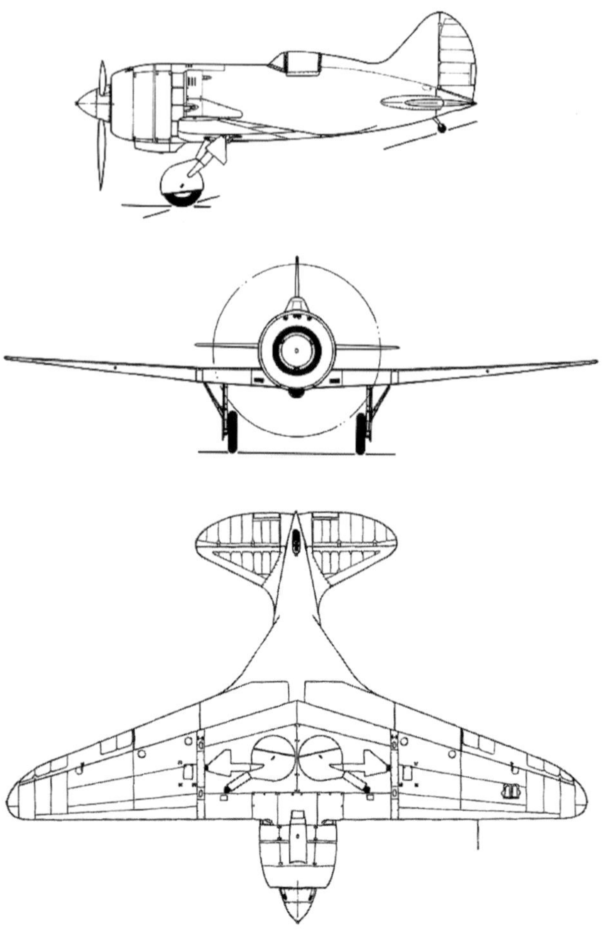

Polikarpow I-180 (Ugolok Neba)

sowjetische „Hauruckaktion", die es auch nach 1945 immer wieder gab. Ein Prototyp sollte her, forderte Semjon Beljaikin (1896-1945). Er war Leiter der 1. Hauptdirektion des Volkskommissariats der Verteidigungsindustrie (NKOP). Anfang Dezember 1938 wurde der Prototyp vom Werk 156 in Moskau zum NII transportiert und die Techniker waren noch pausenlos mit der Beseitigung von Mängeln beschäftigt. Polikarpow bat um mehr Zeit für die I-180, aber Beljaikin forderte den sofortigen Erstflug. Erst im letzten Moment konnte der M-88 geliefert werden. Es war der 15. Dezember 1938. Die Nacht zuvor war die Temperatur auf -25 ° gesunken. Die Jalousien für den Motor waren noch nicht eingebaut. Trotzdem hielt man am Termin fest, Flugauftrag: 10-15 Minuten, Flughöhe maximal 600 m, Flug in der Platzrunde, um auch bei einem Motorausfall sicher landen zu können. Um 12 Uhr 58 startete Waleri Tschkalow, der bekannteste sowjetische Pilot jener Zeit. Entgegen dem Flugplan stieg Tschkalow jedoch auf 2.000 m Höhe, leitete dann eine Kurve ein und kehrte in einem steilen Sinkflug zum Flugplatz zurück. Der Sinkflug war offenbar steiler als vom Piloten beabsichtigt, denn plötzlich gab er Vollgas, um die Maschine abzufangen. Der Motor starb ab. Im Tiefflug konnte der Pilot noch einigen Gebäuden ausweichen, streifte dann eine Stromleitung, die Maschine stürzte ab. Tschkalow starb zwei Stunden später im Krankenhaus.

Der Volksheld war tot, verehrt wegen seiner Rekordflüge, u.a. mit der ANT-25. Die URSS-N025 startete in Moskau zu einem beeindruckenden Flug direkt über den Nordpol Richtung USA: Waleri Tschkalow, Georgi Baidukow und Alexander Beljakow. Das Flugzeug landete nach 9.130 km am 20. Juni 1937 auf dem Pearson Field, 2 km südöstlich von Vancouver (USA). In der damaligen Zeit waren Piloten Helden und so wurde die Be-

Grafischer Vergleich zwischen der I-15, I-16 und I-180 (Ugolok Neba).

satzung von Präsident Roosevelt im Weißen Haus empfangen. Tschkalows Tod hat Stalin sehr erschüttert. Eine Regierungskommission benannte schnell die fehlenden Jalousien und eine Unterkühlung des Motors als Ursache für die Katastrophe. Es ist aber festzustellen, dass der M-88 generell bei plötzlichem Vollgas zum Absterben neigte. Und sicher war es nicht selten, dass ein Prototyp beim Erstflug abstürzte (auch bei anderen Herstellern), aber 1938 ging es um den Tod von Tschkalow. Das hatte Folgen. Das Werk Nr. 156 in Moskau wurde zum Gefängnis des NKWD (Volkskommissariat für innere Angelegenheiten) mit dem Namen ZKB-29, in dem in den folgenden Jahren viele Konstrukteure inhaftiert wurden – und dort weiter gearbeitet haben (Tupolew, Putilow, Bartini, Neman u.a.). Auch im Umfeld der I-180 gab es zahlreiche Verhaftungen: Beljaikin starb 1945 im Straflager, Tomaschewitsch überlebte und schuf in Gefangenschaft die I-111 Pegas. Eine Expertenkommission unter Leitung des bekannten Testpiloten Michail Gromow gab 1956 (drei Jahre nach Stalins Tod) Tschkalow die alleinige Schuld: „Er hätte absagen können oder fliegen, aber dann so, dass er auch mit stehendem Motor sicher landen kann."

Polikarpow wurde nicht verhaftet, aber sein Name hatte mit diesem Tag an Glanz verloren. Man muss bedenken, dass beim deutschen Überfall 1941 der wesentliche Teil der sowjetischen Luftstreitkräfte aus seinem Büro stammte: das Schulflugzeug U-2 (Po-2) mit etwa 40.000 Auflagen, das Mehrzweckflugzeug R-5 (7.000 Flugzeuge), die Jäger I-152, I-153 und I-16. Er war der „Jägerkönig", ausgezeichnet mit dem höchsten Orden „Held der sozialistischen Arbeit", zwei Mal jeweils mit dem Lenin- und Stalin-Orden.

Die Erprobung der 180 wurde mit dem zweiten Prototyp (I-180-2, um 105 cm vergrößerte Spannweite) ab dem 29. April 1939 fortgesetzt, auch ein drittes Flugzeug kam zum Einsatz. Am 5. September folgte die nächste Katastrophe: Die 180-2 stürzte ab und Testpilot Tomas Susi (1901-1939) starb. Die Untersuchungskommission ging davon aus, dass in großer Höhe der Ölkühler geplatzt war, Susi das Bewusstsein verlor, in 3.000 m aus der Maschine geschleudert wurde und den Fallschirm nicht mehr auslösen konnte. Polikarpow vermutete dagegen eine Fehlfunktion des Sauerstoffgeräts als Ursache. Wie dem auch sei, die Sache blieb an ihm hängen. Zwar ordnete das Ministerium für Luftfahrtindustrie Ende 1939 im Einklang mit den Luftstreitkräften (Alexander Filin, Leiter des LII) noch den Massenbau der I-180 im Werk 21 an, aber der Nimbus von Polikarpow war zerstört und andere „Mitspieler" kochten lieber ihr eigenes Süppchen. Im Werk Nr. 21 in Gorki war man noch mit dem Serienbau der I-16 beschäftigt und favorisierte die I-21 als Eigengewächs (60 % der Bauteile der I-16 und Reihenmotor M-105P) – konstruiert von Michail Paschinin (1902-1973). Ein Kommando der Luftstreitkräfte setzte vor Ort den Bau einer Vorserie von 10 Maschinen der I-180 durch, drei von ihnen nahmen an der Parade am 1. Mai 1940 teil. Aber dann schaltete sich Alexander Jakowlew ein – er war ein direkter Konkurrent. Konkret: Stalin protegierte den jungen Konstrukteur (als „Nachfolger" von Polikarpow) und somit oblag es Alexej Schachurin (1904-1975), von 1940-1946 Volkskommissar der Luftfahrtindustrie, Jakowlew als seinen Stellvertreter zu bestallen für „Wissenschaft und den Versuchsflugzeugbau". Am 13. Januar 1940 startete seine I-26 (Jak-1) zum Erstflug.

Schachurin wurde am 11. Mai 1946 für alle Pannen im Flugzeugbau während des Zweiten Weltkriegs zu sieben Jahren Haft verurteilt, er kam kurz nach Stalins Tod am 5. März 1953 frei und wurde rehabilitiert. Sein Stellvertreter Jakowlew wurde nicht inhaftiert, verlor aber auch 1940 sein Amt und hatte es danach schwer gegen Stalins neuen Günstling Artjom Mikojan (1905-1970). Im Jahr 1940 war eine der ersten Amtshandlungen des gerade 38-jährigen Jakowlews die Beendigung des Programms der I-180, mit Hinweis auf den unzuverlässigen M-88. Damit war das Thema durch, d.h. Stopp für ein Jagdflugzeug, das 1939 in 5.000 m Höhe 585 km/h erreichte, Steigzeit auf 5.000 m in 4,8 Minuten. In Gorki wurde dann ab Anfang 1941 die wesentlich schwächere LaGG-3 gebaut, fünf Monate vor dem Krieg.

Jakowlew Jak-2 /-4 (Ja-23, BB-22bis)

Die Zeiten, in denen Jakowlew um jedes PS seiner Motoren betteln musste, waren Ende der 30er Jahre vorbei. Es war offensichtlich, was nach dem 30. Januar 1933 in Deutschland geschah, und aufmerksamen Beobachtern war klar, dass Hitler gegen den „Bolschewismus" vorgehen würde, früher oder später. Für seine Ja-22 verfügte Jakowlew über einen exzellenten Antrieb mit 960 PS, den Zwölfzylinder-Reihenmotor Klimow M-103, und das Fluggerät, das er im 22. Februar 1939 auf das Chodynkafeld schieben ließ, verschlug vielen den Atem. Eine zweimotorige Schönheit, die leicht die 500 km/h übertraf – ganz in Rot mit einem rot-weißen Doppelleitwerk, leitender Ingenieur war Leon Schechter. Jakowlew hatte ihn schon 1936 mit der Studie AIR-13 beauftragt und diese orientierte sich an dem Entwurf von Geoffrey de Havilland für die D.H. 88 Comet (Erstflug September 1934).
Aber das Militär konnte zunächst wenig damit anfangen, hielt die Verwendung von zwei Motoren für Verschwendung und monierte die Gemischtbauweise. Aber die Flugdaten waren einfach faszinierend: am 29. Mai 1939 schaffte Nikolai Schewarew 567 km/ h in 5.000 m und erreichte diese Höhe in 5,75 Minuten. Aber alles ohne Waffen, der Prototyp hatte nur zwei Attrappen unter dem Rumpf.

Flugzeugtyp:	**Jak-2**
Verwendungszweck:	Leichtes Bombenflugzeug
Antrieb:	2 x Klimow M-103 Zwölfzylinder mit 960 PS (706 kW)
Besatzung:	2
Länge:	9,34 m
Spannweite:	14,00 m
Höhe:	3,60 m
Flügelfläche:	29,40 m^2
Leermasse:	3.796 kg
Startmasse:	5.380 kg
max. Geschwindigkeit:	567 km/h
prakt. Gipfelhöhe:	8.900 m
Reichweite:	800 km
Bewaffnung:	2 x 7,62-mm-MG SchKAS, 400 kg Bomben
Erstflug:	22. Februar 1939
Auflage:	80 (Jak-2), 121 (Jak-4)

Die Ja-22 war der Prototyp der Jak-2, sie erreichte beachtliche 567 km/h, aber ohne Bewaffnung, auf dem Foto erkennt man gut zwei Attrappen unter dem Rumpf.

Der Klimow WK-105 Zwölfzylinder-V-Motor mit 1.050 PS trieb die Jak-4 an, er wurde später zum Standard bei Jakowlews Jägern.

Schon am 1. Mai 1939 nahm das Schmuckstück an der Luftparade teil, jagte über den Roten Platz und faszinierte mit seinem Klang und der Geschwindigkeit – schneller als alle Jagdflugzeuge jener Zeit. Aber in der Luftflotte sah man keinen Bedarf und wollte das Flugzeug als BB-22 (Nahbomber) einführen, spätere Bezeichnung Jak-2. Der Prototyp wurde bis Mitte 1940 im NII erprobt, wobei sich der Einbau der Waffensysteme als sehr störend erwies. Jakowlew hatte besonderes Augenmerk auf eine saubere Oberflächenbeschaffenheit gelegt, aber die geforderte Waffenlast von 400 kg (und zwei MGs SchKAS unter dem Rumpf) musste die leichte Konstruktion einfach überfordern. Eugen Adler (als Praktiker) wurde beauftragt, das Flugzeug zu retten, aber alle Systeme waren überfordert, auch die Bremsen und vor allem das Fahrwerk, was zu Unfällen führte. Am 7. Juni 1939 fiel dann an höchster Stelle die Entscheidung: Serienbau als Nahbomber, Auflage 80 Maschinen. Doch das Fehlen eines schnellen Aufklärers wirkte sich in den ersten Kriegsjahren negativ aus. Zudem war die Qualität der Serienflugzeuge schlecht, sie wurden von den Einsatzverbänden abgelehnt – die Flächenbelastung stieg auf 192,5 kg/m^2 (mit entsprechenden Auswirkungen auf die Flugeigenschaften) und die Geschwindigkeit war mit 478 km/h in Bodennähe nicht viel höher als die der veralteten SB-2 (Erstflug 30. Dezember 1934). Auch der Einbau des stärkeren Klimow M-105 mit 1.050 PS als Jak-4 brachte keine wesentliche

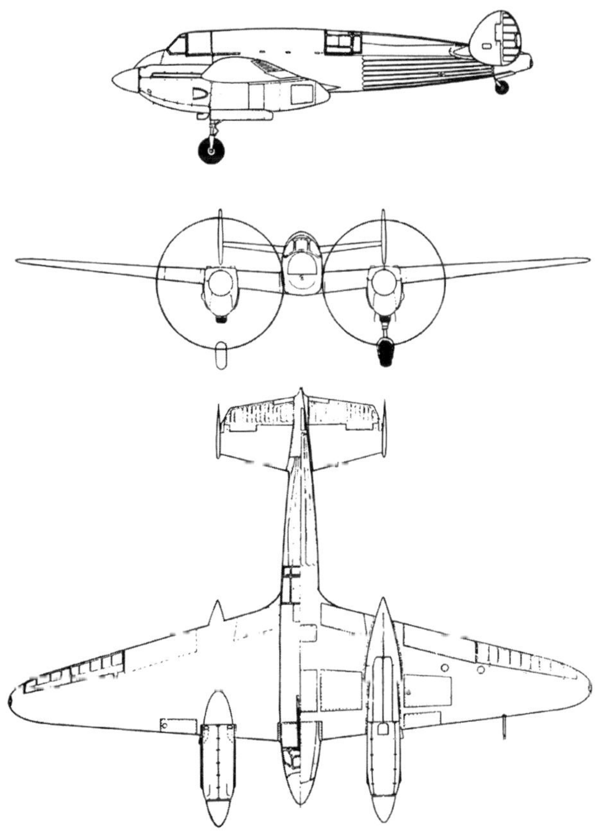

Jakowlew Jak-2 (Ugolok Neba)

Drei Varianten der Jak-2: Prototyp Ja-22 (Erstflug 22. Februar 1939), Jak-2 (erste Serie), Jak-2 vom 316. Luftaufklärungsregiment an der Südwestfront 1941.

Verbesserung, Truppenbezeichnung BB-22bis. Die Statik war deutlich verstärkt worden und das Fahrwerk mit Doppelbereifung ausgeführt. Der Motor erhielt den neuen 3-Blatt-Verstell-Propeller Wisch-22E, max. Geschwindigkeit 625 km/h.
Die Flugerprobung mit zahlreichen Unfällen im NII mahnte zur Vorsicht, aber der Serienbau wurde schon im Oktober 1940 im Werk 81 in Tuschino gestartet. Immer noch als leichter Bomber. Im internen Schacht wurden Schlösser für Bomben (maximal 500 kg) angebracht und die beiden MGs SchKAS unter dem Rumpf blieben erhalten. Das Tragwerk nahm jetzt sechs Tanks mit einer Kapazität von 960 Litern auf, was die Flächenbelastung auf über 200 kg/m^2 erhöhte. Zu allem Überfluss wurde vom Militär noch die Sturzflugfähigkeit gefordert. Der staatliche Plan sah für 1941 den Bau von 1.300 Flugzeugen vor, aber mittlerweile hatte sich das Blatt gewendet.

Am 22. Dezember 1939 absolvierte Pjotr Stefanowski den ersten Flug der WI-100, die Wladimir Petljakow (siehe dort) 1940 punktgenau für die Pläne der Luftflotte umbauen konnte. Die Produktion als Pe-2 lief im Januar 1941 in den Moskauer Flugzeugwerken Nr. 22 und Nr. 39 an. Bis zum Beginn des deutschen Überfalls wurden 462 Exemplare gebaut.
Den Schlussstrich unter die Jak-4 zog im April 1941 Generalmajor Alexander Filin (NII): „Das Flugzeug ist in der vorgestellten Weise nicht für den Einsatz geeignet.“ Insgesamt 201 Maschinen (Jak-2 und 4) waren gebaut worden und sie gingen auch an den Start neben der Ar-2, Su-2 und Pe-2. Aber das Desaster im Juni 1941 wurde noch dadurch vergrößert, dass nicht ausreichend geschulte Besatzungen zur Verfügung standen. Die elegante Jak-4 hätte als schneller Begleitjäger durchaus eine Zukunft gehabt, als „Packesel“ war sie wirklich nicht geeignet.

Bolchowitinow S (BBS-1)

Wiktor Bolchowitinow (1899-1970) gehört zu den weniger bekannten sowjetischen Konstrukteuren. Er war 1926 einer der ersten Absolventen der Militärakademie für Ingenieure der Luftstreitkräfte in Moskau, zu den Studenten gehörten danach Sergej Iljuschin, Alexander Jakowlew, Sergej Tumanski – auch Juri Gagarin. Die Akademie hatte im Jahr 1919 Prof. Nikolai Schukowski gegründet. Der anerkannte Wissenschaftler lebte von 1847 bis 1921 und war einer der wichtigsten Wegbereiter der Aerodynamik weltweit. Er besuchte Otto Lilienthal an seinem 15 Meter hohen Fliegerberg in Berlin-Lichtenrade und diskutierte mit ihm die Lilienthal-Polaren, die Schukowski bei der Entwicklung seiner Flügelprofile als Grundlage nahm. Dabei entwickelte er die erste Formel für den Auftrieb an endlichen Flügeln (Flächenintegral), die sogenannte Zirkulation, siehe Wilhelm Martin Kutta (1867-1944) und Aerodynamische Versuchsanstalt Göttingen (AVA).

Bolchowitinow blieb der Akademie, die 1922 den Namen Schukowskis erhielt, immer verbunden. Neben gelegentlichen Aufträgen zur Konstruktion von Flugzeugen, hatte er ab 1937 in der Akademie einen Lehrstuhl inne, promovierte 1947 und wurde zwei Jahre später zum ordentlichen Professor ernannt. Zu seinen bekanntesten Flugzeugen gehört der schwere, viermotorige Bomber DB-A (Fernbomber der Akademie, Erstflug

Flugzeugtyp:	**Bolchowitinow S**
Verwendungszweck:	Leichtes Bombenflugzeug
Antrieb:	2 x Klimow M-103 Zwölfzylinder-V-Reihenmotor mit 960 PS (706 kW)
Besatzung:	2
Länge:	13,20 m
Spannweite:	11,38 m
Höhe:	3,34 m
Flügelfläche:	22,90 m^2
Leermasse:	3.400 kg
Startmasse:	5.150 kg
max. Geschwindigkeit:	574 km/h
prakt. Gipfelhöhe:	5.000 m
Reichweite:	700 km
Bewaffnung:	2 x 12,7-mm-MG UBT, 400 kg Bomben
Erstflug:	12. Juli 1939
Auflage:	1

Die DB-A (Fernbomber der Akademie, Erstflug 2. Mai 1935) war ein beachtlicher Bomber (Spannweite 39,50 m, Länge 24,40 m, Leermasse 15.400 kg), Auflage 12.

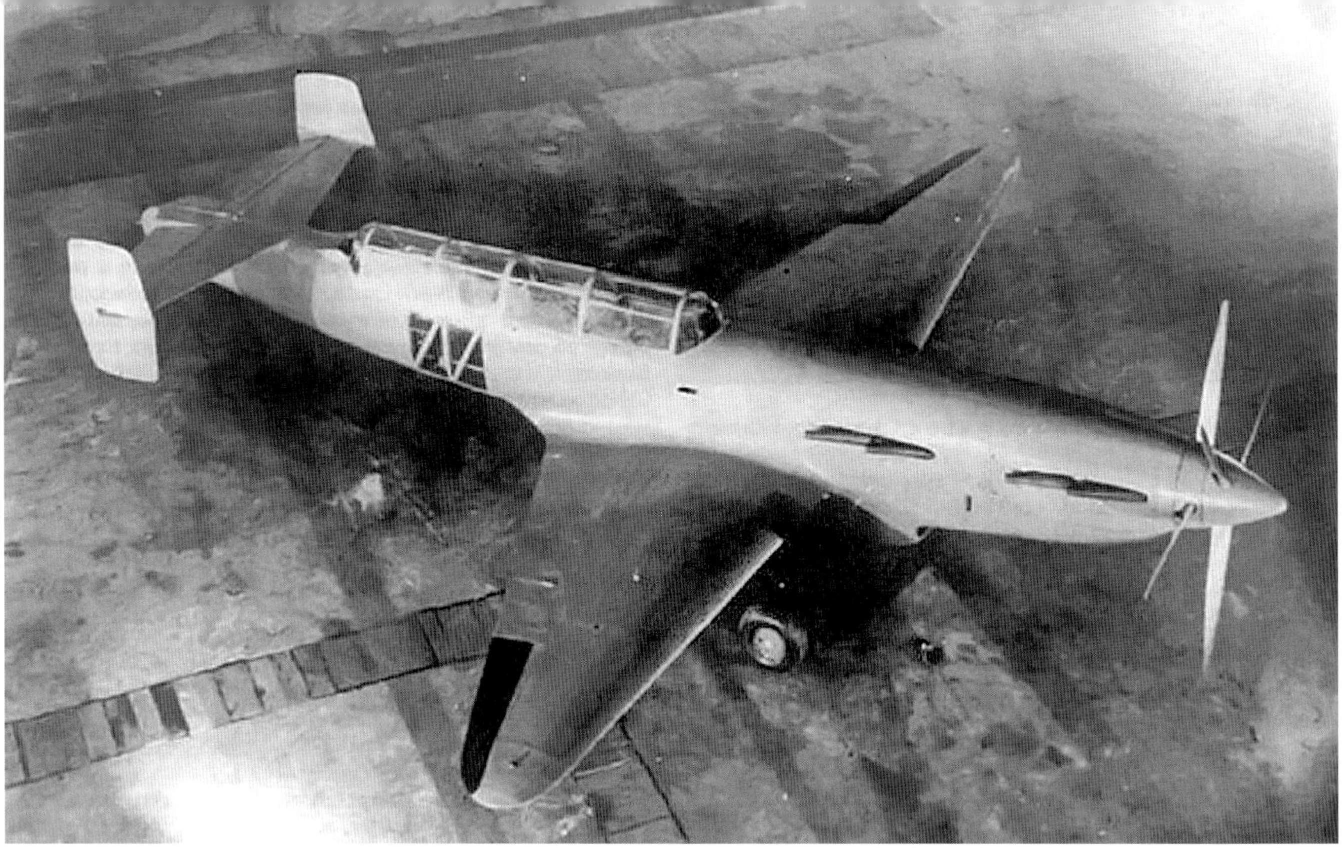

Der leichte Bomber S-2 hatte eine dreiköpfige Besatzung (Erstflug 12. Juli 1939), konnte sich aber gegen die Petljakow Pe-2 nicht durchsetzen.

Zwei Klimow M-103 trieben die S-2 an, die Kraftübertragung erfolgte über gegenläufig rotierenden Koaxial-Propeller, was technisch nicht bewältigt wurde.

2. Mai 1935). Insgesamt wurden 12 Maschinen im Werk Nr. 124 in Kasan gebaut, die auch durch Weltrekorde hervortraten: mit einer Nutzlast von 13.000 kg wurden 4.535 m erreicht. Die DB-A entsprach in Größe und Motorisierung der Pe-8 (Erstflug 27. Dezember 1936, 93 Auflagen ebenfalls in Kasan) von Wladimir Petljakow (1891-1942), siehe Pe-2.

Ab 1939 war Bolchowitinow für drei Jahre Chefkonstrukteur im Werk 84 in Chimki bei Moskau mit der Aufgabe, praktische Experimente für ein Raketenflugzeug zu unternehmen. Die RP-318 (für Raketen-Segelflugzeug) war eine Konstruktion von Sergej Koroljow (1906-1966), dem Nestor der sowjetischen Raketentechnik. Als er am 27. Juni 1938 verhaftet wurde (10 Jahre Lagerhaft, 1944 freigelassen), übernahm Bolchowitinow die Fortsetzung des Programms, Erstflug 28. Februar 1940. Das nächste Projekt, das er betreute, war das Raketenflugzeug BI (Nah-Jäger) von Alexander Beresnjak und Alexei Issajew. Nach Evakuierung der Produktion 1941 erfolgte der Erstflug am 15. Mai 1942 im Oblast Swerdlowsk (Jekaterinburg). Sechs Muster wurden gebaut, in der Größe der Me 163 vergleichbar, allerdings ohne Pfeilflügel. Angesichts der Kriegslage erfolgte kein Serienauftrag.

Etwas ausführlicher möchte ich auf das Flugzeug Bolchowitinow S (Sparka = zwei Motore, auch BBS genannt, Nah-Bombenflugzeug) eingehen. Schon auf den ersten Blick erkennt man die Besonderheit der Auslegung. Um den Stirnwiderstand eines zweimotorigen Flugzeugs zu reduzieren, wurden zwei Reihenmotoren hintereinander eingebaut. Die langgezogene Kabine nahm den Pilot und zwei Heckschützen (oben, unten) auf, für ein besseres Schussfeld wurde ein geteiltes Seitenleitwerk mit zwei Endscheiben gewählt. Die Bombenlast (400 kg) sollte unter dem Tragwerk positioniert werden. Das Hauptargument für die Konstruktion war die hohe Geschwindigkeit. Die elegante Jak-2 (gleicher Antrieb, Erstflug 22. Februar 1939) konnte zwar 567 km/h vorweisen, mit voller Bewaffnung schaffte sie aber nur 478 km/h.

Die Bolchowitinow S wurde im Werk 22 in Moskau gebaut (Ganzmetallkonstruktion) und kam erstmals am 12. Juli 1939 in die Luft, Testpilot Boris Kudrin (1898-1977). Er war schon im Bürgerkrieg 1918-1922 ein erfolgreicher Jagdflieger und wurde 1932 Testpilot im Flugzeugwerk Nr. 135 in Charkow (ChAI-1, Omega), später flog er in den Werken 22 in Moskau und 293 in Chimki – dort nahm er auch an der Erprobung der BI teil.

Die Flugerprobung der „Sparka“ erwies sich als schwierig. Besonders die ungewöhnlich hohe Flächenbelastung von 247 kg/m² machte das Flugzeug träge und zwang zu vorsichtigen Ruderausschlägen, auch wurde das Verhalten beim Start bemängelt (Startrollstrecke 1.045 m). Hinzu kam, dass es keine Lösung für die Störungen am Getriebe des hinteren Motors gab. Damit konnte die volle Kraftübertragung auf die gegenläufig rotierenden Koaxial-Propeller nicht gewährleistet werden, was ja das Hauptthema des Projektes war. Im optimalen Fall konnten 570 km/h erflogen werden, allerdings ohne Bombenlast. Die Erprobung zog sich bis Mitte 1941 hin, nur ein Prototyp stand zur Verfügung, wobei die Abwehrbewaffnung auf zwei UBT 12,7 mm verstärkt wurde, auch das Profil des Tragwerks wurde verändert. Aber das Projekt war nicht zu retten. Augenfällig auch dadurch, dass im selben Werk 22 die neue Pe-2 (Erstflug 22. Dezember 1939) ab Januar 1941 auf die Taktstraße gesetzt wurde. Sie entsprach ganz den Wünschen der Luftstreitkräfte für einen leichten Bomber, Auflage 11.426 bis 1945.

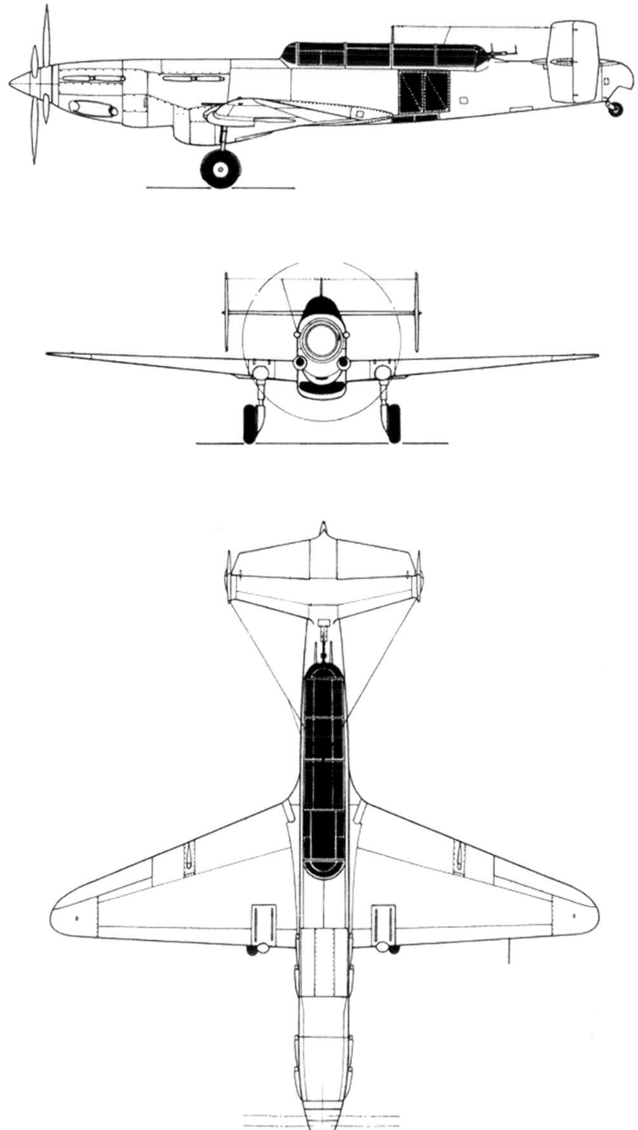

Bolchowitinow S-2 (Ugolok Neba)

Iljuschin Il-2 /-10

Mit einer Auflage von 36.163 Flugzeugen gehört die Il-2 zu den wichtigsten Kampfflugzeugen im Zweiten Weltkrieg und darüber hinaus. Am 16. Dezember 1937 forderten die Luftstreitkräfte die Schaffung einer Maschine, die im Tiefflug massiv in die Kampfhandlungen am Boden eingreifen sollte. Sergej Iljuschin schlug bereits im Februar 1938 sein Konzept ZKB-55 vor. Das Projekt sah ein zweisitziges Flugzeug vor (Pilot, Heckschütze): Antrieb Mikulin M-34FRN (1.050 PS), Bewaffnung vier MGs SchKAS und 400 kg Bomben. Die Panzerung sollte ungewöhnlich hoch sein (Cockpit, Motor, Öl- und Kraftstofftanks) und Panzerglas einschließen. Die Auslegung war konventionell als Tiefdecker in Gemischtbauweise, der Vorderrumpf einschließlich Cockpit und die Tragflächen waren als Stahlgerüst ausgeführt, Außenhaut Duraluminium. Heck und Leitwerk waren eine Holzkonstruktion mit stoffbespannten Rudern. Das Fahrwerk war in Gondeln unter dem Tragwerk untergebracht. Am 5. Mai 1938 genehmigte die Regierung den Bau von zwei Prototypen im Werk 39 in Moskau, taktische Bezeichnung BSch-2 (gepanzertes Schlachtflugzeug).

Allen Beteiligten war klar, dass ein stärkerer Motor gefunden werden musste, und klar war auch, dass bei der geforderten Geschwindigkeit von 400 km/h in Bodennähe ein Einsatz nur mit Geleitjägern möglich war. Nun, die Arbeiten am Prototyp gingen zügig voran und am 2. Oktober 1939 startete Wladimir Kokkinaki zum Erstflug. Die Flugleistungen waren zufrieden

Flugzeugtyp:	**Il-2 AM-38**
Verwendungszweck:	Schlachtflugzeug
Antrieb:	1 x Mikulin AM-38F Zwölfzylinder-V-Motor mit 1.700 PS (1.270 kW)
Besatzung:	2
Länge:	11,60 m
Spannweite:	14,60 m
Höhe:	4,17 m
Flügelfläche:	38,50 m^2
Leermasse:	4.525 kg
Startmasse:	6.360 kg
max. Geschwindigkeit:	410 km/h
prakt. Gipfelhöhe:	5.500 m
Reichweite:	765 km
Bewaffnung:	2 x 23-mm-MK WJa, 2 x 7,62-mm-MG SchKAS, 1 x 12,7-mm-MG UBT, 400 kg Bomben, acht RS-82-Raketen
Erstflug:	2. Oktober 1939
Auflage:	36.163 (Il-2), 6.166 (Il-10)

Diese Aufnahme einer Il-2 entstand nach dem Krieg, am Steuer der Chefpilot des OKB Iljuschin Wladimir Kokkinaki.

Blick auf einen Flugplatz bei Stalingrad im Januar 1943, Bewaffnung auch mit bis zu acht RS-82 Raketen unter dem Tragwerk.

stellend: Pilotierung einfach, negativ wirkte sich das zu hohe Gewicht aus. So wurde die Panzerung reduziert, zwischen 4 mm (Motor) und 7 mm (Cockpit), es blieben dennoch 700 kg. Das normale Startgewicht von 4.725 kg war einfach zu hoch für den schwachen Motor. Somit fiel die abschließende Beurteilung im Juni 1940 nicht positiv aus: Geschwindigkeit 362 km/h, Reichweite 618 km. Für einen Massenbau gab es keine Veranlassung. In dieser Situation kam es am 14.12.1940 zu einer folgenschweren Entscheidung. Wer sie getroffen hat, Verteidigungsminister Woroschilow oder Stalin selbst, lässt sich nicht mit Bestimmtheit sagen: Die BSch-2 wurde als Einsitzer (ZKB-57) für die Serie bestimmt: 1.200 Maschinen bis Ende 1941 in den Werken 18, 35 und 380. Der neue Antrieb M-38 (1.550 PS) sollte die notwendige Geschwindigkeit erbringen, Bewaffnung mit zwei MK SchWAK (je 200 Patronen) und zwei MG SchKAS (je 1.500 Patronen). Der neue Motor und zusätzliche Treibstofftanks erhöhten das Abfluggewicht auf 5.330 kg, maximale Geschwindigkeit nur 423 km/h. Schon die Truppenerprobung zeigte gravierende Mängel der ersten Serienflugzeuge, und es kamen immer neue hinzu: langwieriges Betanken, zu schwaches Fahrwerk (für Feldflugplätze) und das Zielgerät PBP-1b erwies sich als sehr ungenau. Und dann begann der Krieg, mit der einsitzigen BSch-2 und viel zu wenig Jagdflugzeugen. Für die deutschen, sehr erfahrenen Piloten war es ein leichtes Spiel, das schwerfällige und langsame Flugzeug abzuschießen. Die hohen Abschusszahlen der deutschen Piloten in dieser Zeit hängen nicht zuletzt mit dieser leichten „Beute“ zusammen, etwa Erich Hartmann (352), Gerhard Barkhorn (301) und Otto Kittel (267). Dies änderte

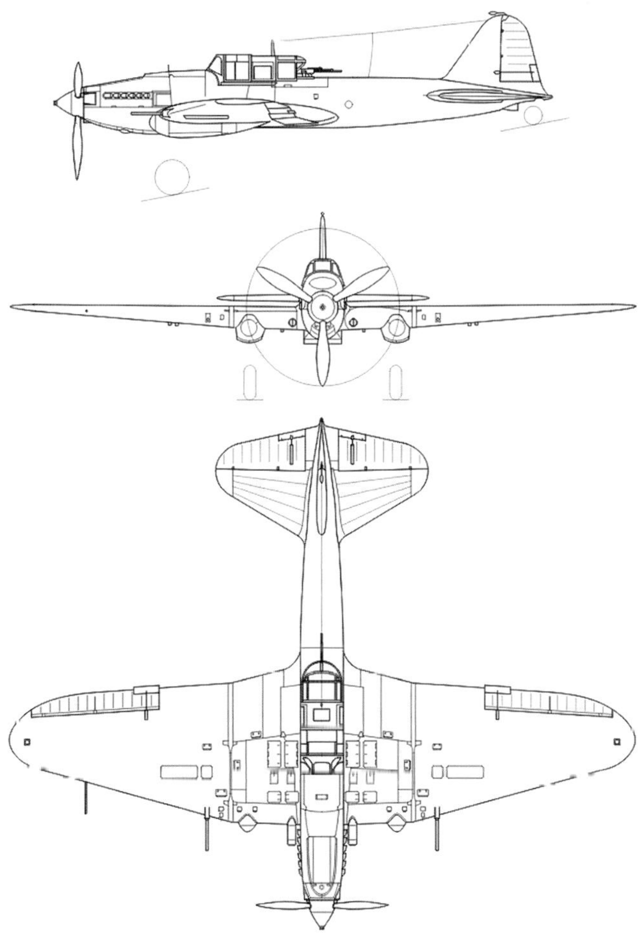

Iljuschin Il-2M3 (Dr. Péter Kaboldy)

Auf der MAKS 2017 in Schukowski wurde eine restaurierte Il-2M nicht nur ausgestellt, sondern auch vorgeflogen.

sich erst mit dem Auftauchen der Jak-3, La-5 und La-7 an den Fronten. Auf La-5 und 7 erreichte Iwan Koschedub (1920-1991), als bester alliierter Pilot, 62 Abschüsse. Wolfgang Zähle erinnert an einen anderen Aspekt: „Schwachpunkte beim Kampfeinsatz der sowjetischen Jagdflugzeuge waren die nicht vorhandene oder nicht funktionierende Funkausrüstung, völlig veraltete aus den zwanziger Jahren stammende Einsatzvorschriften und damit verbunden die falsche Ausbildung, die Angst vor Verletzung der Vorschriften, und eine äußerst umständliche bürokratische taktische Kommandostruktur. Das Flugzeug allein macht nicht den Erfolg, dazu gehören der Pilot und die Taktik."

Wobei die Frage aufgeworfen ist nach dem Blutzoll der jungen sowjetischen Piloten. Zudem konnte die BSch-2 kaum Schaden anrichten, denn die Bewaffnung hatte zu wenig Durchschlagkraft (Frontplatten der deutschen Panzer zwischen 25 und 50 mm). Im Tiefflug von 50 m (wie geplant) war eine Platzierung der Bomben unmöglich, am effektivsten erwies sich der Abwurf von 100 kg Sprengbomben aus mindestens 300 bis 500 m Höhe. Und es dauerte noch bis zum 29. Juli 1942, bis sich die Frontverbände Gehör verschaffen konnten und zwei serielle BSch-2 im Werk Nr. 18 (inzwischen nach Kuibyschew umgesiedelt) zweisitzig umgebaut wurden mit einem 12,7-mm-MG UBT für den Heckschützen. Nach dem erfolgreichen Test dieser beiden Flugzeuge beim 6. Gardeschlachtfliegerregiment (Kalinin-Front) vom 7. November bis 9. Dezember 1942 wurde die Serienproduktion umgestellt, und die Il-2 (so der neue Name) konnte sich halbwegs behaupten, allerdings blieb der Beschuss von unten weiter die Achillesferse. Erst als ab Mitte 1943 ausreichend Jagflugzeuge zur Verfügung standen und die Luftherrschaft errungen wurde, erwies sich die Il-2 als sinnvolles Kampflugzeug im Einsatz gegen Truppenansammlungen, Verkehrsknotenpunkte und Befestigungen.

Ende des Zweiten Weltkriegs erschien die Il-10 (Erstflug 18. April 1944). Diese Ganzmetallkonstruktion, bei der das Fahrwerk in die Flächen einziehbar war, wurde an verschiedene Staaten geliefert (China, Polen, Jugoslawien u.a.) und auch im Koreakrieg eingesetzt. Die Fertigung bis 1955 umfasste etwa 6.166 Flugzeuge, davon 1.200 als B-33 bei Avia in der Tschechoslowakei.

Petljakow Pe-2 (WI-100)

Wladimir Petljakow (1891-1942) ist besonders durch ein Flugzeug in Erinnerung, die Pe-8 (ANT-42), der erste viermotorige Bomber der Sowjetunion in zeitgemäßer Auslegung (Erstflug 27. Dezember 1936). Nur 93 Exemplare wurden gebaut, da die politische Führung diese Flugzeuge nicht wertschätzte. Sie kamen dann überwiegend in Nachteinsätzen zum Einsatz (gegen Berlin und Königsberg), auch da die notwendigen Begleitjäger fehlten. Während des Zweiten Weltkriegs benutzte der sowjetische Außenminister Wjatscheslaw Molotow (1890-1986) für seine wichtige Reise nach London und in die USA (April/ Mai 1942) den Bomber. Ohne Druckkabine – wirklich kein Vergnügen. Aber auch Frank Roosevelt und Winston Churchill benutzten hochfliegende Bombenflugzeuge als sicheren Schutz vor feindlichen Jägern und der Flak.

Petljakow gehörte zu den engsten Mitarbeitern von Tupolew (ANT-20, TB-1, TB-3) und war 1937 in den USA, um den Lizenzbau der DC-3 (als Li-2) zu verhandeln. Doch plötzlich (oder gerade deswegen) wurde er Ende Oktober 1937 verhaftet (10 Jahre Lagerhaft). Wie die anderen inhaftierten Konstrukteure auch (Vorwurf: Landesverrat, Sabotage), kam er zunächst in das Butyrka-Gefängnis in Moskau, anschließend in einen Steinbruch im Ural. Da es hunderte erstklassige Ingenieure betraf, dämmerte es Mitte 1938 der sowjetischen Füh-

Flugzeugtyp:	**Pe-2FT**
Verwendungszweck:	Leichtes Bombenflugzeug
Antrieb:	2 x Klimow M-105PF Zwölfzylinder mit 1.260 PS (927 kW)
Besatzung:	3
Länge:	12,45 m
Spannweite:	17,62 m
Höhe:	3,82 m
Flügelfläche:	40,50 m^2
Leermasse:	5.950 kg
Startmasse:	7.750 kg
max. Geschwindigkeit:	575 km/h
prakt. Gipfelhöhe:	8.800 m
Reichweite:	1.650 km
Bewaffnung:	3 x 12,7-mm-MG UBS, 600 kg Bomben
Erstflug:	22. Dezember 1939
Auflage:	11.427

Durch ihre hohe Geschwindigkeit (575 km/h) und starke Abwehrbewaffnung gehörte die Pe-2 zu den besten sowjetischen Kampfflugzeugen im Zweiten Weltkrieg.

Am 29. April 1942 landete eine Pe-8 auf dem RAF-Flugplatz Tealing Dundee in Schottland, an Bord Außenminister Wjatscheslaw Molotow, um Gespräche mit dem britischen Premier Winston Churchill zu führen.

rung, dass dies keine optimale Lösung war. Und so erhielten diese Gefangenen die Möglichkeit, im ZKB-29 im KOSOS-Gebäude an neuen Flugzeugen zu arbeiten (siehe Tu-2). Versprechen: Gutes Flugzeug gleich Freiheit. Ausgangspunkt für Petljakow (und 50 Mitarbeiter) war Anfang 1939 seine Studie für den Höhenjäger WI-100. Um sich die Situation vorzustellen: es wurde 11-12 Stunden am Tag gearbeitet, ohne freie Tage oder Urlaub. Erstflug am 22. Dezember 1939 mit Pjotr Stefanowski (1903-1976). Er testete im LII etwa 300 Flugzeuge und Hubschrauber (darunter die TB-3, I-16, MiG-9, Jak-15, Mi-4).

Die WI-100 wurde ungewöhnlich schnell akzeptiert (max. Geschwindigkeit 630 km/h), beim Fahrwerk gab es kleine Mängel an den Stoßdämpfern, wirkliche Probleme bereitete nur der Motor. Eigentlich war der M-105R erste Wahl, aber die Turbolader waren knapp und unzuverlässig. Ab dem 11. April 1940 stand ein zweiter Prototyp zur Verfügung, aber dann ging die Entwicklung in eine ganz andere Richtung. Die Luftstreitkräfte hatten im sowjetisch-finnischen Krieg (Winterkrieg, 30. November 1939 - 13. März 1940) erkannt, dass die Tupolew SB veraltet war, und so erging am 1. Juni 1940 die Weisung, aus der WI-100 einen Sturzkampfbomber (PB) abzuleiten. Die Änderungen wurden in nur zwei Monaten ausgeführt (keine Druckkabine, keine Turbolader, dafür Sturzflugbremsen). Gefordert wurde eine Bewaffnung nach vorn mit zwei SchWAK (20 mm) und nach hinten mit zwei SchKAS (7,62 mm, Drehturm Kanzel + Heckschütze unten). In der Kanzel saßen der Pilot und der Navigator/Schütze, im Rumpf der Heckschütze. Die Bombenlast sollte intern 600 kg betragen, max. 1.000 (auch unter dem Tragwerk, Überlast). Erstflug 22. Dezember 1939, die staatliche Erprobung endete am 10. Mai 1940, und einen Monat später wurde der Massenbau beschlossen (spätere Bezeichnung Pe-2) in den zwei Moskauer Werken Nr. 22 und 39. Wegen des raschen Vordringens der deutschen Truppen im Sommer 1941 wurde die Produktion nach Kasan (124) und Irkutsk (125) verlegt, dabei aber kaum aufgehalten, was eine unvorstellbare logistische Leistung darstellte. Zuständig für das Transportwesen war damals Lasar Kaganowitsch (1893-1991). Tausende Arbeiter und Ingenieure (und ihre Familien) mussten transportiert werden, dazu Werkzeugmaschinen, Werkstoffe, Konstruktionsunterlagen, Ausrüstungsteile, Werkbänke, Laboratorien. Das alles in wenigen Wochen.

Bis Ende des Jahres 1941 konnten somit noch 1.388 Flugzeuge an die Front geschickt werden (Ersatz für die SB, Ar-2 und Jak-2/4), die gesamte Auflage erreichte bis Kriegsende 11.247 Exemplare. Der Einsatz erfolgte auch als Horizontalbomber, Nachtjäger, Aufklärer oder Schlachtflugzeug zur Unterstützung der Bodentruppen. Nach dem Zweiten Weltkrieg kam die Pe-2 noch in der Tschechoslowakei, Polen und Jugoslawien zu Einsatz.

Die Pe-2 war eine Ganzmetallkonstruktion, Tiefdecker, Trag-

Der Heckschütze hatte die Aufgabe, den rückwärtigen Raum sowohl nach oben als auch nach unten abzudecken, 12,7-mm-MG UBS.

werk mit zwei Holmen, Doppelleitwerk, die Motoren wurden mit Druckluft gestartet. Unter den zahlreichen Versionen gab es auch eine Ausführung mit dem Vierzehnzylinder-Sternmotor Schwezow M-82 (1.700 PS), von der 135 Exemplare gebaut wurden. Die Pe-3 als schweres Jagdflugzeug (ohne Bombenschacht, Sturzflugbremsen, keine Verglasung im Bug) war bewaffnet mit einer 20-mm-MK SchWAK und zwei 12,7-mm-MG BK. Defensivbewaffnung nach hinten: ein 12,7-mm-MG und ein 7,62-mm-MG SchKAS. Von diesem Muster erschienen 1941 noch 196 Exemplare, die sich besonders in der Schlacht um Moskau bewährten, maximale Reichweite 2.250 km. Im Jahr 1942 kamen weitere 121 Exemplare (als Pe-3bis, Werk Nr. 39) dazu, 1943 folgten 13 Langstreckenaufklärer Pe-3R.
Wladimir Petljakow (am 25. Juli 1940 vorzeitig aus der Haft entlassen) pendelte in der Zeit des Massenbaus ständig zwischen seinem Büro in Moskau und dem Serienwerk in Kasan hin und her, um den Bau zu überwachen und Verbesserungen einzuarbeiten. Am 12. Januar 1942 prallte sein Flugzeug (eine werksneue Pe-2) auf dem Flug nach Moskau bei Schneefall und tiefhängenden Wolken gegen einen Berg, die Besatzung kam ums Leben. Petljakows Arbeit setzte Wladimir Mjassischtschew fort. Seine Weiterentwicklung DB-108 als Tagbomber (Erstflug 30. Dezember 1944) ging nicht in Serie.

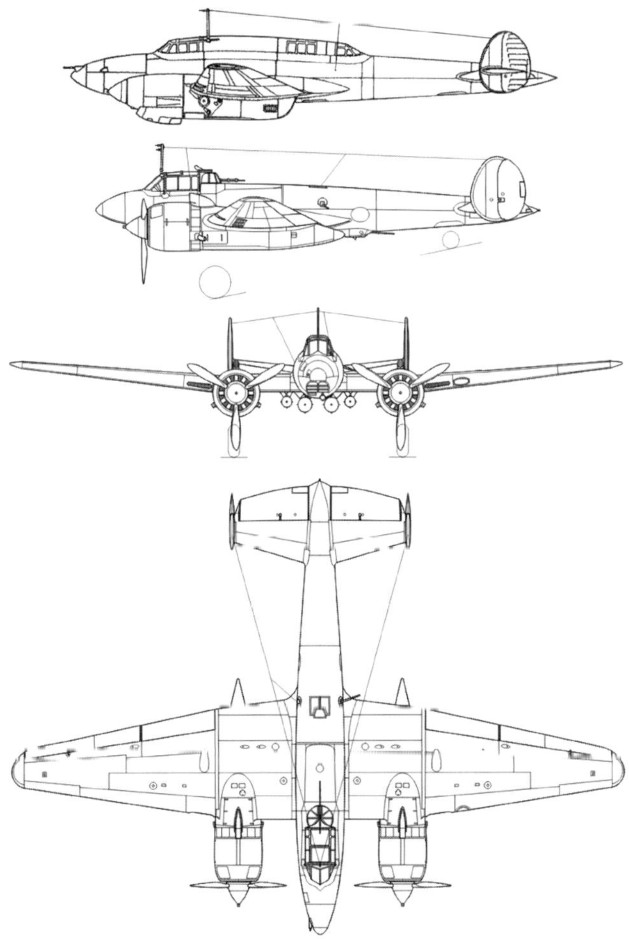

Petljakow WI-100, Pe-2 (Dr. Péter Kaboldy)

Jakowlew Jak-1 /-7 /-9 /-3 /-11

Der Spanische Bürgerkrieg 1936-39 hatte Stalin deutlich gemacht, dass die Sowjetunion über keinen Jäger verfügte, der einer Bf 109 ebenbürtig war. Mitte 1939 wurden 14 Konstrukteure zusammengerufen, um innerhalb eines halben Jahres neue Flugzeuge zu schaffen, zuerst Jäger. Vorgaben: 620 km/h, Reichweite 600 km, Gipfelhöhe 11.000 m.
Stalin setzte besondere Hoffnungen in den damals 33-jährigen Jakowlew, der nicht nur seine Erfahrungen aus dem Leichtbau nutzen, sondern auch die neue automatische 20-mm-Kanone SchWAK über dem ebenfalls neuen Motor von Klimow M-105P einbauen sollte (hohle Propellerwelle). Äußerlich machte die Ja-26 einen harmonischen Eindruck, aerodynamisch sehr fein ausgeführt, verantwortlicher Designer war Kostja Sinelschikow – ein Mitarbeiter der ersten Stunde. Gemischtbauweise, Stahlrohrumpf, Tragwerk aus Holz, verkleidet mit Sperrholz. Hallenfertig war die Ja-26-I schon am 27.12.1939 - unvorstellbar. Erstflug 13. Januar 1940. Im Grunde funktionierte aber nichts richtig, hinzu kamen Fertigungsfehler. Die Lieferanten boten schlechte Unterbaugruppen, der erste Prototyp war 400 kg schwerer als errechnet. Aber die Zeit drängte. Julian Piontkowski hatte als Testpilot ein volles Programm und volle Mängelzettel, einmal musste er sogar notlanden. Und dadurch hielt sich zäh die Einschätzung, die Ja-26 wäre instabil und somit unbrauchbar – mit einem tragischen Ende. Mit Wut im Bauch drehte Piontkowski bei seinem 43. Flug (27. April 1940) zwei

Flugzeugtyp:	**Jak-1**
Verwendungszweck:	Jagdflugzeug
Antrieb:	1 x Klimow M-105P mit 1.050 PS (772 kW)
Besatzung:	1
Länge:	8,48 m
Spannweite:	9,74 m
Höhe:	2,42 m
Flügelfläche:	17,15 m^2
Leermasse:	2.445 kg
Startmasse:	2.927 kg
max. Geschwindigkeit:	569 km/h
prakt. Gipfelhöhe:	9.500 m
Reichweite:	650 km
Bewaffnung:	1 x 20-mm-MK SchWAK, 2 x 7,62-mm-MG SchKAS
Erstflug:	13. Januar 1940
Auflage:	8.721 (Jak-1), 6.399 (Jak-7), 16.769 (Jak-9), 4.848 (Jak-3), 3.859 + 707 Lizenz (Jak-11/C-11)

Der Prototyp der Jak-1 (Ja-26-1) flog erstmals am 13. Januar 1940, das Foto zeigt eine Maschine der ersten Serie 1941, gesamte Auflage 8.721 Maschinen.

Drei Piloten des französischen Luftregiments „Normandie-Njemen" (Joseph Risso, Derbe und Noel Castelain), Jak-1B.

Fassrollen über dem Flugplatz in zu niedriger Höhe, die Maschine schlug auf dem Boden auf, der Pilot starb, der langjährige Freund und Weggefährte Jakowlews.
Die staatliche Zulassung konnte nicht erteilt werden, zum Glück für Jakowlew auch nicht für die beiden anderen Favoriten im Wettbewerb, die MiG-1 und die LaGG-1, die parallel am Start waren. Die Erprobung wurde von Pawel Fedrowi fortgesetzt, als neuem Chefpiloten Jakowlews. Hauptproblem blieb das Übergewicht, aber im Grunde ging es darum, ein „fertiges" Jagdflugzeug zu schaffen: Funkgerät, Nachtinstrumente, Einbau der Bewaffnung, Verbesserung der Längsstabilität und der Kabinenbelüftung ... Am Ende gab NII-Testpilot Pjotr Stefanowski grünes Licht: „Für Piloten mit durchschnittlicher Befähigung zu meistern." Der Erfolg (8.721 Maschinen wurden bis 1943 gebaut) brachte Jakowlew verbesserte Arbeitsbedingungen in neuen Gebäuden für sein OKB, aber der schnelle Jäger war erst mit dem Nachfolgemodell Jak-9 ausgereift.
Für alle Jaks verweise ich auf meinen Typenkompass zum Thema Jakowlew, hier nur so viel: Die Jak-7 (UTI-26) war ursprünglich als Schulflugzeug gedacht. Noch leichter als das Ausgangsmuster wurde der zweite Sitz entfernt und die Maschinen flogen von den Fabriken direkt an die Front. Das Motto dieser Tage: alles in die Luft, was fliegen (und schießen) kann, Auflage 6.399. Die Jak-9 war der meistgebaute sowjetische Jäger im Zweiten Weltkrieg mit 16.769 Exemplaren. Die Jak-3 entstand unter der Leitung von Oleg Antonow (Stellvertreter von Jakowlew), Auflage 4.848, einer der besten Jäger im Krieg. Die französischen Piloten des legendären Regi-

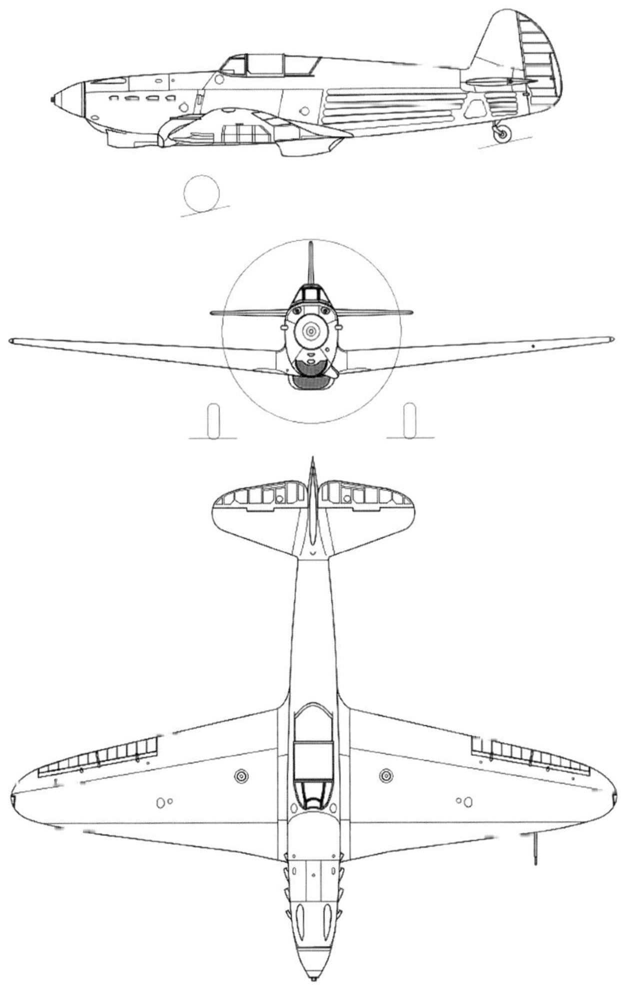

Jakowlew Jak-1 (Dr. Péter Kaboldy)

ments „Normandie-Njemen" haben sich 1944 nach einem Vergleichsfliegen mit anderen Mustern, u.a. mit der Spitfire und der P-39, für die Jak-3 entschieden und kehrten mit ihnen am 20. Juni 1945 nach Frankreich zurück. Eine Jak-3 steht heute im Musée de l´Air in Paris. 42 der insgesamt 96 Piloten des Regiments kamen im Kampf ums Leben, 273 Abschüsse konnten erzielt werden. Aus dem Jäger leitete Jakowlew bereits 1944 das Schulflugzeug Jak-11 ab, ausgestattet mit dem Schwezow ASch-21 (570 PS) und einem MG UBS 12,7 mm. Die Auflage erreichte 3.859 Exemplare, zudem wurden im Flugzeugwerk Kunovice (Tschechoslowakei) 707 Maschinen als Let C-11 in Lizenz gebaut. Bis 1956 erwarb die DDR 100 Schulflugzeuge Jak-11. Sie waren zunächst Teil der VP-Luft und gingen nach dem 1. März 1956 in den Bestand der neu gegründeten NVA über.
Eine unerwartete Renaissance ergab sich 1991, da stellte das Flugzeugmuseum Santa Monica in Kalifornien an das Konstruktionsbüro Jakowlew die Anfrage, ob man die Jak-3 bzw. 9 nicht neu auflegen könnte. Jakowlews Sohn Sergej stimmte zu und so wurden 22 Maschinen produziert. Beim Bau konnten noch Originalteile und -werkzeuge aus der Produktion von 1942-1946 verwendet werden. Die Fertigung erfolgte in Orenburg im Werk „Strela" als Motor diente der Allison V-12 (V-1710, 1.343 PS).

Vom Werk direkt an die Front, in Nowosibirsk wurden ab 1942 täglich bis zu 20 Maschinen des Typs Jak-7B gebaut.

Lawotschkin/Gorbunow/Gudkow LaGG-1 /-3

Auch dieser Jäger war ein Anwärter für die „Anti-Messerschmitt“. Dem Sieger in diesem Wettbewerb 1939 winkten eine saftige Prämie von 40.000 Rubel, Ehre und eine materielle Verbesserung des Ingenieurbüros. Semjon Lawotschkin (1900-1960) wurde durch Wladimir Gorbunow (1903-1945) zur Teilnahme ermuntert, ebenfalls Ingenieur und damals Leiter der Flugzeugabteilung des Volkskommissariats der Verteidigungsindustrie. Lawotschkin, damals 39 Jahre alt, hatte zwar im Flugzeugbau schon Erfahrungen gesammelt (u.a. bei Dmitri Grigorowitsch, I-Z), aber noch kein eigenständiges Flugzeug vorzuweisen. 1939 arbeitete er im ZAGI. Gorbunow war zuvor als Ingenieur an der Entwicklung u.a. der Tupolew TB-3 und der Archangelski Ar-2 beteiligt. Gemeinsam machten sie sich an erste Skizzen. Um dem fehlenden Duraluminium Rechnung zu tragen, entschieden sie sich für die Herstellung aus Holz: kunstharzgetränktes Sperrholz aus sibirischer Kiefer und Birke, das jedoch 40 % schwerer war. Eine Rolle spielte auch die Möglichkeit, in der Massenfertigung gering qualifizierte Arbeitskräfte einsetzen zu können. Die beiden Konstrukteure machten sich mit ihren Zeichnungen auf den Weg zum damaligen Volkskommissar (Minister) für Luftfahrtindustrie Michail Kaganowitsch, nicht zu verwechseln mit seinem Bruder Lasar, und im Wartesaal trafen sie auf Michail Gudkow (1904-1983),

Flugzeugtyp:	**LaGG-3 (Serie 34)**
Verwendungszweck:	Jagdflugzeug
Antrieb:	1 x Klimow M-105PF Zwölfzylinder-V-Reihenmotor mit 1.260 PS (927 kW)
Besatzung:	1
Länge:	8,81 m
Spannweite:	9,80 m
Höhe:	3,34 m
Flügelfläche:	17,62 m²
Leermasse:	2.650 kg
Startmasse:	3.363 kg
max. Geschwindigkeit:	565 km/h
prakt. Gipfelhöhe:	9.000 m
Reichweite:	780 km
Bewaffnung:	1 x 37-mm-MK NS-37, 2 x 12,7-mm-MG BS
Erstflug:	28. März 1940
Auflage:	6.528

Der dritte Prototyp der I-301 (LaGG-1, Erstflug 28. März 1940) während der Flugerprobung im Juni 1940 im NII.

der seinen eigenen Entwurf vortragen wollte. Durch Kaganowitsch wurde dieser angewiesen, sich den beiden anderen anzuschließen, und so entstand das Trio LaGG. Gudkow war ebenfalls Ingenieur und hatte 1932 das Moskauer Luftfahrtinstitut MAI absolviert. Mit dem Entwicklungsauftrag vom 29. August 1939 unter dem Namen I-22 machten sich die drei an die weitere Arbeit – im Flugzeugwerk in Chimki, einem Vorort von Moskau. Das erste Flugzeug mit dem Motor M-105TK (als Höhenjäger) sollte bis Februar 1940 gebaut werden, das zweite als „Kanonenjäger“ (1 x 23-mm-MK Taubin) mit dem neuen Motor M-106P bis Mai 1940 – also sehr enge Termine. In dieser Zeit entwickelte sich Lawotschkin zum Kopf der Gruppe und so wurde er am 23. November 1940 zum Chef des neuen Konstruktionsbüros bestellt, das OKB (Experimental-Konstruktionsbüro) erhielt die Nummerierung 301, und aus der I-22 wurde somit die I-301. Man darf dabei nicht übersehen, dass die anfangs kleine Belegschaft des Büros schnell wuchs, schrittweise ausgestattet mit gut ausgebildeten Konstrukteuren, Zeichnern, Modellbauern, Statikern.
Der Ort Chimki erlangte nur ein Jahr später eine besondere Bedeutung bei der Schlacht um Moskau. Am 2. Dezember 1941 erreichte ein Erkundungstrupp des Panzerpionierbataillons 62 der Wehrmacht die Stadtgrenze und war somit nur 24 km vom Moskauer Kreml entfernt. Die unerwartete sowjetische Gegenoffensive ab dem 5. Dezember (mit frischen Divisionen aus dem Fernen Osten) warf die deutschen Truppen dann 200-300 km zurück. Das Flugzeugwerk Chimki war im September 1941 vorsorglich in das Flugzeugwerk in Nowosibirsk Nr. 153 evakuiert worden. Hier konnten bis 1945 dann 16.455 Flugzeuge des Typs LaGG-3, Jak-7 und Jak-9 gebaut werden.
Zurück zu Lawotschkin. Was ihn von seinen Konkurrenten, besonders Alexander Jakowlew (1906-1989) und Andrej Tupolew (1888-1972), unterschied, war seine menschliche Wärme, sein Respekt für andere Menschen. Dieses Klima bestimmte über Jahre den Arbeitsstil im Designbüro, innerhalb und außerhalb des Teams.
Zielvorgaben für die I-301 waren 625 km/h, Einsatz bis 11.000 m Höhe, die Bewaffnung wurde umgestellt auf: 20-mm-MK SchWAK (80 Patronen, hohle Propellerwelle) und zwei MG BS (je 220 Patronen). Da es mit den Turboladern TK und dem M-106 technische Probleme gab, wurde der erste Prototyp mit dem M-105P (später WK-105P, Wladimir Klimow) ausgerüstet.

Während der Erprobung der I-301 kam es am 12. August 1940 beim Landeanflug zu einer Havarie. Der Stempel heißt: Geheim – selbst der Horizont wurde ausradiert.

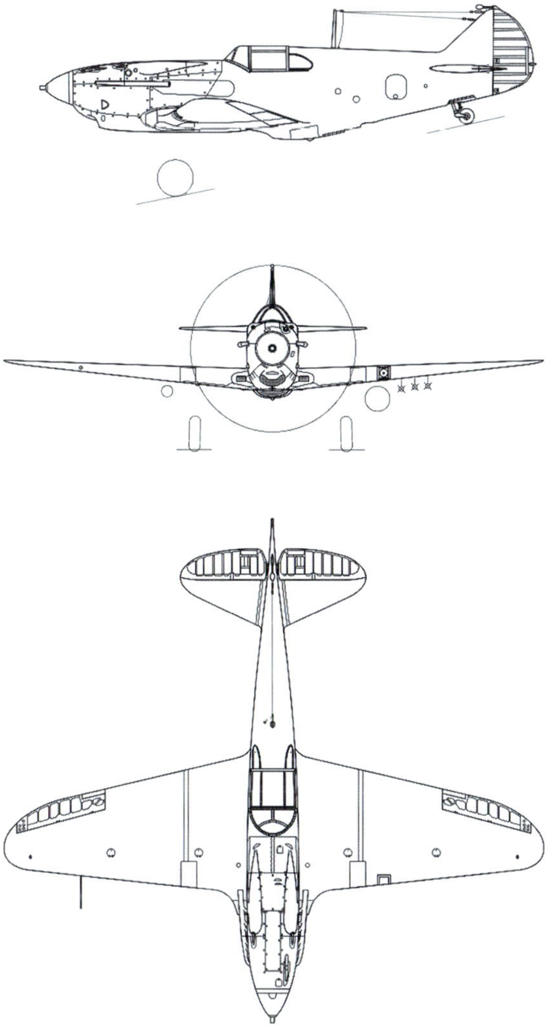

Lawotschkin/Gorbunow/Gudkow LaGG-3 (Dr. Péter Kaboldy)

Typische Farbgestaltung: I-301 (Prototyp), LaGG-3 der 1. Serie 44. Jagdfliegerregiment, 3. Gardejagdfliegeregiment, finnische Luftwaffe (Massimo Tessitori).

Aber der Prototyp konnte am 28. März 1940 abheben – Testpilot Alexej Nikaschin. Er zeigte sich zufrieden, und am 1. Mai 1940 konnte dann Nikaschin den Prototyp (rot lackiert) bei der Parade eindrucksvoll vorfliegen, die staatliche Abnahme endete am 27. Juni 1940 im NII in Tschkalowski. Zwar wurden im Horizontalflug nur 585 km/h erreicht (ohne Bewaffnung), aber das Muster lag im Wettbewerb weit vorne. Lawotschkin bekam den Auftrag für eine Vorserie von 30 Flugzeugen, vorausgesetzt die Mängel würden beim 2. Prototyp abgestellt: große Hitze in der Kabine, Überhitzung von Öl und Wasser beim Start, unzureichende Längsstabilität, zudem fehlten Landescheinwerfer und Funk. Das größte Problem aber wurde die Forderung, die Reichweite von 600 auf 1000 km zu erhöhen – zusätzlicher Treibstoff bedeutete eine Verschlechterung der Flugleistungen. In einer Festlegung des Ministeriums für Flugzeugbau vom März 1942 (auf Vorschlag von Jakowlew, damals Stellvertreter des Ministers für Flugversuchsbau) erhielten alle Flugzeuge eine neue Bezeichnung, die Kürzel ihrer Konstrukteure: „Das Volk sollte wissen, wer unsere Flugzeuge baut". Also nicht mehr I = Istrebitel (Jäger) und B = Bombardirowtschik (Bomber), sondern Jak, MiG, Tu, Pe usw. So wurde aus der I-301 die LaGG-1. Die Erprobung wurde am 25. Oktober 1940 mit eingebauten Waffen im LII fortgesetzt, inklusive

Nach 100 produzierten LaGG-1 im Flugzeugwerk 21 in Gorki wurde die Konstruktion überarbeitet, der Massenbau als LaGG-3 ergab dann 6.528 Exemplare.

Langstreckenflug Moskau-Kursk-Moskau (840 km). Ende des Jahres erhielten die drei Konstrukteure den Stalinpreis 1. Klasse – sie hatten es geschafft. Der Serienbau der LaGG-1 wurde an das Werk Nr. 21 in Gorki vergeben.

Der Rumpf hatte einen ovalen Querschnitt, der Ganzholzbau wurde ohne Verwendung von Nägeln und Schrauben mit dem Kleber WIAM-ZB verbunden, im Bug ergänzt durch eine Metallkonstruktion zur Aufnahme des Motors und der Bewaffnung. Die Verkleidung bestand aus Birkenfurnier: überwiegend 9,5 mm bis 3 mm am Heck.

Nach 100 produzierten LaGG-1 wurde der interne Kraftstoffvorrat erweitert, zudem galt es, technologische Probleme bei der Massenfertigung zu überwinden – neuer Name LaGG-3. Der Plan für das Jahr 1941 sah 2.960 Flugzeuge dieser Konfiguration vor, auch im Werk 31 in Taganrog. Aber die sowjetische Praxis, dass der Konstrukteur im Serienwerk die Produktion und Neuerungen selbst leiten musste, bedeutete das Ende des Triumvirats. Lawotschkin ging nach Gorki, Gorbunow nach Taganrog und Gudkow blieb in Chimki. Dieser hektische Neustart, den nahen Krieg mit Deutschland vor Augen, verlief nur stockend. Gerade noch stand in Gorki die I-16 in Serie, d.h. Werkzeugmaschinen fehlten, die Belegschaft war nicht eingearbeitet, und so verließ die erste LaGG-3 den Betrieb erst am 23. Januar 1941. Bis 1944 lieferten Gorki 3.583 Maschinen, Taganrog (verlegt nach Tiblissi) 2.550, Leningrad 65 und Nowosibirsk 330. Es zeigte sich, dass die LaGG-3 der Jak-1 (mit demselben Motor) deutlich unterlegen war, schließlich war sie mit der Holzbauweise auch 200 kg schwerer. Auf der anderen Seite war die Überlebensfähigkeit der LaGG deutlich höher. Zu den besten Piloten zählte Nikolai Skomorochow vom 164. Jagdfliegeregiment, der 46 Abschüsse vorweisen konnte, plus acht in der Gruppe. Im ersten Kriegsjahr 1941, wo jedes einzelne Flugzeug zählte, war die LaGG-3 eine wesentliche Verstärkung. Aber das Flugzeug konnte nur von guten Piloten erfolgreich eingesetzt werden – gegen die neu an die Front gekommene Bf 109 F-4, die die Luftherrschaft behauptete. Als beste, weil leichteste Ausführung, wird die 29. Serie ab Frühjahr 1943 angesehen, außerdem wurde hier eine spezielle Bewaffnung gegen Panzer erprobt: Anstelle einer SchWAK-Kanone wurde eine Taubin W-37 mit 20 Schuss Munition eingebaut, die erheblichen Eindruck hinterließ, allerdings wurden nur 85 Muster mit dieser Bewaffnung gebaut. Lawotschkin war sehr offen gegenüber neuen Entwicklungen und förderte auch Alexander Nudelman durch den Einbau der NS-37 (Nudelman-Suranow), die die staatliche Abnahme noch nicht geschafft hatte – die panzerbrechende Wirkung lag bei etwa 40 mm Panzerstahl. Die Kanone wog zwar 170 kg, brachte es dann aber auf fast 7.000 Auflagen (in erster Linie für die Il-2).

Die letzte Serie der LaGG-3, genannt 66, folgte vom Frühjahr 1943 bis Mai 1944, Gegner in dieser Zeit waren die Bf 109 G-6 und die Fw 190 A-3. Von den 6.528 LaGGs waren 1944 noch 594 am Start. Die Hauptlast beim Kampf um die Luftherrschaft trugen die La-5, Jak-9 und Jak-3. Die verbliebenen LaGG-3 wurden in den hinteren Frontbereich verlegt, sowie ans Schwarze Meer (Marineflieger) und die Ostsee. Dort kämpften sie gelegentlich auch gegen die drei von Finnland erbeuteten LaGG-3.

Mikojan/Gurewitsch MiG-1 /-3

Flugzeugtyp:	MiG-3
Verwendungszweck:	Jagdflugzeug
Antrieb:	1 x Mikulin AM-35A Zwölfzylinder-V-Motor mit 1.350 PS (993 kW)
Besatzung:	1
Länge:	8,25 m
Spannweite:	10,20 m
Höhe:	3,42 m
Flügelfläche:	17,44 m^2
Leermasse:	2.582 kg
Startmasse:	3.355 kg
max. Geschwindigkeit:	592 km/h
prakt. Gipfelhöhe:	12.000 m
Reichweite:	1.195 km
Bewaffnung:	2 x 7,62-mm-MG SchKAS, 1 x 12,7-mm-MG BS
Erstflug:	28. März 1940
Auflage:	3.172

Als der Stern von Polikarpow, dem „Jägerkönig“, durch den anhaltenden Misserfolg der I-180 zu sinken begann, wurde sein OKB geteilt. Zur Erinnerung: Volksheld Waleri Tschkalow (ähnlich beliebt wie später Juri Gagarin) stürzte am 15. Dezember 1938 mit dem Prototyp tödlich ab. Als Polikarpow im Oktober 1939 zur Beschaffung neuer Flugzeuge als Teil des Hitler-Stalin-Abkommens in Deutschland war (u.a. mit Jakowlew), wurde ihm im Werk 1 durch Werkdirektor Pjotr Dementjew das Thema I-61 (als alternativer Entwurf zur I-180) entzogen. Das Projekt wurde einem neuen OKB zugeteilt: Artjom Mikojan (1905-1970) wurde dessen Leiter und der zwölf Jahre ältere Michail Gurewitsch (1893-1976) sein Stellvertreter. Natürlich konnte dies nur auf Weisung von höherer Stelle erfolgen, und Anastas Mikojan (1895-1978), der ältere Bruder, gehörte damals zum engsten Zirkel um Stalin. Anastas wird von Simon Sebag Montefiore in seiner Stalin-Biografie als „gewiefter, ausgefuchster Armenier“ beschrieben. Und so gingen 40 % der Mitarbeiter von Polikarpow weg (überwiegend die junge, gutausgebildete Garde), und sein Kommentar war knapp: „Schade, dass sie nicht meine Rückkehr abgewartet haben“. Zeitgenossen gingen damals davon aus, dass das Leben von Polikarpow an einem seidenen Faden hing, man sagte: „Er wird sicher bald erschossen, und Mikojan hat einen Bruder in der Führung, da kann man ihn doch verstehen.“

Im neuen Team (später bekannt als OKB MiG) war Gurewitsch für die mathematischen Berechnungen zuständig, Mikojan lieferte die Inspiration und koordinierte die einzelnen Abteilungen (Statik, Tragwerk, Rumpf, Elektrik, Ausrüstung, Fahrwerk u.a.). Der Zeitdruck war enorm, denn Stalin forderte einen schnellen Jäger. Nach nur 3 Monaten war der Prototyp fertig, nun I-200

Aus dem Prototyp I-65 von Polikarpow leiteten Mikojan und Gurewitsch in wenigen Wochen die I-200 ab, Erstflug am 5. April 1940 (Foto via Rudolf Höfling).

Neben der Jak-1 und LaGG-1 setzte sich die MiG-1 im Jägerprogramm 1940 durch, war bei den Piloten aber unbeliebt, Auflage: 3.172 (Foto: Alan Wilson MAKS 2013).

Artjom Mikojan und Michail Gurewitsch 1945. Später gefragt, welche MiG ihm besonders ans Herz gewachsen sei, sagte Mikojan: „Die ersten, die MiG-1. Unser kleines, junges Kollektiv entzündete sich förmlich an dieser Arbeit."

genannt. In der Hektik verzichtete man auf den neuen wassergekühlten AM-37 und baute den bewährten AM-35A ein (Trockengewicht: 830 kg), der speziell auf größere Höhen abgestimmt war. Bereits am 5. April 1940 erfolgte der Erstflug durch Arkadi Jekatow (1897-1941). Er war schon im Ersten Weltkrieg ein erfolgreicher Jagdflieger (St.-Georgs-Orden), dann in der Roten Armee bis 1922 im Einsatz (Bürgerkrieg), anschließend Testpilot im Werk Nr. 1 (I-4, R-5, I-153 u.a.). Er starb am 13. März 1941 bei der Erprobung der MiG-3.

Im Wettbewerb um neue Jagdflugzeuge hatten sich 1940 ebenfalls die I-26 (Jak-1) und die I-301 (LaGG-1) durchgesetzt, die I-200 sollte das Portfolio ergänzen; Zielvorgaben: 670 km/h in 7.000 m, Steiggeschwindigkeit auf 5.000 m in 4,6 min, Reichweite 800 km. Bereits am 12. September 1940 schloss man die staatliche Prüfung ab. Der Zweite Weltkrieg stand bevor, und es zählte zuerst der Faktor Zeit (französische Kapitulation am 25. Juni 1940). Bis zum 15. Dezember wurden zehn Maschinen für die Truppenerprobung an das 41. Jagdfliegeregiment übergeben. Obwohl der neue Jäger nicht ausgereift war, lief parallel schon der Serienbau im Werk Nr. 1 an, bis zum Februar 1941 wurden weitere 89 Maschinen gebaut. In der Erprobung und Schulung erwiesen sich die Maschinen als äußerst schwer zu fliegen (gefährliches Trudeln), die Reichweite war zu gering, in mittleren Höhen erreichte sie nur 540 km/h. Die Produktion musste eingestellt und das OKB zur Bearbeitung der Mängel aufgefordert werden: zusätzlicher Kraftstofftank 250 l, automatische Vorflügel, Verlagerung des Schwerpunkts nach vorn (9,50 cm), allerdings mit der Konsequenz, dass dabei die gute Steigleistung verloren ging. Im September

Als Forschungsbüro für Höhenjäger überlebte das OKB MiG den Misserfolg im Zweiten Weltkrieg, die I-224 (Erstflug 16. September 1944) erreichte 693 km/h in 13.200 m.

1941 wurde die Fertigung als MiG-3 wieder aufgenommen, kurz danach wieder unterbrochen durch die Verlagerung der Werke in den Osten des Landes. In Kuibyschew und Kasan wurden 3.172 Maschinen bis 1942 gebaut. In der Truppe war der Jäger nicht beliebt, er war recht beschussempfindlich, immer noch schwer zu beherrschen und zu schwach bewaffnet. Die ersten MiGs entstanden in Gemischtbauweise, wobei der Rumpf aus geschweißten Chromansilrohren bestand, der vordere Teil hatte eine Duralverkleidung, Heck und Tragwerk (drei Metallholme, zehn Rippen) waren mit Bakelit- und Kiefernplatten (von 4 mm bis 2 mm) versehen. Die synchronisierte Bewaffnung (über dem Motor) bestand aus zwei SchKAS (jeweils 1.500 Patronen) und einem MG BS (300 Patronen).
Eines der vielen Probleme der MiG-3 war ihr Antrieb. Statt des AM-37 musste der AM-35A eingebaut werden, der 1942 zugunsten des AM-38 eingestellt wurde; dieser Motor war aber für die Il-2 „reserviert“. Als Ausweg bot sich Mitte 1941 der 14-Zylinder-Doppelsternmotor Schwezow M-82 an, die Erprobung (als I-210) zog sich aber durch starke Vibrationen im Heck ein Jahr hin. Gleicher Umbau erfolgte bei der LaGG-3 von Lawotschkin, die am 21. März 1942 erstmals in die Luft kam und überzeugte, damit war der M-82 auch „weg“. Stalin selbst, wie es seine Art war, stoppte Werksdirektor Tretjakow in Kuibyschew (Nr. 155): „Wir brauchen Ils und keine MiGs.“ Mit dem Ende der Serienfertigung war das neu gegründete OKB eigentlich ohne Zukunftschancen, aber es fand sich eine wohlwollende Lösung. Das Team erhielt den Status eines Forschungsbüros für Höhenjäger. Die neuen Muster (A-Reihe) waren deutlich größer als die MiG-3 und hatten einfachere Strukturen in Gemischtbauweise. Die I-221 erhielt den auf mittlere Höhen abgestimmten AM-39A (1.890 PS) mit zwei Turboladern TK-300B und ein um zwei Meter verlängertes Tragwerk, Erstflug am 2. Dezember 1943 (nach wenigen Flügen Verlust nach Motorausfall). In der Tat war die A-Reihe sehr schnell in großen Höhen (I-225 mit AM-42B 2.000 PS: 726 km/h), doch die Luftkämpfe fanden in jener Zeit in anderen Höhen statt. Es waren die Jaks und Las, die schließlich die Luftherrschaft errangen.

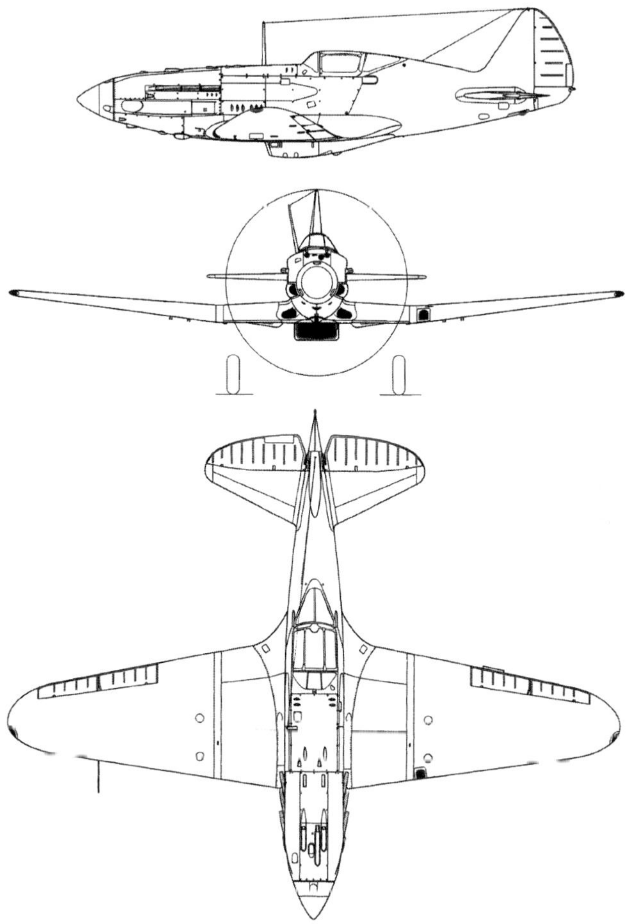

Mikojan/Gurewitsch MiG-3 (Ugolok Neba)

Bisnowat SK-1 /-2

Matus Bisnowat (1905-1977) war Absolvent des Moskauer Luftfahrt-Instituts MAI, arbeitete dann als junger Ingenieur im ZAGI am Raketenflugzeug Typ 5, später leitete er die Flugerprobung der DFS 346 (siehe Felix Kracht). Diese Entwicklung aus der Deutschen Forschungsanstalt für Segelflug sollte als raketengetriebenes Aufklärungsflugzeug genutzt werden, der Bau war im Siebel-Werk in Schkeuditz vorgesehen. Nach der Verbringung eines Teils der Belegschaft und der Konstruktionsunterlagen Ende 1946 in die Sowjetunion (siehe auch Baade 140) wurde dort die Erprobung fortgesetzt (Heinz Roessing und Alexander Beresnjak). Besonders wertvoll waren die Forschungen an einem gepfeilten Tragwerk und im Hochgeschwindigkeitsbereich.

Ein paar Jahre zuvor wurde Bisnowat vom ZAGI beauftragt, ein Versuchsflugzeug zu bauen unter dem Projektnamen SK – schneller Flügel. Die Auslegung war zeitgemäß als freitragender Ganzmetall-Tiefdecker mit einziehbarem Spornfahrwerk, als Antrieb stand der Klimow M-105 zur Verfügung. Großes Augenmerk wurde bei der Projektierung auf das Tragwerk gelegt. Die Flügelfläche sollte nur 9,50 m² betragen (Jak-1, 17,15 m²), maximale Belastung bis zu 220 kg/m². Als Profil entschied man sich zunächst für das NACA 230, da die Auftriebseigen-

Flugzeugtyp:	**SK-1**
Verwendungszweck:	Testflugzeug
Antrieb:	1 x Klimow M-105 Zwölfzylinder mit 1.050 PS (772 kW)
Besatzung:	1
Länge:	8,24 m
Spannweite:	7,30 m
Höhe:	2,60 m
Flügelfläche:	9,57 m²
Leermasse:	1.805 kg
Startmasse:	2.350 kg
max. Geschwindigkeit:	577 km/h
prakt. Gipfelhöhe:	10.200 m
Reichweite:	550 km
Bewaffnung:	---
Erstflug:	12. März 1940
Auflage:	1

Die Bisnowat Typ 5 war ein Raketenflugzeug, das parallel zur DFS 346 entstand, um ein gepfeiltes Tragwerk zu erproben, Erstflug 9. September 1947, Antrieb RD-2M3WF.

Foto vom 20. Mai 1940, die Bisnowat SK-1 konnte mit Tragwerken unterschiedlicher Profile geflogen werden, um ein Optimum für Jagdflugzeuge zu erforschen.

Die SK-2 erhielt ein konventionelles Cockpit, Erstflug 12. Oktober 1940, sie erreichte 645 km/h in 2.700 m. Durch den Zweiten Weltkrieg wurde die Erprobung eingestellt.

schaften und die Druckverteilung eine moderate Belastung bei hohen Geschwindigkeiten versprach. Es konnten aber auch Flügel mit anderen Profilen montiert werden, um die Eigenschaften der Stabilität und Steuerbarkeit bei einer hohen spezifischen Belastung des Flügels zu bestimmen. Eine Besonderheit war auch, dass sich das Cockpit komplett im Rumpf befand, nur für Start und Landung konnte der Pilot das Kabinendach aus Plexiglas aufklappen und eine höhere Sitzposition einnehmen.

Der Bau der Einzelteile erfolgte in den Werkstätten des ZAGI, die Endmontage dann im Werk 156. Der Erstflug fand am 12. März 1940 statt, Testpilot Georgi Schijanow (1910-1995). Ab 1934 diente er in den Luftstreitkräften und absolvierte 1935 die Flugschule des ZAGI. Neben der SK erprobte er auch die Jer-2, die Pe-2, die MiG-19 und viele andere Muster.

Die Leistungen der SK-1 waren enttäuschend: So wurden in 5.500 m nur 577 km/h erreicht, errechnet hatte man 700 km/h. Auch erwies sich die Konstruktion des Cockpits als unpraktisch. Das Nachfolgemodell SK-2 erhielt dann eine konventionelle Kanzel, aber durch die Position war die Sicht auch nicht viel besser – hallenfertig im Oktober 1940. Um die weitere Finanzierung des Projekts zu gewährleisten, wurde der Einbau von zwei 12,7-mm-MGs BS und einem MG SchKAS vorgeschlagen (als leichtes Jagdflugzeug), was angesichts der grazilen Zelle aber unrealistisch war. Das maximale Startgewicht lag bei 2.650 kg. Allerdings konnte die SK-2 etwas bessere Leistungen vorzeigen mit 645 km/h in 2.700 m und einer Steiggeschwindigkeit von 4 min auf 5.000 m. Die Flächenbelastung stieg auf 255 kg/m^2. Im Vorfeld des Zweiten Weltkriegs wurden die Testflüge eingestellt und einige der Tragflächen dem MAI als Anschauungsmaterial für die Studenten übergeben. Nach 1948 wandte Bisnowat sich dem Thema Luft-Luft-Raketen im OKB-293 in Chimki zu.

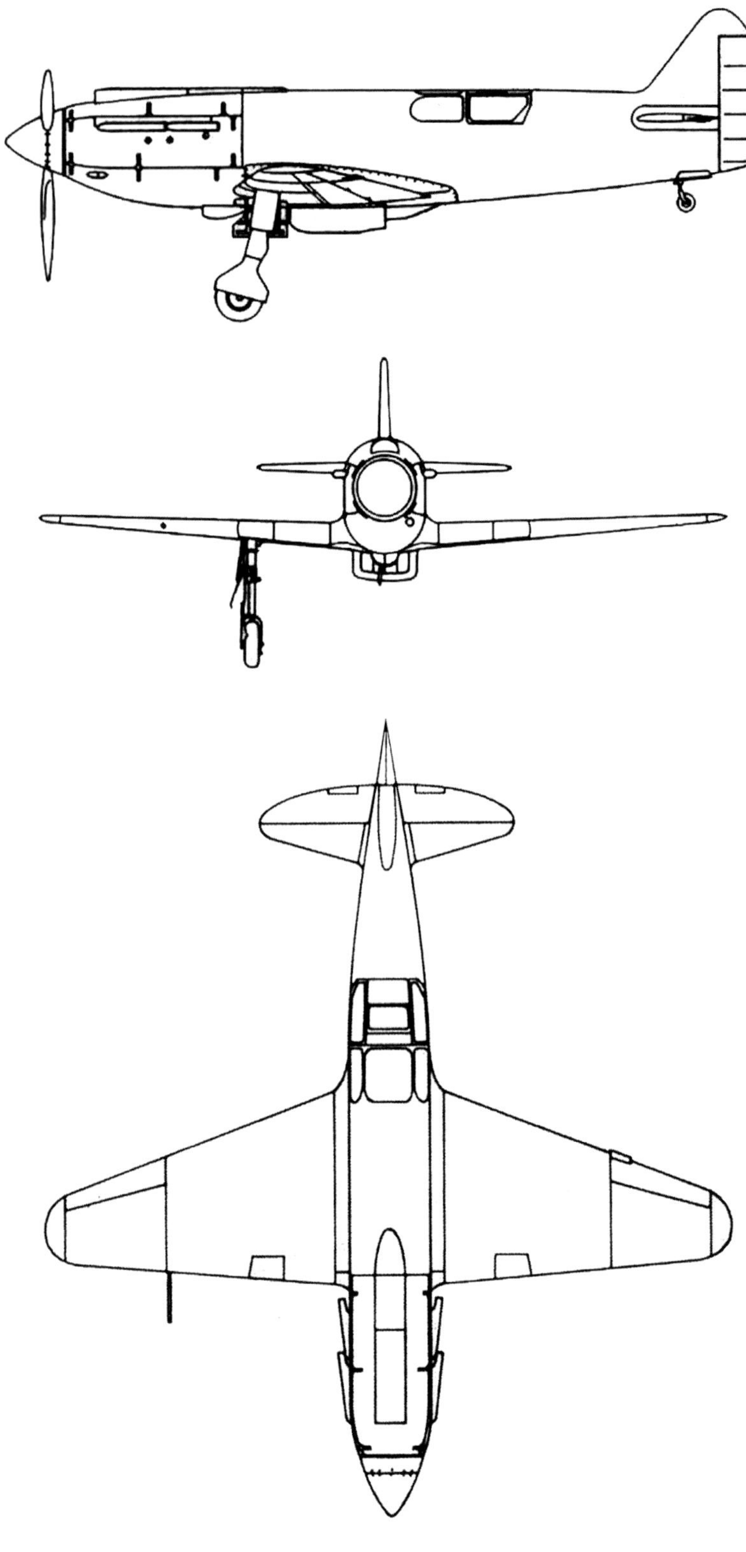

Bisnowat SK-1 (Ugolok Neba)

Paschinin I-21

Michail Paschinin (1902-1973) gehörte zu den vielen sowjetischen Ingenieuren, die in der „zweiten Reihe" arbeiteten, dabei aber wichtige Beiträge bei der Konstruktion von neuen Flugzeugen leisteten – oft eingesetzt in den Bereichen Tragfläche, Fahrwerk oder Cockpitgestaltung. Probleme, die gelöst und konstruiert werden mussten, aber keine große Anerkennung einbrachten. Paschinin begann seine Tätigkeit im Moskauer Luftfahrtinstitut MAI, wechselte 1936 dann zu Polikarpow und wurde als sein Vertreter in das Flugzeugwerk Nr. 21 in Gorki geschickt, um den Serienbau der I-16 zu überwachen. Das war eine sehr wichtige Position zwischen Serienwerk und Konstruktionsbüros, um technologische Standards einzuhalten und konstruktive Verbesserungen schnell in die Produktion zu überführen.

Im Rahmen dieser Arbeit entwickelte Paschinin das Projekt für einen neuen Jäger mit dem Reihenmotor M-105P. P steht für Kanonenmotor, d.h. eine 23-mm-MK BT-23 wurde über dem V-Motor platziert und schoss durch die hohle Propellerwelle, hinzu kamen zwei SchKAS. Der Rumpf bestand bis zum Cockpit aus einem Stahlgerüst mit Chromansilrohren und Duraluminiumbeplankung. Das Heck wurde wie bei der I-16 aus Holz gefertigt, auch das Tragwerk. Die Ruder bestanden aus einem Rahmen aus Duraluminium mit Stoffbespannung. Als Leergewicht berechnete Paschinin 2.250 kg, Gipfelhöhe 10.400 m und 615 km/h. Diesen Entwurf reichte Paschinin im April 1939, unterstützt von Werkleiter Woronin, beim Ministerium für Flugzeugbau (MAP) ein, die Bezeichnung erfolgte analog dem Flugzeugwerk als I-21.

Flugzeugtyp:	**I-21**
Verwendungszweck:	Jagdflugzeug
Antrieb:	1 x Klimow M-105P Zwölfzylinder mit 1.050 PS (772 kW)
Besatzung:	1
Länge:	8,29 m
Spannweite:	9,42 m
Höhe:	3,24 m
Flügelfläche:	15,46 m^2
Leermasse:	2.250 kg
Startmasse:	2.840 kg
max. Geschwindigkeit:	573 km/h
prakt. Gipfelhöhe:	10.600 m
Reichweite:	760 km
Bewaffnung:	1 x 23-mm-MK BT-23, 2 x 7,62-mm-MG SchKAS
Erstflug:	11. Juli 1940
Auflage:	3

Die Paschinin I-21 kam ein paar Monate zu spät für das Jägerprogramm 1940, Erstflug am 11. Juli 1940, im Flugzeugwerk 21 in Gorki wurden 3 Prototypen gebaut.

Die drei Sieger im Jägerprogramm 1940: LaGG-1, Jak-1 und MiG-1 – die I-21 wurde nicht berücksichtigt (Massimo Tessitori).

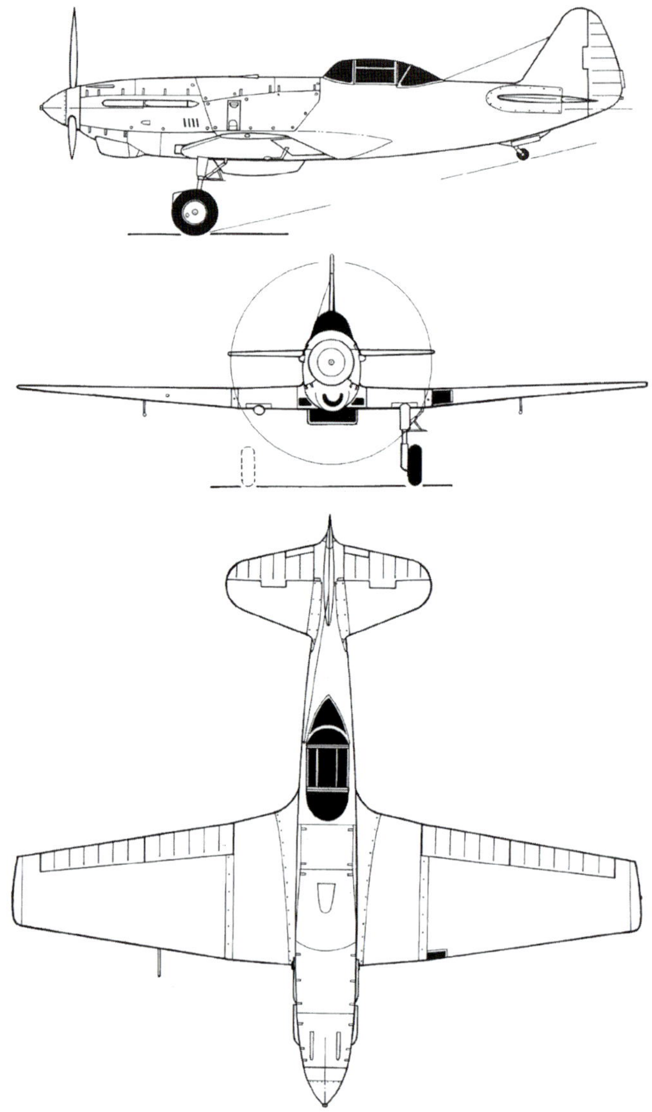

Paschinin I-21 (Ugolok Neba)

Nach den üblichen Änderungswünschen bestellte der Kunde am 3. Januar 1940 vier Prototypen, einen für statische Tests. Allerdings war zu diesem Zeitpunkt der Wettstreit für neue Jagdflugzeuge schon in vollem Gange (Erstflug Jak-1 am 13.1.1940). Woronin und Paschinin hatten es eilig und zogen alle möglichen Facharbeiter zusammen, auch auf Kosten der I-180, die eigentlich im Werk in Serie gehen sollte – siehe dort. Und schon am 11. Juli 1940 fand der Erstflug der I-21 statt, Testpilot Pawel Fokin. Danach wurde sie von Piloten im LII geflogen und nahm am 18. August am „Tag der Luftflotte“ teil. Bei der Erprobung wurde die Längsstabilität bemängelt, worauf beim zweiten Prototyp das Tragwerk um 30 cm nach hinten verlegt wurde. Diese Maschine kam am 8. Oktober 1940 in die Luft. Die staatliche Abnahme begann am 21. November im NII auf dem Flugplatz Tschkalowski östlich von Moskau. Noch bevor ein abschließendes Resultat vorlag, wurde das Projekt I-21 durch das MAP eingestellt. Keine weiteren Arbeiten. Dessen ungeachtet baute man in Gorki noch die dritte I-21 zusammen und flog sie ein, die Erprobung dauerte bis zum 26. Mai 1941. Der berühmte Testpilot Michail Gromow (1899-1985) lehnte als Leiter des LII weitere Testflüge ab mit dem Verweis auf die drei neuen Jagdflugzeuge (Jak-1, MiG-1 und LaGG-1), die gerade für den Massenbau ausgewählt worden waren.

Polikarpow I-185

An dieser Stelle macht sich eine kurze Information zur Struktur des sowjetischen Flugzeugbaus erforderlich. Anders als in westlichen Staaten, wo die Flugzeugkonstrukteure meist auch Unternehmer sind und in ihren Werkhallen möglichst profitabel ihre Maschinen bauen, gab es in der UdSSR immer eine zweigeteilte Struktur. Die Konstrukteure leiteten ein Ingenieurbüro (OKB), in der Regel mit einem angeschlossenen Werk für den Bau von Prototypen, sie bekamen ein Gehalt. Die Serienfertigung erfolgte in ganz unabhängigen Flugzeugwerken – Beauftragung und Kostenübernahme durch den Staat. Dabei waren die Werkdirektoren sehr mächtig und die Konstrukteure hatten in diesen Werken einen schweren Stand. Immer mussten Ingenieure vom OKB vor Ort sein, um den sorgfältigen Massenbau zu kontrollieren und Verbesserungen in die Serie einzuarbeiten. Die Flugzeugwerke APO (Produktionsvereinigung für Flugzeugbau) trugen zunächst Nummern, später firmierten sie mit einem Kürzel, etwa KAPO für Kasan, NAPO (Nowosibirsk) oder TAPO (Taschkent).

Seine erfolgreiche Po-2 machte Polikarpow somit nicht zum Millionär, es gab einen Orden. Einen guten Überblick verschafft das Buch „Die sowjetische Rüstungsindustrie" von Ulrich Albrecht und Randolph Nikutta (Springer Fachmedien 1989). Polikarpow stand im Sommer 1939 im Mittelpunkt staatlicher Dis-

Flugzeugtyp:	**I-185 M-71**
Verwendungszweck:	Jagdflugzeug
Antrieb:	1 x Schwezow M-71 Achtzehnzylinder-Doppelstern mit 2.000 PS (1.471 kW)
Besatzung:	1
Länge:	7,77 m
Spannweite:	9,80 m
Höhe:	2,50 m
Flügelfläche:	15,53 m^2
Leermasse:	2.654 kg
Startmasse:	3.455 kg
max. Geschwindigkeit:	677 km/h
prakt. Gipfelhöhe:	10.250 m
Reichweite:	960 km
Bewaffnung:	3 x 20-mm-MG SchWAK
Erstflug:	11. Januar 1941
Auflage:	5

Mit dem Schwezow M-71 (2.000 PS) gehörte die I-185 zu den besten sowjetischen Jägern im Jahr 1941, aber der Motor war unsicher und stand nicht ausreichend zur Verfügung.

Der dritte Prototyp der I-185 mit dem Schwezow M-82A (1.700 PS), der aber für den Serienbau der La-5 reserviert war (Foto via Gennadi Petrow).

kussionen und auf der Kippe. Man nahm ihm die I-61 weg und gründete das OKB MiG. Mit dem Rest der Belegschaft machte sich Polikarpow an das Thema I-185, als gleichwertige Alternative zur Fw 190 (Erstflug 1. Juni 1939). Er wollte seine „letzte Chance" nutzen gegen Mikojan und Jakowlew, indem er höchste Parameter versprach, bezogen auf Geschwindigkeit und Steigleistung, starke Bewaffnung, beste Eigenschaften im vertikalen und horizontalen Manöver, Stabilität und Steuerbarkeit, einfache Produktion. Ausgehend von der 180-3 war das durchaus möglich – mit einem entsprechenden Motor, der den M-105PF (1.260 PS) der Jaks deutlich übertraf. Tumanski holte inzwischen aus dem M-85 beachtliche 1.750 PS heraus (als M-90). Alles, das Schicksal von Polikarpow, hing von diesem Motor ab – der noch im Probebetrieb lief und keine staatliche Abnahme vorweisen konnte. Aber der Absturz der I-26 (Jak-1) am 27. April 1940 hielt Polikarpow im Rennen. Am 25. Mai 1940 war die erste I-185 fertiggestellt ohne Motor. Alexej Schachurin (Leiter MAP) gab am 11. September die Anweisung raus, vorerst den Motor Schwezow M-81 (14-Zylinder-Doppelstern) mit 1.600 PS einzubauen. Der Motor traf dann endlich am 7. Dezember ein und am 11. Januar 1941 absolvierte die I-185 ihren Erstflug. Statt der errechneten 665 km/h wurden maximal 519 km/h erreicht. Aber am 16. Februar stand ein neuer Motor zur Verfügung, der Schwezow M-71. Das war ein „doppelter" M-62 mit 2.000 PS, allerdings mit einem Trockengewicht von 1.102 kg, er wurde umgehend in den zweiten Prototyp installiert. Erstflug am 8. April 1941. Auch dieser Motor war keineswegs ausgereift. Beim achten Flug konnte der Prototyp mit stehendem Motor gerade noch sicher gelandet werden. Alle diese „Vorkommnisse" musste Polikarpow seinem um 14 Jahre jüngeren Konkurrenten (49 Jahre / 35 Jahre), aber direkten Vorgesetzten im Ministerium, Jakowlew, melden. Unerträglicher Zustand. In dieser verzweifelten Situation bat Polikarpow darum, den BMW 801 (1.560 PS) zu kaufen, aber die Deutschen weigerten sich 1941, obwohl sie noch ein Jahr zuvor eine Reihe moderner Kampfflugzeuge an die Sowjetunion geliefert hatten. Im Gegenzug für die von Deutschland dringend benötigten Erdöl-, Erz- (Eisen, Chrom, Phosphat, Mangan) und Getreidelieferungen (eine Million Tonnen) erwarb die Sowjetunion Werkzeugmaschinen und Industriegüter im Austausch, darunter waren auch Flugzeuge: Bf 109, Bf 110, Ju 88 A-1, He 100, Do 215 B, Bü 131, Fw 58V13, Fi 156 Storch. Die Lieferung des BMW 801 (luftgekühlter 14-Zylinder-Doppelstern-Motor mit Benzindirekteinspritzung) wurde 1941 von den zuständigen deutschen Stellen abgelehnt – siehe Fw 190. Anfang Mai 1941 schöpfte Polikarpow noch einmal Hoffnung, als er den ähnlich aufgebauten Schwezow M-82 (1.700 PS) in seinen dritten Prototyp der I-185 einbauen konnte, Erstflug am 2. August 1941. Die Flugleistungen wurden gelobt, die Bewaffnung war äußerst stark, maximale Geschwindigkeit 677 km/h in 3.000 m (sowjetischer Rekord). Der neue Jäger, so Testpilot Pjotr Stefanowski (1903-1976), stellte eine perfekte Kombination aus der Wendigkeit der I-16 und zeitgemäßer Geschwindigkeit dar, hinzu kamen hohe Stabilität und Steuerbarkeit, geeignet für Piloten durchschnittlicher Qualifikation. Es gibt nicht wenige Historiker, die die I-185 für den besten sowjetischen Jäger im Jahr 1941 halten. In seinen Lebenserinnerungen „Ziel des Lebens" geht Jakowlew mit keiner Zeile auf die I-185 ein. Zu dieser Zeit rollten schon die deutschen Divisionen scheinbar unaufhaltsam nach Osten, und Polikarpow musste mit seinem Team von Moskau nach Nischni Tagil (Werk 381), dann nach Nowosibirsk (153) umziehen. Wieder verstrich Zeit. Auch Lawotschkin hatte, nach anfänglichem Zögern, den interessanten M-82 entdeckt und konnte die laufende Serienproduktion (!) der LaGG-3 in Gorki im August 1942 relativ problemlos auf den neuen Motor umstellen lassen. Was den Ausschlag gab. Damit war das Thema I-185 de facto beendet, obwohl sie der La-5 überlegen war. Zudem gab es in dieser angespannten Situation keine Fabrik, die freie Kapazitäten hatte für ein neues Kampfflugzeug. Polikarpow wurde angewiesen, sich zukünftig nur auf den noch „freien" M-71 zu konzentrieren, aber der war nicht sicher.

Konstruktiv entsprach die 185 der I-16. Der Aufbau in Gemischtbauweise war gewollt, um den Übergang in der Massenfertigung zu erleichtern. Trauriger Endpunkt der Erprobung dieses Flugzeugs war der 5. April 1943, als der erfahrene LII-Testpilot Wassili Stepanchonok (1901-1943) nach einem Motorausfall des M-71 mit dem fünften Prototyp der I-185 tödlich verunglückte.

Im Sommer 1942 wollte Nikolai Polikarpow mit der I-185 den Erfolg erzwingen, er war gerade erst 50 Jahre alt, aber ausgezehrt und gesundheitlich angeschlagen.

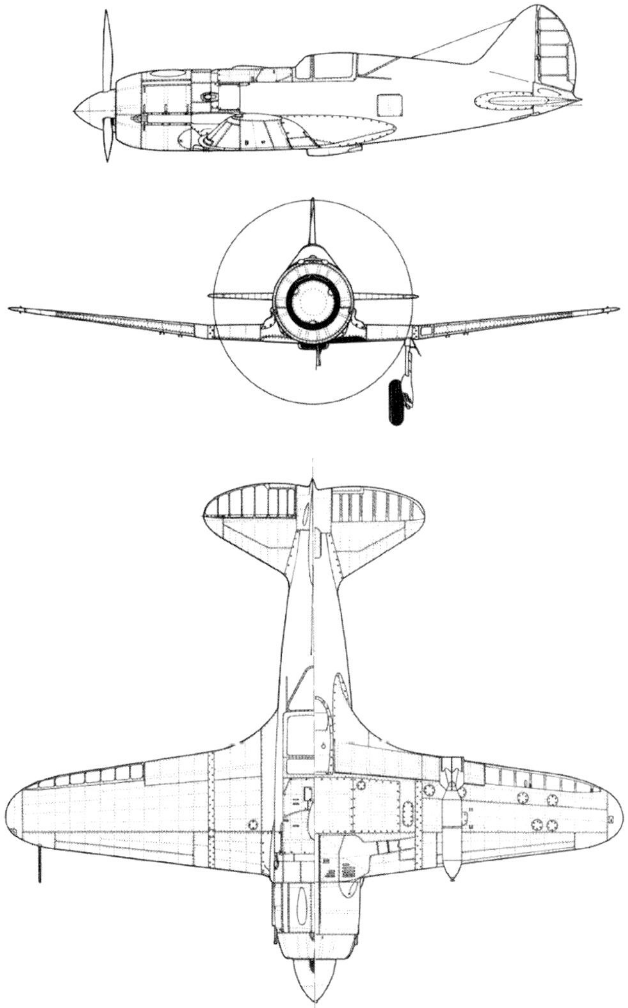

Polikarpow I-185 M-82A (Ugolok Neba)

Kurze Erwähnung verdient noch die ITP (I-174) als schweres Kanonen-Jagdflugzeug (Länge 9,20 m / Spannweite 10,50 m). Das Projekt ITP entstand bereits im Mai 1941, Erstflug nach der Evakuierung am 23. Februar 1942 in Nowosibirsk, Testpilot Alexej Nikaschin (1906-1943). Aber erst mit der Rückkehr nach Moskau 1943 konnte die Arbeit fortgesetzt werden, Antrieb Mikulin AM-39B (12-Zylinder-V-Motor, Hubraum 46,66 l, Trockengewicht 970 kg, 1.750 PS). Als Hauptwaffe war die neue 37-mm-MK Sch-37 von Boris Schpitalj (1902-1972) geplant, 40 Patronen. Hinzu kamen zwei synchronisierte 7,62-mm-MK SchKAS mit je 1.500 Patronen bzw. zwei 20-mm-MK SchWAK (je 200 Patronen). Damit war die ITP stärker bewaffnet als die

Iljuschin Il-2 (Erstflug 2. Oktober 1939).

Die Flugerprobung begann am 23. November 1943 und erbrachte 540 km/h in Bodennähe, der beste Wert der Il-2 lag bei 400 km/h. Aber in der Stawka (Hauptquartier des Obersten Befehlshabers Stalin, ab dem 8. August 1941) hatte sich Ende 1943 die Einstellung zu neuen Projekten geändert. Als die Luftherrschaft errungen war und nach der erfolgreichen Abwehr des deutschen Unternehmens Zitadelle (Schlacht am Kursker Bogen, 5. bis 16. Juli 1943) galt die Devise: Kontinuität in der Rüstung, keine Experimente.

Die Jak-9 hatte sich im Luftkampf durchgesetzt, noch kampfstärker (auch gegen Bodenziele) war die La-5. Die Il-2 wurde konsequent weiter gebaut, obwohl es mit der Su-6 (Erstflug 13. März 1941) eine deutlich bessere Alternative gab, die letztlich aber auch am M-71 scheiterte.

Viele Projekte – kein Erfolg:
I-17-2 (März 1937),
I-180-3 (Mai 1940),
I-185 M-71 (April 1941),
I-185 M-82A (August 1941),
ITP (Kanonen-Jagdflugzeug, Februar 1942).

Jermolajew Jer-2

Diese interessante Konstruktion verdient auch die Aufnahme in dieses Buch. Der Bomber geht zurück auf ein Passagierflugzeug von Robert Bartini (1897-1974). Nach der Machtergreifung Mussolinis 1923 emigrierte er in die Sowjetunion und entwickelte sich über viele Stufen (Junkerswerk in Fili, Grigorowitsch, AGOS, Chefkonstrukteur im Werk Nr. 240, OKB Berijew) zu einem angesehenen Konstrukteur, der durch unkonventionelle Entwürfe hervortrat (siehe Berijew WWA-14).

Ausgangspunkt für das zu beschreibende Flugzeug war die Stahl-7, ein originelles Modell mit einem dreieckigen Rumpfquerschnitt mit abgerundeten Ecken. Der untere Rumpf ging fließend in die Tragflächen über, die bis zum Triebwerk eine negative V-Stellung hatten, d.h. – 19 °, Außenflügel + 7 °, Knickflügel genannt. Diese Kombination sollte für zusätzlichen Auftrieb sorgen. Selbst das Flügelprofil entwickelte Bartini selbst. Lediglich die geringe Passagierzahl von 8 Personen erschien der Aeroflot nicht ausreichend, man wählte zunächst die Tupolew PS-35 (Erstflug 20. August 1936), die wenig später durch die Lisunow Li-2 (Lizenz DC-3) ersetzt wurde.

Das Tragwerk der Stahl-7 war so faszinierend, dass sich Wladimir Jermolajew (1909-1944) entschied, auf dieser Basis ein Bombenflugzeug zu entwickeln. Kurz zum Hintergrund: Jermolajew war ein enger Mitarbeiter von Bartini und nach dessen Verhaftung im Januar 1938 (10 Jahre Lagerhaft, KB 29,

Flugzeugtyp:	**Jer-2**
Verwendungszweck:	Bombenflugzeug
Antrieb:	2 x Tscharomski ATsch-30B Zwölfzylinder-Diesel mit 1.500 PS (1.103 kW)
Besatzung:	4
Länge:	16,65 m
Spannweite:	23,09 m
Höhe:	4,82 m
Flügelfläche:	79,06 m^2
Leermasse:	10.820 kg
Startmasse:	14.825 kg
max. Geschwindigkeit:	435 km/h
prakt. Gipfelhöhe:	7.500 m
Reichweite:	5.000 km
Bewaffnung:	1 x 20-mm-MK SchWAK, 2 x 12,7-mm-MG UBS, 2.000 kg Bomben
Erstflug:	14. Mai 1940
Auflage:	391

Der Prototyp der Jer-2 (Erstflug 14. Mai 1940) trug noch den Namen DB-240 (Fernbomber) und wurde angetrieben von zwei Klimow M-105 mit 1.050 PS (Foto via Gennadi Petrow).

Die Jer-2 brachte es auf 391 Auflagen, litt aber unter dem Fehlen eines geeigneten Antriebs, auch der Mikulin AM-35A (1.350 PS) wurden eingesetzt, allerdings ohne Erfolg.

1947 entlassen) übernahm Jermolajew die Leitung. Bartini hatte ihn persönlich aus einer großen Schar talentierter junger Ingenieure ausgewählt und schrittweise an die praktische Arbeit herangeführt.

Die ungewöhnliche Rumpfform wurde übernommen, mit folgenden Anpassung: Einbau Bombenschacht, Geschützstände für die beiden Heckschützen (oben und unten), verglaster Bug für den Navigator und Bugschützen. Der Pilot saß in einer aufgesetzten Kanzel, die in Flugrichtung nach links versetzt war, um die Sicht nach vorne bei Start und Landung zu verbessern. Statt des Klimow M-100 (760 PS) erhielt der Prototyp DB-240 (Fernbomber) den neuen M-105 (1.050 PS). Gefordert wurde eine Reichweite von 5.000 km, Bombenlast 3.000 kg, 500 km/h. Die Typenbesprechung leitete Stalin selbst (wie bei allen Flugzeugen, Panzern, Geschützen) und erteilte auch die Aufträge. Immer versehen mit dem Hinweis: „Wenn es Probleme gibt, wenden Sie sich direkt an uns, sie werden jede Unterstützung erhalten." Und darauf konnte man sich verlassen, wenn man nicht gerade im Gefängnis saß.

Robert Bartini 1937 mit einem Modell seines Passagierflugzeugs Stal 7, Ausgangspunkt für die Entwicklung der Jer-2.

Am 20. August 1939 fand bereits die Sitzung der Modellkommission der Luftstreitkräfte (WWS) statt. Das Mock-up wurde akzeptiert, die Diskussion drehte sich in erster Linie um die Nutzung leistungsstärkerer und sparsamer Dieselmotoren für den Serienbau, denn die 5.000 km Reichweite waren mit dem M-105 nicht zu erreichen. Wenige Tage später, am 1. September 1939, griffen deutsche Truppen Polen an. Mit dem auf zehn Jahre befristeten Deutsch-sowjetischen Nichtangriffspakt (23. August 1939) versuchte die Sowjetunion, sich aus dem drohenden Zweiten Weltkrieg herauszuhalten, nachdem zuvor der gewünschte (und sinnvolle) Vertrag mit England und Frankreich nicht zustande kam. Stalin rechnete mit einem deutschen Angriff, allerdings nicht vor 1942/43.

Der Erstflug der DB-240 fand am 14. Mai 1940 statt, Testpilot Nikolai Schebanow (1899-1953). Er trat besonders hervor durch seine gefährlichen Flüge in das belagerte Leningrad. Über 50 Flüge absolvierte er mit der Li-2, um Lebensmittel über der Stadt abzuwerfen. Während der deutschen Blockade (871 Tage) starben über eine Million Zivilisten, erst mit der Einnahme von Schlüsselburg (Petrokrepost) am 18. Januar 1943 konnte die Stadt entsetzt werden.

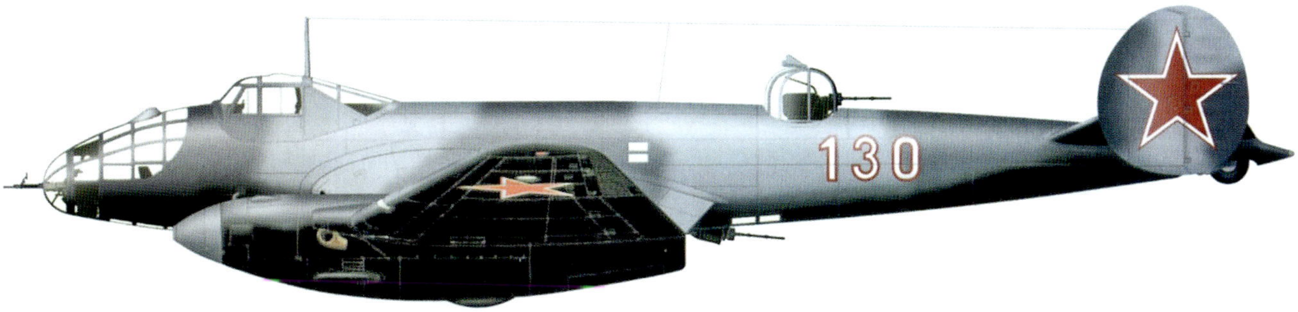

Zwei Farbmuster der Jer-2 aus dem Jahr 1944 mit ATsch-30B, die letzten Serienmodelle (unten) erhielten ein breiteres Cockpit ohne seitliche Verlagerung.

Die Nummerierung DB-240 bezog sich auf das kleine (und personell schlecht ausgerüstete) Werk Nr. 240 am Flughafen Chodynka. Mit der Revision der Flugzeugnamen 1942 erhielt sie den Namen Jer-2. Die Testflüge waren erfolgreich und schon Ende Mai 1940 erging der Auftrag für den Massenbau an das Werk 81 in Woronesch (71 Exemplare), geplant waren 400 Flugzeuge, aber mit dem deutschen Angriff am 22. Juni 1941 wurde die Luftrüstung auf Jagdflugzeuge und Frontbomber umgestellt – und die Werke mussten in den Osten des Landes verlagert werden. Im Flugzeugwerk Nr. 39 wurde in Irkutsk Anfang 1943 die Produktion wieder aufgenommen, gesamte Auflage 391 Exemplare. Der Antrieb blieb die Schwachstelle. Ungeachtet der Kritik der Einsatzverbände (18. Gardebomberdivision) lief die Produktion weiter, und viele Maschinen standen ohne Antrieb auf dem Werksgelände, was die engagierte Belegschaft sehr frustrierte.

Die Jer-2 wurde im Verlauf des Krieges für Einsätze auf Königsberg und Berlin eingesetzt. Mit zwei sparsamen Dieselmotoren Tscharomski ATsch-30B (Zwölfzylinder-V-Dieselmotor 1.500 PS) brachte sie es endlich auf 5.000 km Reichweite (Bombenlast 2.000 kg, Überlast 5.000 kg). Aber der Motor war trotz erfolgreichem 100-Stunden-Testlauf im Mai 1940 sehr störanfällig (Bruch von Pleueln, Ausfall von Kolbenringen, der Kurbelwelle bzw. der Lager der Turbolader T1-82), in der Regel hielten sie maximal 200 Stunden durch. Die Jer-2 war ein vollständig in Ganzmetallbauweise gefertigtes Flugzeug als frei-

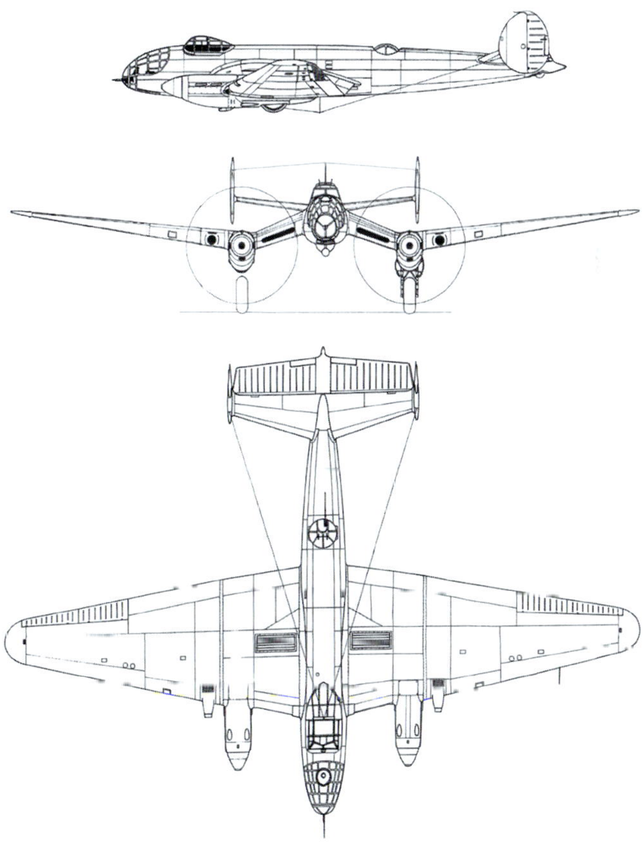

Jermolajew Jer-2 (Ugolok Neba)

Im Krieg flog die Jer-2 Einsätze auf Königsberg und Berlin, mit zwei sparsamen Dieselmotoren ATsch-30B (1.500 PS) brachte sie es endlich auf 5.000 km Reichweite.

tragender Tiefdecker. Sie war der Iljuschin DB-3 (Erstflug 1. Juli 1935, 1.528 Auflagen) deutlich überlegen, aber auch doppelt so teuer. Dominierend wurde somit in der zweiten Kriegshälfte die Il-4 (Erstflug als DB-3F am 21. Mai 1939, Auflage 5.256). Die Weiterentwicklung der Jer-2 setzte Suchoi fort, der nach dem plötzlichen Tod von Wladimir Jermolajew am 31. Dezember 1944 dessen Mitarbeiter übernahm.

Wladimir Jermolajew war mit dem Zug von Moskau ins Serienwerk nach Irkutsk nördlich vom Baikalsee gefahren. Für die 5.000 km brauchte er vier Tage, aber Flüge waren für Konstrukteure verboten. Und auf dieser Reise erkrankte er. Stalin hatte noch angeboten, Fachärzte aus Moskau nach Irkutsk fliegen zu lassen, um Jermolajew zu retten, aber Typhus ist eine schnelle, tödliche Krankheit.

Pawel Suchoi leitete aus der Jer-2 das Passagierflugzeug Jer-2ON (für: besondere Verwendung) ab, Erstflug 12. Februar 1945, gedacht für den komfortablen Transport höherer Offiziere. Alle Waffen und der Bombenschacht wurden entfernt, der Rumpfrücken angehoben für eine Druckkabine mit neun Sitzplätzen. Sollte es zu einem plötzlichen Druckabfall kommen, war jeder Passagiersitz mit einer Sauerstoffvorrichtung ausgestattet, drei Maschinen wurden gebaut. Am 16. April 1945 flog die erste Maschine bei einer Überführung nonstop vom Werk in Irkutsk nach Moskau, Flugzeit 15 Stunden 30 Minuten.

Tupolew Tu-2 /-8 /-10

Die erste eigenständige Arbeit von Andrej Tupolew (1988-1972) war das Leichtflugzeug ANT-1 (für Andrej Nikolajewitsch Tupolew, Erstflug 20. Oktober 1923, Leergewicht 205 kg, Antrieb Anzani, Dreizylinder-Sternmotor 35 PS), und schon zehn Jahre später brachte er die gewaltige TB-4 an den Start mit sechs Motoren (12-Zylinder-V-Motoren Mikulin AM-34R, 830 PS) und einer Spannweite von 54 m, Leergewicht 21.400 kg. Der Name Tupolew wurde später zu einem Synonym für den sowjetischen Flugzeugbau. An über 300 Projekten war er führend beteiligt. 40 Flugzeuge gingen in den Massenbau, etwa 18.000 Flugzeuge wurden hergestellt, und einige, siehe Tu-95, Tu-160 und Tu-22M, sind noch heute im Einsatz. Hervorzuheben ist natürlich auch die seinerzeit sensationelle Tu-104.
Die Erinnerungen von Zeitgenossen und Kollegen zur Person des großen Konstrukteurs fallen weniger positiv aus. Sein Auftreten gegenüber Untergebenen wird oft als harsch beschrieben, gegenüber anderen (konkurrierenden) Konstrukteuren als überheblich. Besonders Semjon Lawotschkin und Pawel Suchoi, der ihn 1940 „verlassen“ hatte, um sich selbstständig zu machen, waren ihm ein Dorn im Auge.
Aber auch Tupolew wurde 1938 als „Staatsfeind“ und „Saboteur“ denunziert und geriet in Haft. Der Absturz eines Versuchsflugzeugs oder der Neid eines Mitarbeiters reichten schon aus.

Flugzeugtyp:	**Tu-2S**
Verwendungszweck:	Bombenflugzeug
Antrieb:	2 x Schwezow ASch-82FNW mit 1.875 PS (1.380 kW)
Besatzung:	4
Länge:	13,80 m
Spannweite:	18,86 m
Höhe:	4,55 m
Flügelfläche:	48,52 m^2
Leermasse:	7.601 kg
Startmasse:	10.850 kg
max. Geschwindigkeit:	550 km/h
prakt. Gipfelhöhe:	9.500 m
Reichweite:	1.450 km
Bewaffnung:	2 x 20-mm-MK SchWAK, 3 x 12,7-mm-MG UBT, 3.000 kg Bomben
Erstflug:	29. Januar 1941
Auflage:	2.527

Von der Tu-8 (69) wurden nur drei Maschinen mit unterschiedlichem Antrieb gebaut, hier die Tu-8B mit Mikulin AM-42 (2.000 PS).

Die Tu-2 erreichte eine Auflage von 2.527, der Einsatz erfolgte auch noch in den 50er Jahren in China, Jugoslawien, Polen und anderen Ländern (Tu-2S in Monino).

In dieser dunklen Zeit der Säuberung (russ.: Tschistka) war eigentlich niemand sicher vor einer erfundenen Anklage, Tupolew warf man sogar vor, er hätte den Deutschen Pläne für ein Jagdflugzeug verkauft, die schließlich zur Bf 109 führten. Sein Strafmaß am 28. Mai 1940: 15 Jahre Lagerhaft. Und er war nicht der einzige Ingenieur, es waren Hunderte: Polikarpow, Robert Bartini, Koroljow, Petljakow, Mjassischtschew, Tomaschewski. Es ist unglaublich, alle Namen zu lesen ...
Um deren innovatives Potential nicht zu verlieren, wurden sie in speziellen Gefängnissen, genannt „Scharaga" gesammelt. „Scharaga" stand umgangssprachlich für Schädling. Es gab zahlreiche über das Land verstreute bewachte Büros, die bekanntesten waren im ZKB-39 (im Menschinski-Werk in Moskau) und das ZKB-29 im ehemaligen KOSOS-Gebäude in der Ulitza Radio 22-24. Zusammengefasst in vier Brigaden sollten die internierten Ingenieure hier an neuen Projekten arbeiten. Und so tüftelte Tupolew ab Mitte 1940 in einem bewachten Büro fieberhaft an seinem Projekt Samolot 103, einem mittelschweren, sturzflugfähigen Bomber. Ihm wurde klar angekündigt, dass einem erfolgreichen Flugzeug die Entlassung folgen würde. Wie es dann auch kam. Gefordert wurde ein Sturz- und Horizontalbomber, der die Petljakow Pe-2 (Erstflug 22.12.1939) nach oben ergänzen sollte: Bombenlast 3.000 statt 1.000 kg. Die 103 (später ANT-58 genannt) hob als „Tupolews Rettung" am 29. Januar 1941 ab und überzeugte schließlich mit dem kraftvollen Vierzehnzylinder-Doppelstern-Motor ASch-82FN (1.850 PS) den Auftraggeber. Am 17. Juni 1941, also nur fünf Tage vor Ausbruch des Krieges, erschien die Order Nr. 533: „Gemäß dem Regierungsbeschluss vom 10. Juni 1941 werden bestellt: 1.000 Flugzeuge des Typs 103 und 400 des Typs Jer-2 – Auftragnehmer ist das Flugzeugwerk Nr. 18 in Woronesch (wenig später verlegt nach Kuibyschew – W.B.)." Tupolew selbst wurde auch nach Woronesch beordert, zusammen mit 25 Mitarbeitern. Nach dem deutschen Überfall wurde das Team in das Werk 166 in Omsk umgesiedelt, hier trafen sich auch Mitarbeiter der ebenfalls evakuierten Moskauer Werke 81 (Tuschino) und 288 (Chimki). Das Chaos kann man sich vorstellen. Ohne offizielle Ernennung übernahm Tupolew die führende Hand. Trotz aller Schwierigkeiten (Werkhalle z.T. ohne Dach) konnte die Serienfertigung in Gang gebracht werden, alle Kräfte wurden für die Tu-2 mobilisiert, Ausstoß 1 Flugzeug pro Tag. Erster Fronteinsatz der Tu-2 bereits am 14. September 1942 an der Kalininer Front.
Die Tu-2 war ausgelegt als freitragender Mitteldecker in Ganzmetallbauweise, schlanker Rumpf mit ovalem Querschnitt. Die 4-köpfige Besatzung bestand aus dem Piloten und Navigator/Funker/Schütze (in der Kanzel) und zwei Heckschützen (oben sitzend, unten liegend). Die Abwehrbewaffnung war sehr stark mit zwei 20-mm-Kanonen SchWAK (Flügelwurzeln nach vorn) und drei 12,7-mm-MG UBT nach hinten. Bei Überlast konnten 3.000 kg Bomben (3 x FAB-1000) im internen Schacht mitgeführt werden.

Die Fertigung im Werk 166 in Omsk wurde nach 80 Maschinen gestoppt, da man die Pe-2 in Gemischtbauweise bevorzugte, Neustart der Produktion Ende 1943 in Fili.

Überraschend wurde bereits im Oktober 1942 die Produktion der Tu-2 eingestellt, mit der 7. Serie (nach 80 Flugzeugen) auf Weisung des Ministeriums für Luftfahrtindustrie. In Omsk wurden fortan 3.416 Flugzeuge des Typs Jak-9 gebaut, Stalin wollte sie als Panzerjäger (45-mm-MK) und Jagdbomber (2 x FB-100) einsetzen. Die Werkzeuge und Unterlagen der Tu-2 blieben erhalten und führten dann ab 1943 zur Neuauflage der Produktion im Flugzeugwerk Fili (Nr. 22, vormals Junkers) bei Moskau, fortgesetzt nach dem Zweiten Weltkrieg, Auflage: 2.527. Der Einsatz erfolgte auch in China, Jugoslawien, Polen und anderen Ländern.

Unter den zahlreichen Versionen sollten zuerst genannt werden: ANT-62 (Tu-2D) als Fernbomber mit 2.850 km (Spannweite 22,06 m), die ANT-64 (Tu-2F, Fotoaufklärer, Weiterentwicklung 1946 zur Tu-6) und die UTB-2 (Schulversion, entwickelt von Suchoi, Auflagen 176). Nach 1945 versuchte Tupolew mit Blick auf die neue geopolitische Lage, die Tu-2 als Langstreckenbomber in der Produktion zu halten. Die ANT-69 (Tu-8, Erstflug 24. Mai 1947) wurde mit den Triebwerken Mikulin AM-42 (Zwölfzylinder V-Reihenmotor, 2.000 PS) und dem Dieselmotor ATsch-39BF (1.650 PS) angeboten. Kein Massenbau. Von der Tu-10 (AM-39FNW, 1.850 PS), sicher die beste Tu-2, entstand nur eine kleine Serie in Omsk. Als Grundlage für den ersten Bomber Tupolews mit Turbinenantrieb, Tu-77 (Tu-12), diente die Tu-8.

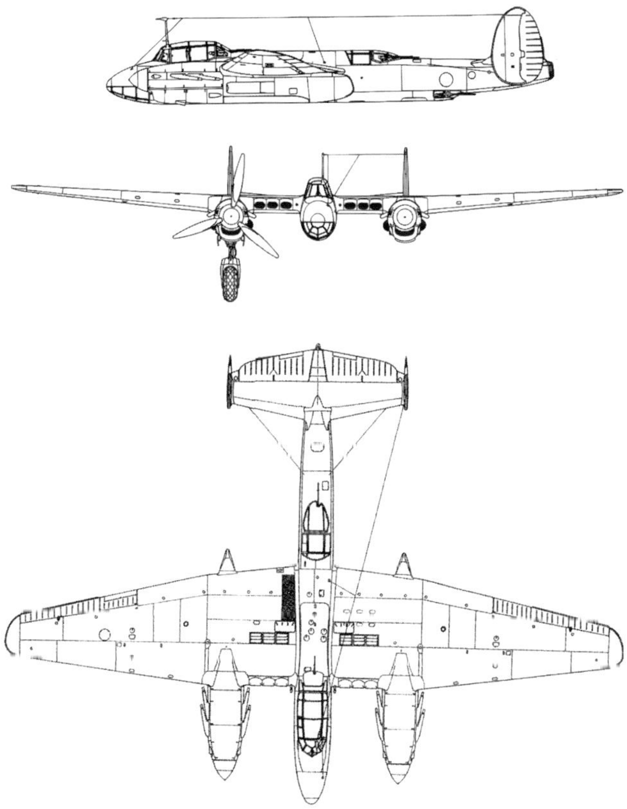

Tupolew Tu-10 (Ugolok Neba)

Polikarpow TIS

Im Januar 1940 erging die Weisung vom neuen Minister für Luftfahrtindustrie Alexej Schachurin, dass jedes Konstruktionsbüro auch über ein angeschlossenes Werk für den Bau von Prototypen verfügen sollte. Als Polikarpow dieses Recht für sich einforderte, wurde er am 27. April 1940 mit dem Hinweis auf „fehlende Kapazitäten" abgewiesen. Schließlich konnte ihm das Werk Nr. 51 in Moskau zur Verfügung gestellt werden, eher eine große Werkstatt, und es erschien ihm ratsam, sich auch mit anderen Flugzeugwerken „gut zu stellen". Nach den Erfahrungen mit der WIT-1 hatte Polikarpow schon Ende 1940 das Projekt für einen schweren Begleitjäger aufgelegt, Typenleiter Michail Jangel (1911-1971). Später ging Jangel in die Raketentechnik und wurde einer der Stellvertreter von Sergej Koroljow (1907-1966). Am 24. Oktober 1960 überlebte Jangel die Explosion einer Interkontinentalrakete R-16 auf dem Kosmodrom Baikonur (über 100 Tote), da er kurz in das Raucherzimmer gegangen war.

Der Begleitjäger Polikarpows trug den Projektnamen TIS (Schwerer Begleitjäger). Vielleicht eine seiner schönsten Konstruktionen, berechnet für zwei Mikulin AM-35A bzw. AM-37 (Flüssigkeitsgekühlte V-12-Kolbenmotoren mit 1.350 bzw. 1.500 PS). Das Thema ging natürlich auch über den Schreibtisch von Jakowlew, der anmerkte: „Zu genehmigen, unter der Bedingung, dass eine Reichweite von 2.000 km erreicht wird." Das Flugzeug war eine Ganzmetallkonstruktion mit ova-

Flugzeugtyp:	**TIS**
Verwendungszweck:	Schwerer Begleitjäger
Antrieb:	2 x Mikulin AM-38F Zwölfzylinder-V-Motor mit 1.700 PS (1.250 kW)
Besatzung:	2
Länge:	11,70 m
Spannweite:	15,50 m
Höhe:	4,35 m
Flügelfläche:	34,85 m^2
Leermasse:	6.281 kg
Startmasse:	8.280 kg
max. Geschwindigkeit:	535 km/h
prakt. Gipfelhöhe:	10.500 m
Reichweite:	1.220 km
Bewaffnung:	2 x 45-mm-MK NS-45, 2 x 20-mm-KG SchWAK, 1 x 7,62-mm-MG SchKAS
Erstflug:	30. August 1941
Auflage:	1 (2 unvollendete Prototypen)

Die TIS (Schwerer Begleitjäger) beeindruckt durch ihre elegante Linienführung und das perfekte Konzept, Erstflug am 30. August 1941 (Foto: via Wiktor Bakurski).

Entwickelt wurde die TIS als Begleitjäger für den schweren Bomber Pe-8, der dann nur in geringer Stückzahl (93) produziert wurde.

lem Querschnitt, der Einstieg der Besatzung erfolgte über eine Bodenluke, beide Sitze (Pilot, Funker/Heckschütze) waren gepanzert. Das Tragwerk bestand aus einem Mittelteil, den zwei Motorgondeln und den Außenflügeln, Profil NACA-230. Für die Bewaffnung schlug Polikarpow zwei Varianten vor, als Erstes: 2 x 20-mm-MK SchWAK (im Bug, je 300 Patronen), 2 x 12,7-mm-MG UB (in den Tragflächen zwischen Rumpf und Motor, je 400 Patronen), 1 x 7,62-mm-MG SchKAS im Geschützturm (nach hinten gerichtet, 1.500 Patronen). Alternativ: 2 x Sch-37 bzw. NS-45 und 5 x SchKAS. Das Mock-up wurde am 25. November von der Modellkommission abgenommen. Da das Werk 51 nicht über die notwendigen Werkzeugmaschinen verfügte, wurde der erste Prototyp in den Werken 84 (Fahrwerk im Werk 107) gefertigt. Eingebaut wurde der AM-37, da der AM–35A nicht zur Serienreife gebracht werden konnte. Erstflug am 30. August 1941, LII-Testpilot Georgi Schijanow (1910-1995). Er hat viele Flugzeuge erprobt, z.B. die BOK-15, Il-18, Jak-20, MiG-19.

Nach dem Erstflug der TIS begann umgehend (nach dem deutschen Überfall 1941) die Evakuierung der Werke in den Osten des Landes (Nowosibirsk), dabei war der zweite Prototyp zu 60 % fertiggestellt, der dritte zu 40%. Unter schwierigsten Bedingungen (Wasser- und Stromversorgung) wurde die Arbeit fortgesetzt, für die Ingenieure und Arbeiter stand kein Wohnraum zu Verfügung. Trotzdem konnten der Bau und die Flugerprobung wieder aufgenommen werden, wobei sich der AM-37

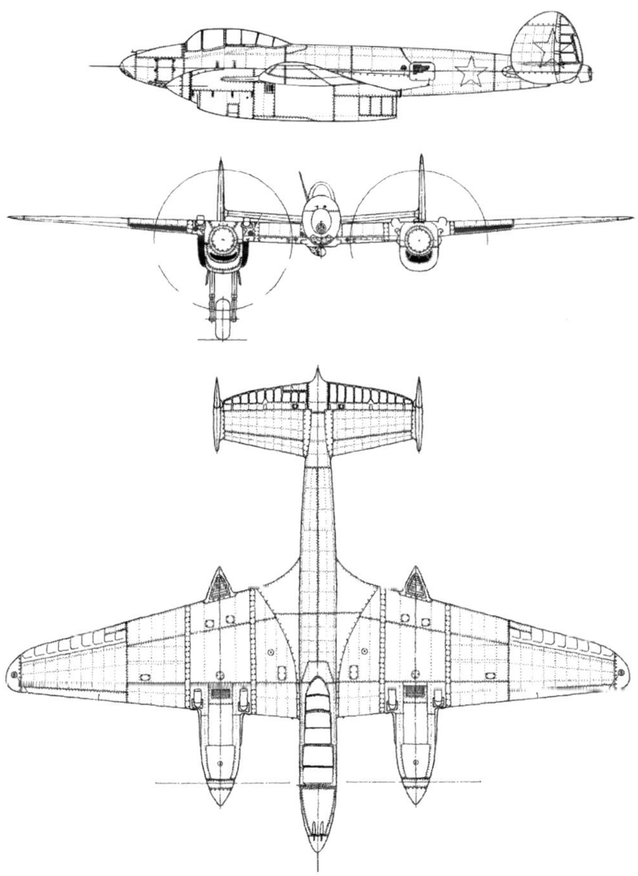

Polikarpow TIS (Ugolok Neba)

Zu den letzten Projekten Polikarpows gehörten der Sturzkampfbomber SPB und die TIS, die WI-100 von Petljakow wurde Ausgangsmuster für die erfolgreiche Pe-2.

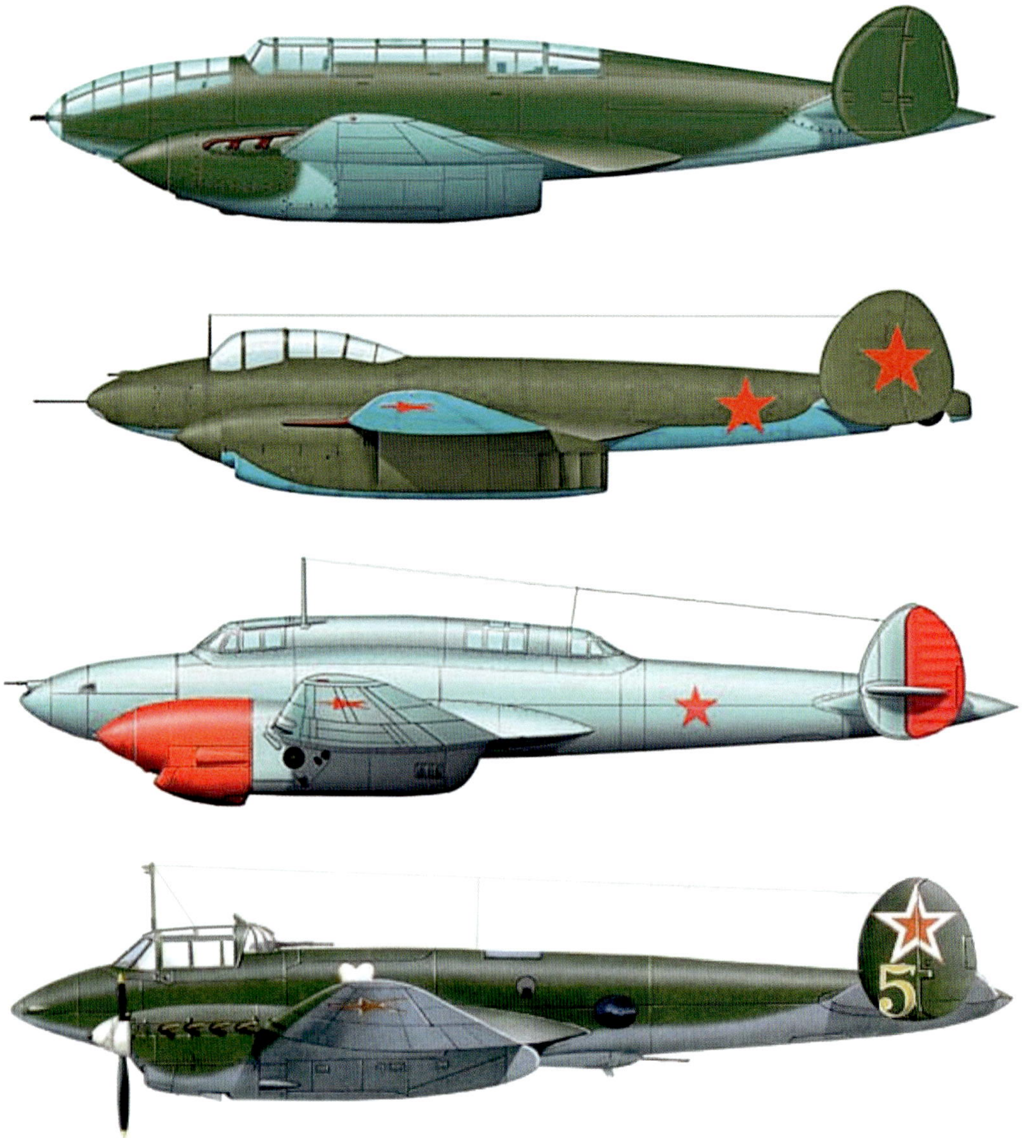

als sehr störanfällig erwies. Mikulin stand unter starkem Druck und sollte in erster Linie den AM-38 (Auflage über 42.000) liefern – für die Il-2. Wieder Zeitverlust und eine Reihe von Briefwechseln mit dem MAP und Jakowlew persönlich, schließlich schaltete sich sogar der Chef der Luftstreitkräfte ein und forderte eine Vorstellung der TIS zum Staatstest bis zum 1. Februar 1944, mit dem AM-38F. Aber schon am 29. Juni gab es eine Havarie, als die Bremsen bei der Landung blockierten. Die Instandsetzung der TIS erfolgte bis zum 14. August. Danach ergaben die Testergebnisse, dass „das Flugzeug für Piloten mit durchschnittlicher Qualifikation im Flug, sowie bei Start und Landung geeignet war." In der Kürze der Zeit konnte die berechnete Höchstgeschwindigkeit von 650 km/h in 7.000 m Höhe nicht erflogen werden, erreicht wurden 535 km/h. Das Hauptproblem jedoch war, dass der schwere viermotorige Bomber Petljakow Pe-8, den die TIS begleiten sollte, nur in einer geringen Stückzahl (93) produziert worden war. Sicher wäre die TIS auch für andere Aufgaben (Aufklärung, Erdkampfflugzeug) besonders geeignet gewesen, aber die Flugzeugwerke arbeiteten Ende 1944 auf Hochtouren an den vorhandenen Flugzeugmustern.

Aus der bis hier skizzierten Lebens- und Schaffenszeit von Polikarpow ist gut abzuleiten, dass sich der Konstrukteur müde gekämpft hatte, der Körper signalisierte: Mach eine Pause, denke an Deine Gesundheit. Die Misserfolge der letzten Jahre, besonders bei der I-185, hatten seine Gesundheit untergraben. Nikolai Polikarpow war ein positiv denkender Mensch, der sich nie über irgendetwas beschwerte, er war überwiegend optimistisch und energisch. Er starb nach kurzer, schwerer Krankheit am 30. Juni 1944, mit 52 Jahren. Fünf seiner militärischen Konstruktionen erreichten den Massenbau, Auflage 23.521. Hinzu kommt die Po-2 mit zirka 40.000 Exemplaren. Ein herausragender Flugzeugkonstrukteur, dessen Werk unsterblich bleibt.

Alle laufenden Projekte der verschiedenen Arbeitsgruppen wurden nach seinem Tod eingestellt: WIT, TIS, Nachtbomber NB (eine reine Holzkonstruktion), auch das Raketenflugzeug Maljutka – das OKB-51 wurde aufgelöst. Den Standort in der Polikarpow-Straße, südlich vom Chodynkafeld, übernahm 1953 Pawel Suchoi.

Lawotschkin La-5

Arkadi Schwezow (1892-1953) baute ab 1930 im neuen Werk in Perm den M-25W in Serie (zuerst als Nachbau des Wright R-1820-F2 „Cyclone“) und leitete daraus den M-82 ab: ein luftgekühlter 14-Zylinder-Doppelstern-Vergasermotor mit einer Startleistung von 1.700 PS. Das Nachfolgemodell ASch-82FN mit Benzin-Direkteinspritzung brachte es im Jahr 1943 auf 1.850 PS. Der damals glücklose Mikojan baute das Triebwerk in seine MiG-3 ein, hatte aber mit anhaltenden Schwingungen am Rumpf zu kämpfen. Jakowlew unternahm einen ähnlichen Versuch bei der Jak-7, hielt dann aber an seinen Reihenmotoren fest. Lawotschkin zögerte. Michail Gudkow griff sofort zu. Eine umgebaute LaGG-3 nannte er Gu-82 und baute im Werk 302 (evakuiert nach Nowosibirsk) zwei Prototypen, der erste absolvierte am 11. September 1941 den Erstflug. Die Leistungen waren eher enttäuschend, aber es gab durchaus ein großes Entwicklungspotential, besonders die Reichweite von 1.100 km beeindruckte. Damit rückte Gudkow bei Stalin an, fand aber nicht die notwendige Unterstützung, was von einigen Historikern kritisiert wird. Ein ganzes Jahr wäre verschenkt worden.
Lawotschkin hielt mit seinem Konzept der La-5 dagegen, eher getrieben als überzeugt. In dieser Situation zeigte er wenig „menschliche Wärme“ (er verweigerte Gudkow den Zutritt

Flugzeugtyp:	**La-5FN**
Verwendungszweck:	Jagdflugzeug
Antrieb:	1 x ASch-82FN Vierzehnzylinder-Doppelsternmotor mit 1.850 PS (1.360 kW)
Besatzung:	1
Länge:	8,67 m
Spannweite:	9,80 m
Höhe:	3,40 m
Flügelfläche:	17,50 m^2
Leermasse:	2.706 kg
Startmasse:	3.320 kg
max. Geschwindigkeit:	598 km/h
prakt. Gipfelhöhe:	11.200 m
Reichweite:	850 km
Bewaffnung:	2 x 20-mm-MK SchWAK, ungelenkte RS-82-Raketen
Erstflug:	21. März 1942
Auflage:	10.013

Nach dem Ausscheiden von Michail Gudkow brachten die beiden verbliebenen Ingenieure eine LaGG-3 mit dem M-82 (1.700 PS) an den Start, als LaG-3 M-82.

Letztlich setzte sich Lawotschkin gegen Gudkow und dessen Gu-82 durch, mit dem ASch-82FN (1.850 PS) und starker Bewaffnung wurde die La-5FN sehr erfolgreich.

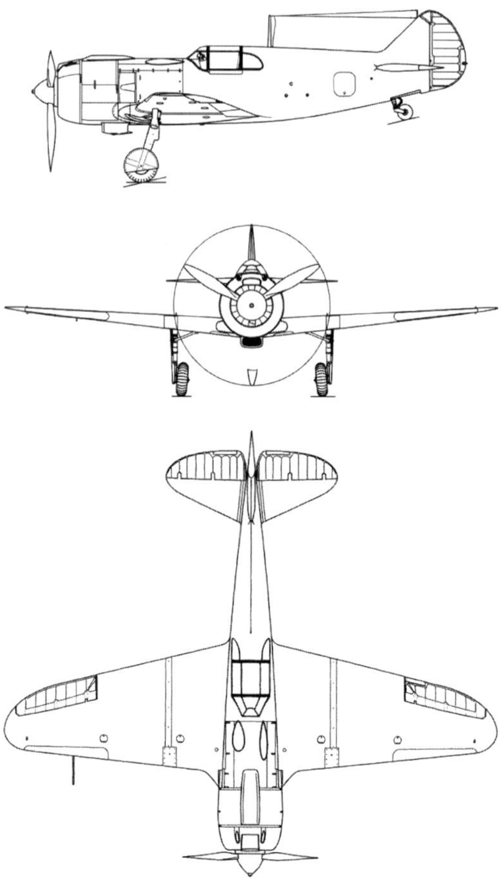

Lawotschkin La-5 (Ugolok Neba)

zum Werk 21), aber es ging um seine Existenz, sein Konstruktionsbüro. Im Grunde stand er vor dem Aus. Der allmächtige Jakowlew hatte Ende 1941 durchgeboxt, dass die Jak-7 auch in Gorki gebaut wird, die LaGG-3 hatte keinen guten Ruf. Lawotschkin hoffte noch verzweifelt auf den M-107 von Klimow (1.500 PS), aber der wurde einfach nicht fertig. Dafür schickte Schwezow zwei M-82 und vier Techniker mit einer Li-2 (Lizenz DC-3) nach Gorki. Aber damit war das Problem nicht gelöst. Der M-82 war 250 kg schwerer als der M-105, die maximale Breite betrug 1.260 mm zu 798 mm des Reihenmotors. Lawotschkin sträubte sich: „Soll ich ein neues Flugzeug bauen?" Aber was blieb ihm anderes übrig? Der Rumpf musste angepasst und vor allem die Kühlung des neuen Motors gewährleistet werden. Das Team arbeitete Tag und Nacht und wusste, dass die Zukunft des OKB maßgeblich vom Erfolg des Flugzeugs abhing. Jakowlew hatte sich im Werk Gorki durchgesetzt und Lawotschkin musste mit seinen Leuten in das Werk 31 nach Tiblissi umziehen. Schließlich gelang es doch, die LaG-3 M-82 (ohne Gudkow) am 21. März 1942 in die Luft zu bekommen. Kein fertiges Kampflugzeug, und Lawotschkin notierte in seiner Arbeitsmappe: „Entfernen sie den Lufteinlass an der Motorhaube und legen sie ihn nach oben. Das verringert die Sicht ein wenig, aber es steht ausreichend Luft zur Kühlung der oberen Zylinder zur Verfügung." Am 13. April 1942 wurde Stalin über den erfolgreichen Umbau informiert: „Zwei SchWAK-Kanonen mit 440 Patronen, Startgewicht 3.280 kg, max. Geschwindigkeit in 3.000 m 586 km, Steigleistung auf 5.000 m Höhe in 6,1 Minuten." Das war deutlich mehr als die

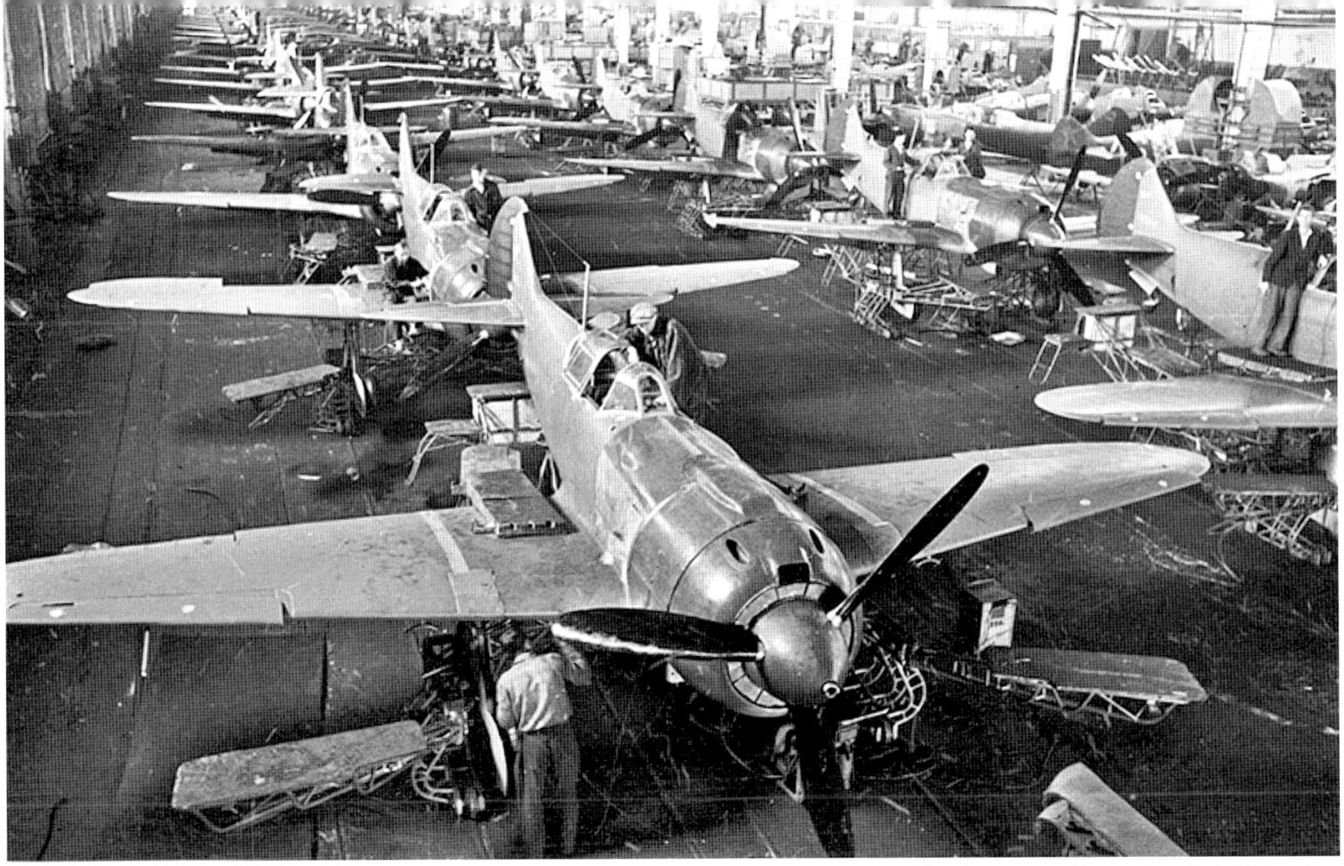

Das Gros der 10.013 Jäger vom Typ La-5 wurde ab 1942 in Gorki gebaut, täglich verließen 16 Maschinen das Werk in Ganzholz-Halbschalenbauweise, im Bild die La-5F.

Gu-82 zu bieten hatte. Lawotschkin fuhr mit dem Zug nach Moskau zu Stalin und bekam sein Serienwerk zurück (nach fünf gebauten Jak-7) – der Massenbau der La-5 (offiziell benannt am 8. September 1942) konnte in Gorki beginnen. Die ersten Exemplare wurden bereits im August 1942 an die Front geliefert. Aber diese Flugzeuge waren bei der ganzen Hektik natürlich nicht ausgereift: die Leermasse war nicht akzeptabel, nur jede dritte Maschine konnte mit einer Funkanlage ausgerüstet werden, das Abfangen bei hoher Geschwindigkeit erforderte enorme Kräfte, ab 350 km/h ließ sich die Cockpithaube nicht öffnen. Verbesserungen waren auch bei den Anschlüssen für Öl-, Benzin- und Luftleitungen notwendig. Aber der Motor stand ausreichend zur Verfügung, war stabil und wurde ständig verbessert. Endlich konnte das Leergewicht unter 3.000 kg gedrückt werden. Die Produktion wurde so optimiert, dass in 24 Stunden 16 Maschinen das Werk 21 verlassen konnten. Aber die Tests mit erbeuteten Bf 109 G-2 im Forschungsinstitut der Luftstreitkräfte LII zeigten einige Schwächen auf, außerdem war es im Cockpit „afrikanisch" heiß, wie es die Piloten nannten. Auch die La-5 war eine reine Holzkonstruktion, mit Ausnahme der Motorhalterung und des Fahrwerks. Der Motor wurde mit Druckluft gestartet, Kraftstoffvolumen 539 Liter. Neben dem Standardsatz von Flugnavigations- und Überwachungsinstrumenten umfasste die Ausrüstung ab Februar 1943 eine Kurzwellenfunkstation RSI-4 und Landescheinwerfer. Das Sauerstoffgerät reichte für eine Stunde Flug in 8.000 m Höhe. Und die La-5 hatte jetzt erste Priorität und wurde parallel zur Fertigung schrittweise verbessert. Ab Dezember 1942 stand der ASch-82F zur Verfügung (La-5F), die gepanzerte Rückenlehne wurde hier von 10 auf 8,5 mm verringert, die Flächentanks entfernt (Reichweite 760 km). Der Rumpfrücken wurde abgesenkt und die neue Kabinengestaltung verbesserte die Rundumsicht für den Piloten. Der Ersatz der Holzflügelholme durch Duraluminium reduzierte das Gewicht um 100 kg. In Summe konnte das Leergewicht auf 2.706 kg gedrückt werden. Anschließend machte der ASch-82FN die La-5FN zu einem der besten Jagdflugzeuge im Zweiten Weltkrieg. Schnell, kampfstark und wendig. Gegenüber den neuesten deutschen Jägern hatte die La-5FN einen wesentlich engeren Kurvenradius bis zu einer Höhe von 6.000 m.

Vom 14. bis 24. August 1943 absolvierte das 49. Jagdfliegerregiment 180 Einsätze: 27 Luftkämpfe mit 16 Abschüssen. Während dieser Zeit wurden fünf La-5 des Regiments abgeschossen, vier kehrten von Kampfeinsätzen nicht zurück, eine stürzte aufgrund eines Motorschadens ab. In großen Mengen wurde die La-5FN bei der Schlacht am Kursker Bogen eingesetzt. Neben der nominellen Bewaffnung wurden dabei auch zwei Bomben FAB-100 unter dem Tragwerk mitgeführt. Zur Umschulung der zum Teil blutjungen Piloten wurde ab 1944 im Werk 21 auch die zweisitzige Schulversion La-5UTI gebaut, allerdings nur 28 Maschinen.

Die Volksrepublik Mongolei unterstützte im Zweiten Weltkrieg

La-5 „Waleri Tschkalow“ des 159. Jagdfliegerregiments, La-5FN von Witali Popkow (1922-2010, 41 Luftsiege), Gudkow Gu-82, La-5FN in der Erprobungsstelle Rechlin 1944.

mit großen Mengen an Lebensmitteln, Kleidung, Pferden und auch Geld die Sowjetunion. So konnte der Bau von zwölf La-5 finanziert werden, Übergabe am 25. September 1943 in der Nähe von Smolensk. Die Staffel trug den Namen „Mongolski Arat“ (Arat, Volk). Im Verlauf des Jahres 1944 endete die Produktion der La-5, insgesamt waren 10.013 Exemplare gebaut worden.

Lawotschkin La-7 /-9 /-11

Ausgangspunkt für die Weiterentwicklung der La-5FN war das modifizierte Serienmodell 39210206, das am 1. Februar 1944 erstmals abhob. Optisch zu erkennen an der vollständigen Abdichtung der Cowling, der Lufteinlauf für den Ölkühler war hinter den fünften Rumpfrahmen verlegt worden. Die La-5 „Standard 1944“ erreichte eine Geschwindigkeit am Boden von 597 km/h, in 3.250 m maximal 670 km/h, Flugdauer 1 Stunde, in 3,4 Minuten wurden 4.000 m erreicht. Über dem Motor wurden drei synchronisierte 20-mm-MK UB-20 (je 140 Patronen) installiert. Die Testpiloten im LII bewerteten den Jäger als eines der „besten Kampfflugzeuge, die bei der sowjetischen und ausländischen Luftwaffe im Einsatz sind.“ Und die Piloten waren ja alle vergleichbaren Muster selbst geflogen. Die Fertigung wurde ab Juli 1944 direkt auf die La-7 umgestellt. Die größte Stückzahl erreichte das Werk 21 in Gorki mit 4.357 Maschinen, gefolgt vom Werk 381 in Nischni Tagil (1.298) und Werk 250 in Ulan Ude (250 Schulflugzeuge).

Im Oktober 1944 während der Riga-Operation der Ostseefront kamen durch das 63. Garde-Jagdfliegerregiment 28 Maschinen zum Einsatz. Innerhalb eines Monats schoss das Regiment 55 feindliche Flugzeuge ab (52 Fw 190 und drei Me 109) und verlor dabei acht La-7, vier weitere (Nichtkampfverluste) standen im Zusammenhang mit dem Ausfall des Triebwerks.

Flugzeugtyp:	**La-11**
Verwendungszweck:	Jagdflugzeug
Antrieb:	1 x ASch-82FN Vierzehnzylinder-Doppelsternmotor mit 1.850 PS (1.360 kW)
Besatzung:	1
Länge:	8,62 m
Spannweite:	9,80 m
Höhe:	3,47 m
Flügelfläche:	17,59 m²
Leermasse:	2.770 kg
Startmasse:	3.780 kg
max. Geschwindigkeit:	688 km/h
prakt. Gipfelhöhe:	10.400 m
Reichweite:	2.240 km
Bewaffnung:	3 x 23-mm- MK NR-23
Erstflug:	9. Mai 1947
Auflage:	5.905 (La-7), 1.878 (La-9), 1.182 (La-11)

Für junge Piloten wurde im Werk 250 in Ulan Ude eine kleine Serie (250) doppelsitziger Schulflugzeuge La-7UTI aufgelegt.

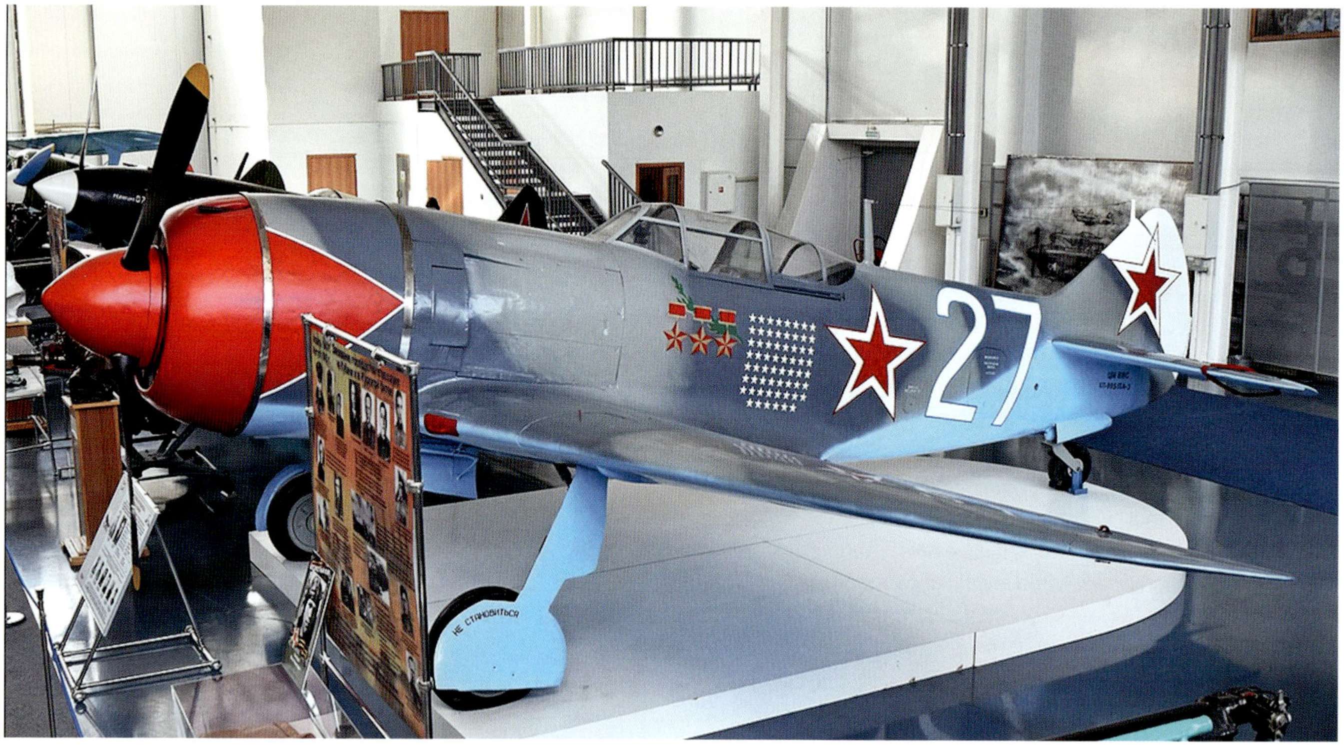

Die La-7 von Iwan Koschedub ist heute in Monino ausgestellt, er war der erfolgreichste alliierte Jagdflieger im Zweiten Weltkrieg, 62 Luftsiege (Foto: Alan Wilson).

Von der La-11 entstanden bis 1950 noch 1.182 Exemplare, einige dienten bis Mitte der 50er Jahren als Zielschleppflugzeug.

Erfolgreich wurde die La-7 auch gegen Bodenziele eingesetzt. Der Wechsel der Piloten von der La-5 auf die La-7 erfolgte problemlos, wobei weiter die schlechte Belüftung der Kabine kritisiert wurde. Erst im Januar 1945 gelang es, die Temperatur auf den Bereich von + 15° C bis + 30° C zu regulieren. Anzumerken ist noch, dass die La-7 intern die Bezeichnung 120 erhielt. Am 9. Mai erfolgte die deutsche Kapitulation, aber der Krieg gegen Japan war noch nicht beendet. Stalin hatte Franklin Roosevelt auf der Konferenz in Jalta (4. bis zum 11. Februar 1945) seine Unterstützung der amerikanischen Truppen zugesagt. Und so lief die Rüstung auf vollen Touren weiter. Die La-7 war zwar ein bewährter Jäger, aber sie bestand im Wesentlichen aus Holz. Das Nachfolgemuster La-9 (intern 126) wurde somit als „Metall-La-7" konzipiert und gebaut. Das Cockpit wurde komplett überarbeitet, war nun endlich erträglich und bequem. Einen neuen Motor gab es nicht (der ASch-83 wurde nicht serienreif). Aber Metall stand 1945 in ausreichendem Maße zur Verfügung, das wirkte sich auf den Rumpf aus (minus 150 kg), und das Tragwerk erhielt ein vom ZAGI entwickeltes Laminarprofil. Trotz der nun vier 23-mm-MK NR-23 (mit je 200 Schuss Munition) betrug das Leergewicht nur 2.679 kg. Die Erprobung des Prototyps begann am 12. April 1945 und im Juni konnten in 3.000 m Höhe 735 km/h erzielt werden, deutlich schneller als die La-7 mit gleichem Motor. Für die damalige Zeit war es unvorstellbar, dass vier synchronisierte Kanonen durch den Propeller schießen konnten, eine besondere Leistung des Ingenieurs Alexej Richter.

Erwähnenswert ist noch die La-9RD (intern 138) mit zwei Staustrahltriebwerken Tschelomej RD-13 (auf der Basis des Argus As 014) unter den Tragflächen, die mit normalem Treibstoff betrieben werden konnten – von Juni bis September 1947 erprobt, kurzfristig wurden 780 km/h erreicht. Diese Rohre hatten eine Länge von 3,15 m und einen Durchmesser 0,46 m, Gewicht 90 kg, zusätzliche Antriebsleistung je 275 kp.

Als Begleitjäger der Tu-4 (nicht lizensierter Nachbau der Boeing B-29), von der in kürzester Zeit etwa 1.000 Maschinen gebaut wurden (847-1.296, je nach Quelle) entstand 1946 die La-11 (Projekt 134). Am 9. Mai 1947 startete Testpilot Andrej Kotschetkow (1908-1990) im LII zum Erstflug. Der Massenbau endete 1951 nach 1.182 Auflagen. Kotschetkow war übrigens der erste sowjetische Pilot, der am 15. August 1945 die Erprobung der Me 262 begann. 1950 war er als Instrukteur in der Volksrepublik China und wies dort die jungen Piloten der neu zu bildenden Streitkräfte in die La-9 und La-11 ein (Einsatz im Koreakrieg). Am 8. Mai 1950 wurde über der Ostsee der viermotorige US-Aufklärer Consolidated PB4Y „Privateer" ab-

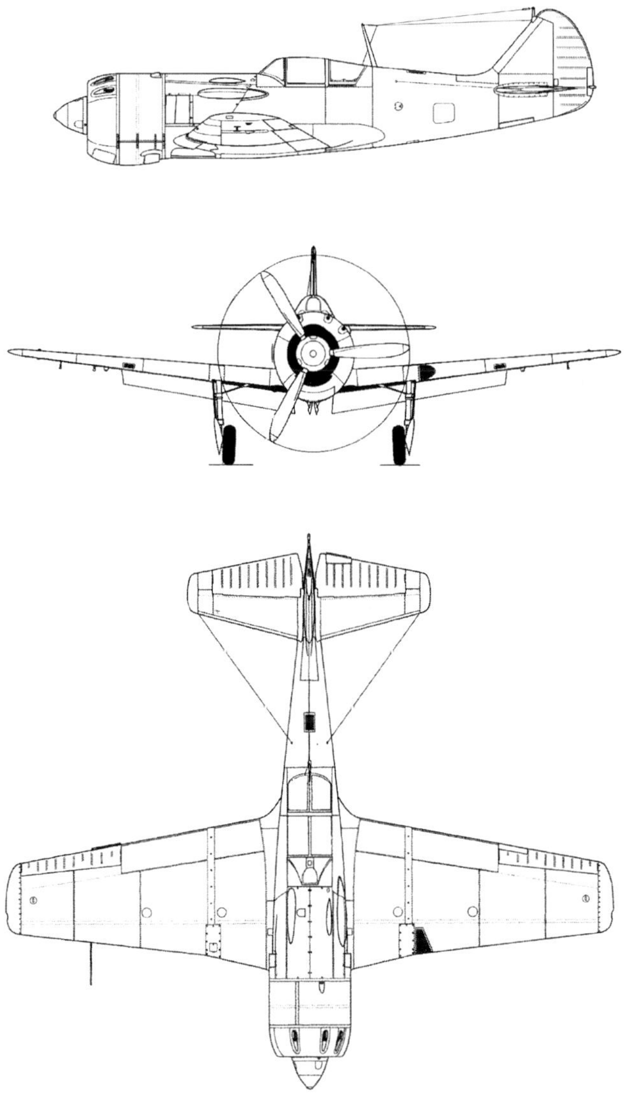

Lawotschkin La-11 (Ugolok Neba)

gefangen und abgeschossen, als dieser die Aufforderung zur Landung nicht befolgte. 10 Besatzungsmitglieder starben bzw. nach anderen Quellen gerieten einige in Gefangenschaft. Spätestens nach seiner Berlin-Blockade (24. Juni 1948 bis 12. Mai 1949) hatte Stalin jeden Konsens mit den USA verspielt bzw. bewusst aufgegeben – Außenminister Molotow (1890-1986) hatte einen anderen Weg vorgeschlagen, wurde aber zurückgepfiffen. Das betraf auch den Marshall-Plan und die Beziehungen zu Tito.

Jakowlew Jak-15 /-17 /-23

Nach dem Ende des Zweiten Weltkriegs stand den siegreichen Alliierten das hohe Niveau der deutschen Luftrüstung zur Verfügung. Besonders interessant für die USA waren der Nurflügler Horten H IX und die Messerschmitt P. 1101 (siehe Bell X-5). Auch die sowjetische Führung ließ modernes Fluggerät in das Forschungsinstitut LII bringen (Me 262, Me 163, Arado Ar 234, Heinkel He 162 A-2, DFS 346), das untersucht und nachgeflogen wurde. Von besonderem Wert waren natürlich die modernen Turbinentriebwerke, die im Original vorlagen und anhand von Unterlagen schnell nachgebaut werden konnten: BMW 003A (als Klimow RD-20 mit 780 kp) und Jumo 004B (als Koljesow/Ljulka RD-10 mit 892 kp).

1945 waren die sowjetischen Flugzeugkonstrukteure vor ein Problem gestellt: Wie kann man diesen neuartigen Antrieb schnell in ein Serienflugzeug einbauen? Jakowlew wähnte sich auf dem richtigen Weg, als er das starke Junkers-Triebwerk in eine Jak einbaute, um so den Piloten Vertrauen in den neuartigen Antrieb zu geben – und schnell einen Serienauftrag zu erhalten. Jakowlew war der Schnellste und schon Ende November 1945 wurde die erste Jak-15 vor die Halle im Werk 115 geschoben, ein glattes Einzelstück ohne Bewaffnung. Aber die Staatsführung drosselte seinen Eifer und ließ die Jak-15 erst an demselben Tag (24. April 1946) in die Luft, wie die neukon-

Flugzeugtyp:	**Jak-15**
Verwendungszweck:	Jagdflugzeug
Antrieb:	1 x Koljesow / Ljulka RD-10 mit 892 kp (8,75 kN)
Besatzung:	1
Länge:	8,70 m
Spannweite:	9,20 m
Höhe:	2,27 m
Flügelfläche:	14,85 m^2
Leermasse:	1.852 kg
Startmasse:	2.742 kg
max. Geschwindigkeit:	786 km/h
prakt. Gipfelhöhe:	13.500 m
Reichweite:	500 km
Bewaffnung:	2 x 23-mm-MK NS-23 (60 Patronen)
Erstflug:	24. April 1946
Auflage:	280 (Jak-15), 427 (Jak-17), 310 (Jak-23)

Die hallenfertige Jak-15 musste fünf Monate auf die MiG-9 warten, gemeinsamer Erstflug dann am 24. April 1946.

Die polnischen Luftstreitkräfte schulten von der Jak-11 (hinten) direkt auf Jak-23 um (Foto: Zdzislaw Kosenko).

Zweisitzige Jak-17 (Jak-15UTI) für die Schulung der Piloten in der Sowjetunion und in Osteuropa, Muzeum Lotnictwa Polskiego Krakow (Foto: Alan Wilson).

struierte MiG-9 mit 2 BMW-003A. Die einen sagen, Jakowlew hätte Angst gehabt, die anderen sagen, Artjom Mikojan hatte in dieser Zeit schon die „besseren Freunde". Erfolglose Mitbewerber waren die Su 9 von Suchoi und die La-150 von Lawotschkin.

Jakowlews erster Jet (verantwortlicher Ingenieur Eugen Adler) erhielt zunächst die Bezeichnung „Jak-Jumo" und basierte auf der Ganzmetallversion der Jak-1 (Ja-30, Erstflug 12. April 1941). Der staatliche Auftrag forderte u.a. eine maximale Geschwindigkeit von 850 km/h, Flugdauer 60 Minuten, Steiggeschwindigkeit 4,5 Minuten auf 5.000 Meter, Bewaffnung: 2 x 23-mm-MK NS-23. Diese Werte wurden in der kurzen Flugerprobung fast erreicht, doch zum Jahrestag der Oktoberevolution wollte Stalin jeweils 15 Jak-15 und MiG-9 über dem Roten Platz sehen. Dieser wahnwitzige Bauauftrag konnte zwar erfüllt werden, aber am 7. November 1946 herrschte starker Nebel und so fand die Vorführung erst am darauffolgenden 1. Mai statt. Aber der von Jakowlew erhoffte Großauftrag blieb

Vom Prop zum Jet: Ja-30, Jak-15, Jak-17 und Jak-23 (Ugolok Neba).

aus. Zwar begann die Serienfertigung sehr rasch im Werk 31 in Tiblissi (Seriennummer ab 310002) und im Einsatz gab es für das Flugverhalten nur lobende Worte (abgesehen vom unzuverlässigen Triebwerk), aber nach 280 Flugzeugen wurde der Massenbau gestoppt. Die MiG-9 erreichte 604 Ausgaben. Ein nicht zu leugnendes Manko der Jak-15 war das Spornradfahrwerk. Der heiße Gasstrom beschädigte die Betonpisten und z.T. auch das Rad am Heck. Somit ging der Vorschlag der Luftstreitkräfte in eine andere Richtung: Bugfahrwerk und Orientierung auf ein reines Schulflugzeug – umgesetzt wurde dies

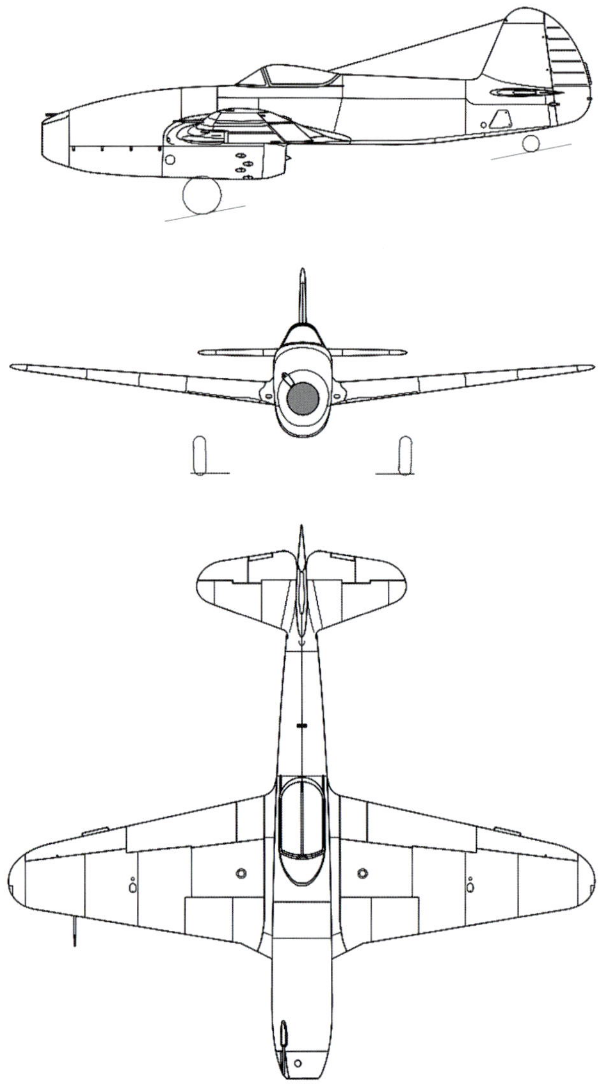

Jakowlew Jak-15 (Dr. Péter Kaboldy)

mit der Jak-17 (Erstflug 12. Juni 1947, Auflage 427, davon 128 Einsitzer). Auch bei der parallel entwickelten Jak-23 (Erstflug 17. Juni 1947) blieben die Produktionszahlen gering, veraltetes Konzept mit Trapezflügeln. In Tiblissi wurden 310 Exemplare gebaut und einigen Jagdfliegerregimentern zugeteilt, aber schon bald gingen 100 Maschinen an Polen, die gleiche Zahl an Bulgarien, 40 nach Rumänien und 12 in die Tschechoslowakei. Auch Albanien wurde beliefert und dabei ging eine Jak-23 beim Transport im Container durch Jugoslawien „verloren“ und tauchte zwei Monate später in den USA auf, wo sie nachgeflogen wurde, Kennung FU-599. Jugoslawiens Präsident Tito und Stalin verband eine tiefe Abneigung, um es freundlich zu formulieren.

Lawotschkin La-150 /-152 /-156 /-160, La-174TK

Im Mai 1945 erhielt Semjon Lawotschkin, wieder zurückgekehrt nach Moskau, vom Ministerrat den Auftrag, sich mit dem Bau eines „Turbinen-Jägers" zu beschäftigen. Er dachte an einen sehr leichten Entwurf mit einem Jumo 004 (RD-10), Trockengewicht 610 kg (BMW 003, 800 kg). Frist für die Vorlage: März 1946. Lawotschkin setzte seinen besten Ingenieur auf das Thema an, seinen Stellvertreter Semjon Alexejew (wesentliche Mitarbeit an der La-5 und La-7). Er konstruierte einen Entwurf, der an die De Havilland DH.100 „Vampire" (Erstflug 30. September 1943, Auflage 4.400) angelehnt war, mit zwei Triebwerken Jumo 004. Aber Lawotschkin war nicht begeistert und bezeichnete den doppelten Leitwerksträger als „architektonischen Exzess". Die Wege der beiden Männer trennten sich und Alexejew übernahm in Gorki 1947 sein eigenes Konstruktionsbüro Nr. 21 – siehe I-211 und Nachfolger. Eine zweite Arbeitsgruppe stellte die La-150 mit einem RD-10 vor, ein leichter Frontjäger, wie vom Auftraggeber gewünscht. Ein ungeklärtes Problem war der unbekannte Geschwindigkeitsbereich über 1.000 km/h, also in Richtung „Schallgrenze". Hier lagen keine Erfahrungen vor, besonders bezüglich der Pfeilung, Streckung oder Verwindung der Flügel. Sollte man die Geometrie der Me 262 (20 °) übernehmen oder moderate Trapezflügel (5 °) verwenden? Der Streit zog sich über zwei Jahre hin. Aber die 150 sollte endlich fliegen, und auf die Ergebnisse waren alle gespannt. Im Werk 381 in Leningrad wurden fünf Maschinen in Handarbeit gefertigt – alle bis Ende 1945. Lawotschkin wählte erstmals das Konzept eines Hochdeckers, was mit einer geringen Spurbreite des Fahrwerks verbunden war. Seine Konstrukteure skizzierten zudem nach unten gebogene Flügelenden (siehe He 162), was Lawotschkin aus Zeitgründen verwarf: „Das machen wir später." Es entwickelte sich 1945 ein neuer Wettstreit mit Jakowlew – und Mikojan war auch noch am Start. Außerdem gab es im Ministerium für Flugzeugbau Kräfte, die einen Nachbau der Me 262 forderten, zumindest aber eine gleichwertige Kopie als Su-9 (2 x Jumo 004), die Suchoi am 13.11.1946 anbot, als schweren Jäger und Jagdbomber – wie das Vorbild.

Flugzeugtyp:	**La-156**
Verwendungszweck:	Jagdflugzeug
Antrieb:	1 x Koljesow/Merkulow RD-10F mit 1.100 kp (10,8 kN)
Besatzung:	1
Länge:	9,12 m
Spannweite:	8,52 m
Höhe:	2,80 m
Flügelfläche:	13,32 m²
Leermasse:	2.398 kg
Startmasse:	3.521 kg
max. Geschwindigkeit:	905 km/h
prakt. Gipfelhöhe:	10.700 m
Reichweite:	487 km
Bewaffnung:	3 x 23-mm-MK NR-23
Erstflug:	10. April 1947
Auflage:	8 (La-150), je eine 152, 154, 156, 160, 174TK

Die La-150 wurde von der militärischen Führung als „unfertig" eingestuft, als Experiment, und konnte 1946 neben der Jak-15 und MiG-9 nicht bestehen.

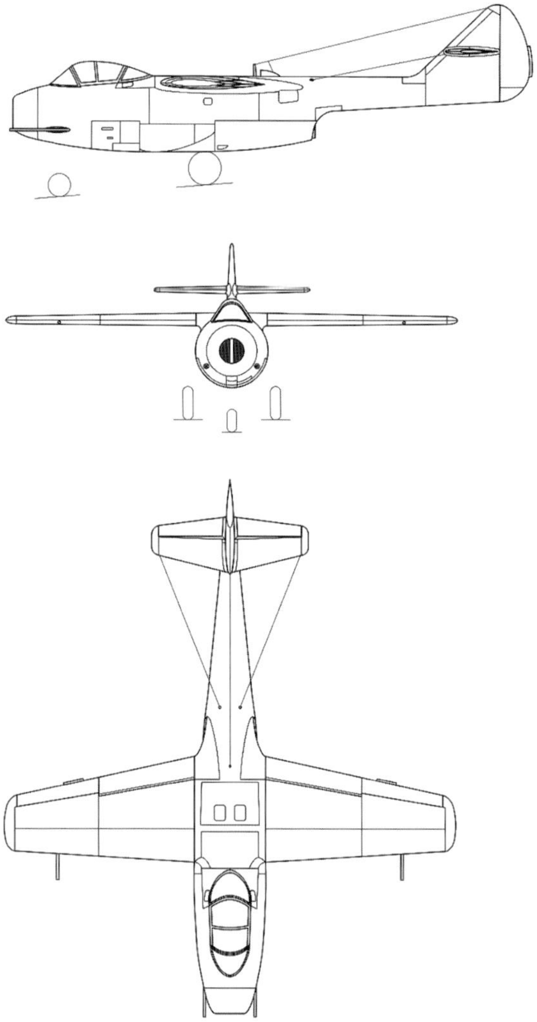

Lawotschkin La-150 (Dr. Péter Kaboldy)

Die La-150 war kein zukunftsweisender Entwurf. Ähnlich wie bei Jakowlew war der Rumpf zu schmal, um später ein stärkeres und größeres Triebwerk aufnehmen zu können. Das Cockpit war sehr beengt und die militärische Führung bewertete die Bewaffnung von zwei 23-mm-MK für einen modernen Jäger als unzureichend. Derart aufgescheucht (Semjon Alexejew war weg), ließ Lawotschkin eine Reihe von Nachfolgern bauen, die nicht besser waren, nur dicker – die 152, 154 und 156. Letztere war für das Ljulka TR-1 gedacht (1.290 kp), das aber die Serienreife nicht erreichte.
Nun, auch bei der Jak-15 und bei der MiG-9 gab es Probleme – aber der gemeinsame Erstflug dieser beiden neuen Jäger am 24. April 1946 war ein deutliches Zeichen. Zu diesem Zeitpunkt erduldete die Zelle der 150 noch die statischen Tests im ZAGI. Am 12. September 1946 konnte Lawotschkins erster Jet endlich abheben, Pilot Alexander Popow (1914-1986). Er war ein erfahrener Testpilot und brachte dann viele Flugzeuge in die Luft: I-211, I-215, La-15. MiG-17, MiG-19.
Am 1. Mai 1947 erschienen nur die Jak-15 und MiG-9 am Himmel über Moskau, die La-150 wurde von der militärischen Führung als „unfertig“ eingestuft, als Experiment. Die MiG-9 erwies sich als äußerst robust, die Jak-15 erleichterte den Kampfpiloten den Umstieg vom Kolbenmotor auf den neuen Antrieb. Natürlich war Lawotschkin schon früh klar, dass es schwer sein würde, ein vollwertiges Kampfflugzeug auf der Basis eines einzelnen Triebwerks vom Typ Jumo 004B (RD-10) zu erstellen. So erinnerte er sich an Igor Merkulow (1913-1991), der schon in den 30er Jahren an Staustrahltriebwerken gearbeitet hatte. Vielleicht ergab sich auf einem neuen Weg, der Nachverbrennung, eine deutliche Steigerung der Schubleistung. Lawotschkin nahm den „arbeitslosen“ Merkulow in sein Team auf und dieser versprach eine Steigerung um 30-50 Prozent durch die zusätzliche Verbrennung von Kraftstoff hinter der Turbine. Der RD-10

Das Konzept war überholt, hier La-152, was sich beim Einbau größerer und leistungsstärkerer Triebwerke zeigte (RD-500, Nachbau Rolls-Royce Derwent).

Mit einer Pfeilung von 35 ° erhielt die La-160 als erstes sowjetisches Jagdflugzeug ein zeitgemäßes Tragwerk, Erstflug 21. Juli 1947 mit Iwan Fjodorow.

erhielt den Zusatz F (RD-10F, später auch RD-21 genannt) und konnte seine Betriebsfähigkeit im Werktest am 12. November 1946 beweisen: Maximalschub 1.100 kp statt 892 kp. Dieses Triebwerk wurde sofort in die 156 eingebaut, Erstflug 10. April 1947. Die Datumsangaben bestätigen nur die Hektik in diesen zwei Jahren nach 1945. Die 156 erreichte in Bodennähe 905 km/h, die Steigzeit auf 5.000 m betrug 4,2 Minuten, Reichweite nur 487 km. Das dominierende Jagdflugzeug wurde die MiG-9; sie flog in der Version MiG-9FR mit dem RD-21.

Schon Ende 1946 ging es bei den sowjetischen Jägern um die Schallgrenze, wobei es zwei Probleme zu lösen galt: schubstarke Triebwerke und ein gepfeiltes Tragwerk. Im ZAGI wurden im Windkanal zahlreiche Untersuchungen durchgeführt mit den typischen Wollfäden, um den Verlauf der Strömung zu dokumentieren. Die Ingenieure konnten dabei auf deutsche Forschungen aufbauen. Wolfgang Liebe (Messerschmitt AG) hatte den Grenzschichtzaun entwickelt und 1938 zum Patent angemeldet. Eine spätere Lösung des Problems der Pfeilung war eine variable Geometrie, die im Fluge verändert werden konnte, siehe Grumman XF10F Jaguar (Erstflug 19. Mai 1952), zwischen 13,5° (Start und Landung) und 42,5°. Siehe auch Bell X-5 (Messerschmitt P.1101 V1).

Von diesen Plänen war die La-160 noch weit entfernt. Aber zum ersten Mal in der Sowjetunion sollte ein vom ZAGI entwickeltes gepfeiltes Tragwerk im Flug erprobt werden. Bis Juli 1947 wurde ein Exemplar gebaut, die Maschine erhielt den passenden Namen Strelka – also Pfeil. Das Tragwerk mit einer Pfeilung von 35° wurde an die Zelle der La-152 montiert. Erstflug am 21. Juli 1947 mit Iwan Fjodorow (1914-2011). Fjodorow war ein erfolgreicher Jagdflieger im Zweiten Weltkrieg (z.B. 3. Luftarmee der Kalinin-Front) und schoss drei Ju 88, eine Do 217, zwei Fw 190 und fünf Bf 109 ab, flog Begleiteinsätze für Bomber und bildete junge Piloten aus. Den Krieg beendete er als Oberst und wurde ab Oktober 1945 Testpilot im OKB Lawotschkin. Vor der La-160 testete er auch die 150 und 156. Er war der erste sowjetische Pilot, der 1.000 km/h erreichte (La-168, 1948). Anschließend wechselte Fjodorow in das OKB-1 und flog dort die von Brunolf Baade (vorher bei Junkers) konstruierte EF-140 (siehe dort) ein – mit negativer Flügelpfeilung. 1954 beendete er seinen aktiven Dienst und arbeite danach als Journalist. Nun, die La-160 war ein reines Testflugzeug, aber für die MiG-15 waren die Ergebnisse von Wert.

Zur Vervollständigung sei noch kurz die La-174TK genannt, TK für dünner Flügel, deren Namensgebung irreführend ist, denn sie basierte auf der La-152. Das Thema war die Erprobung eines neuen laminaren Trapezflügels und auch des „Derwent" (RD 500 mit 1.590 kp) im Flug (für die 174 / La-15). Da das Triebwerk in den vorderen Rumpf eingebaut wurde, musste der Bug verlängert werden und erhielt einen größeren Durchmesser, die Kabine wanderte nach hinten. Die erflogenen Leistungen Ende 1947 erbrachten allerdings keinen Fortschritt im Vergleich zum RD-10F mit nur 1.100 kp.

Mikojan/Gurewitsch MiG-15 /-17 /-19

Das Jahr 1945 brachte für das erfolglose OKB MiG einen Neustart und eine zweite Chance. Zur Verfügung standen die deutschen Turbinentriebwerke, die im Original vorlagen und anhand von Unterlagen nachgebaut wurden: Der Wettlauf um einen Serienauftrag begann bei null. Jakowlew baute das RD-10 (Jumo 004) in die Ja-30 ein (Jak-15), Lawotschkin stellte einen ähnlichen Entwurf mit diesem Triebwerk vor (La-150), Suchoi platzierte zwei RD-10 unter dem Tragwerk (Su-9), und auch im Büro MiG dachte man zunächst an diese Auslegung, allerdings mit dem RD-20 (BMW 003). Dann aber wählte Mikojan den Einbau im Rumpf (I-300). Diese Entscheidung sollte sich als glücklich erweisen, als wenig später die größeren britischen Triebwerke untergebracht werden mussten, was Jakowlew erhebliche Probleme bereitete. Die MiG-9 (I-300) und die Jak-15 absolvierten ihren Erstflug am 24. April 1946 und wurden in kleinen Serien gefertigt (604 MiGs, 280 Jaks). Beim 20. Testflug der MiG-9, einer Demonstration vor der Militärführung, kam Testpilot Alexej Grintschik (1912-1946) am 11. Juli 1946 ums Leben. Er wollte die spektakuläre Flugschau der Jak-15 übertrumpfen, die vor ihm gestartet war, und brachte das unerprobte Flugzeug so an seine Grenzen: Abbruch der Flügelvorderkante, Beschädigung Querruder. Grintschik war als Testpilot auch an der Erprobung der Bf 109 E-3, SK-2, MiG-8 u.a. beteiligt. Am 10. Februar 1942 (mit 19 Jahren) wurde er bei einem Luftkampf abgeschossen (vorher 2 Abschüsse), galt lange als verschollen, konnte aber von Partisanen gerettet werden.

Flugzeugtyp:	**MiG-15**
Verwendungszweck:	Jagdflugzeug
Antrieb:	1 x Klimow RD-45F (Nene 2) mit 2.260 kp (22,26 kN)
Besatzung:	1
Länge:	10,10 m
Spannweite:	10,08 m
Höhe:	3,17 m
Flügelfläche:	20,60 m^2
Leermasse:	3.149 kg
Startmasse:	4.806 kg
max. Geschwindigkeit:	1.047 km/h
prakt. Gipfelhöhe:	15.200 m
Reichweite:	1.240 km
Bewaffnung:	1 x 37-mm-MK NS-37 (40), 2 x 23-mm-MG NS-23 (80)
Erstflug:	30. Dezember 1947
Auflage:	13.131 (MiG-15), 10.824 (MiG-17), 1.890 (MiG-19)

Testpilot Alexej Grintschik am 24. April 1946 (Erstflug) vor dem Prototyp der MiG-9, drei Monate später stürzte er tödlich mit dieser Maschine ab.

Die DDR kaufte ab Juni 1956 auch die MiG-15UTI, die sie bis 1982 benutzte, da von der MiG-17 und MiG-19 keine Schulversion gebaut wurde.

Prototyp der MiG-17, Hauptproblem blieb das instabile Flugverhalten über 1.000 km/h, was auch durch das neue Tragwerk nicht behoben werden konnte.

Ende 1946 ließ Mikojan den Einbau nur eines Triebwerkes berechnen (I-308), aber das Ljulka TR-1 (1.290 kp) erreichte die Serienreife nicht. Inzwischen hatten die Briten erstaunliche Fortschritte gemacht. Und als Zeichen der „Entspannung", die Gründe sind bis heute unklar, gab England unter der Labour-Regierung von Clement Attlee (1883-1967) die starken Triebwerke für den Export frei. Als im Sommer 1946 mit Beteiligung von Artjom Mikojan und Wladimir Klimow von Rolls-Royce die Triebwerke Nene 1 (20 Stück, 2.040 kp, Nachbau RD-45), Nene 2 (5 Stück, 2.260 kp, Nachbau RD-45F) und Derwent 5 (30 Stück, 1.500 kp, Nachbau RD 500) erworben werden konnten (Lizenz auch an die USA, siehe Pratt & Whitney J42), war das sowjetische Triebwerksproblem mit einem Schlag gelöst – alle OKBs bewarben sich um den unerwarteten „Schatz". Nicht weniger wichtig war die Betriebszeit der englischen Triebwerke mit 180 Stunden, statt der 25 Stunden

Interessante Darstellung der ersten MiGs nach 1945: MiG-9, MiG-15UTI, MiG-17, MiG-19PM, JJ-6 (Trainer China).

der RD-10 und 20. Dass die Sowjetunion beide Triebwerke in Massen ohne Lizenz nachbauen würde (nach originalen Bauplänen), war offenbar nicht erwogen worden

Mikojan schuf einen genialen Entwurf, schon im Mai 1947 wurden drei Muster bestellt, und die I-310 (S-01) hob am 30. Dezember ab, Testpilot Wiktor Juganow (1922-1964). Er war der jüngste Testpilot im LII (Pe-2, Il-2, I-185, DIS). In der Flugerprobung konnten die Vorgaben sicher erflogen werden: Höchstgeschwindigkeit 1.000 km/h, Steiggeschwindigkeit auf 5.000 m in 3,2 min, praktische Gipfelhöhe 13.000 Meter, Reichweite von 1.000 km. Auch die Bewaffnung stellte den Auftraggeber zufrieden. Der neue Jäger wurde komplett aus Duraluminium in Halbschalenbauweise gefertigt. Das Tragwerk hatte eine Pfeilung von 35 ° und eine negative V-Stellung von 2 °, je zwei Grenzschichtzäune auf den Flächen verbesserten die aerodynamische Stabilität des Flugzeugs.

Der dritte Prototyp S-03 (Erstflug 20. Juni 1948) wies einige strukturelle Verbesserungen auf, z.B. Bremsklappen mit 0,48 m^2 und ein abnehmbares Heck zur Wartung des Triebwerks. Er wurde zum Referenzmodell für den Serienbau. Einziger Konkurrent war die La-15 (ein graziler Schulterdecker mit dem schmalen Derwent). Die Vergleichsflüge begannen Anfang 1948 im LII. Die La-15 war etwas schneller, stabiler und leichter zu fliegen, die MiG-15 hatte bessere Steigwerte, war kampfstärker und einfacher in Serie zu bauen. Beide wurden ab 1948 bestellt, die Luftstreitkräfte hatten es eilig. Dann setzte sich jedoch die Meinung durch, der Einsatz eines Standardjägers wäre effektiver. So wurde nach nur 235 Maschinen die Fertigung der La-15 eingestellt (im Dienst bis 1954). Damit war der Weg frei für eine einmalige Karriere, denn in acht Serienwerken wurden 13.131 MiGs gebaut. Mehr als die Hälfte davon war die verbesserte MiG-15bis (mit dem WK-1, 2.690 kp), gebaut ab 1950 in Kuibyschew, Gorki, Nowosibirsk und Saratow mehr als 3 Jahre lang. In über 20 Ländern war die MiG-15 im Einsatz, Lizenzproduktion in der Tschechoslowakei (S-102/103), Polen (LIM-1/3) und China (JJ-2). Ab Juni 1956 erhielten die Luftstreitkräfte der DDR 44 Maschinen des Typs MiG-15/15bis und 85 Schulflugzeuge MiG-15UTI. Diese wurden bis 1982 genutzt, da es für die Nachfolgemodelle MiG-17 und MiG-19 keine Trainerversionen gab.

Überraschen konnte die MiG-15 im Jahr 1951 im Korea-Krieg (mit sowjetischen und chinesischen Piloten) die Republic F-84; erst das Auftauchen der North American F-86 „Sabre" wendete das Blatt. Aber allein in der Woche vom 22. bis 27. Oktober 1951 verlor die USAF elf B-29A, die danach nur noch nachts eingesetzt wurden. Der erfolgreichste Pilot war Jewgeni Pepeljajew mit 23 Luftsiegen, ihm gelang es auch, eine „Sabre" zur Notlandung zu zwingen, sie wurde wenig später zur Analyse ins ZAGI verbracht. Auch die USA versuchten, eine MiG-15 „einzufangen" und setzten 100.000 Dollar für einen Überläufer aus. Erst als der Krieg beendet war, flog der nordkoreani-

Einer der Exportkunden für die Shenyang J-6A (MiG-19PF) war Albanien, hier ein schönes Foto von ausgestellten Maschinen im Jahr 2006 (Foto: Chris Lofting).

sche Leutnant No Kum-sok am 21. September 1953 eine MiG-15bis nach Südkorea. Er erhielt die Belohnung und lebt heute unter dem Namen Kenneth H. Rowe als Luftfahrtingenieur in den USA. „Seine" MiG-15bis wurde in die Wright-Patterson Air Force Base verbracht und dort von Testpilot Chuck Yeager nachgeflogen, ausgestellt im National Museum der USAF.
Ersetzt wurde die MiG-15 ab Oktober 1952 schrittweise durch die verbesserte MiG-17 (I-330, Erstflug 14. Januar 1950) mit dem Klimow WK-1F (2.620 / NB 3.380 kp), die eine Auflage von über 10.000 Maschinen erreichte (ohne Shenyang J-4/5 in China), verbreitete Ausführungen waren die F als Tagjäger und PF als Allwetterversion mit Radar RP-1 „Isumrud-1". Die DDR beschaffte 200 Maschinen, überwiegend als polnische Lizenz Lim-5 (17F) und Lim-5P (17PF).
Eine „schwere Geburt" war die MiG-19 als erster sowjetischer Überschalljäger (Auflage 1.890), der weder in der UdSSR noch in der NVA überzeugen konnte. Die DDR kaufte 12 MiG-19S und 12 MiG-19PM aus gebrauchten Beständen (JG-3 von 1959 bis 1969, 9 Verluste). Optisch beeindruckend war die PM (abgeleitet von der SM-7) mit Radar „Isumrud-2" und vier RS-2U-Raketen, von der bis zum Ende der Serie 1958 noch 369 gebaut wurden. Ein später Erfolg wurde dann die Massenfertigung als J-6 bis 1980 in China (über 4.000 Exemplare), auch als Schulflugzeug. Allein von der Jagdbomberversion Nanchang Q-5 (seitliche Lufteinlässe) wurden über 1.000 Maschinen produziert und nach Bangladesch, Nordkorea, Pakistan und in den Sudan exportiert. An dieser Stelle verweise ich auf den faktenreichen Typenkompass zum Thema MiG von Rudolf Höfling.

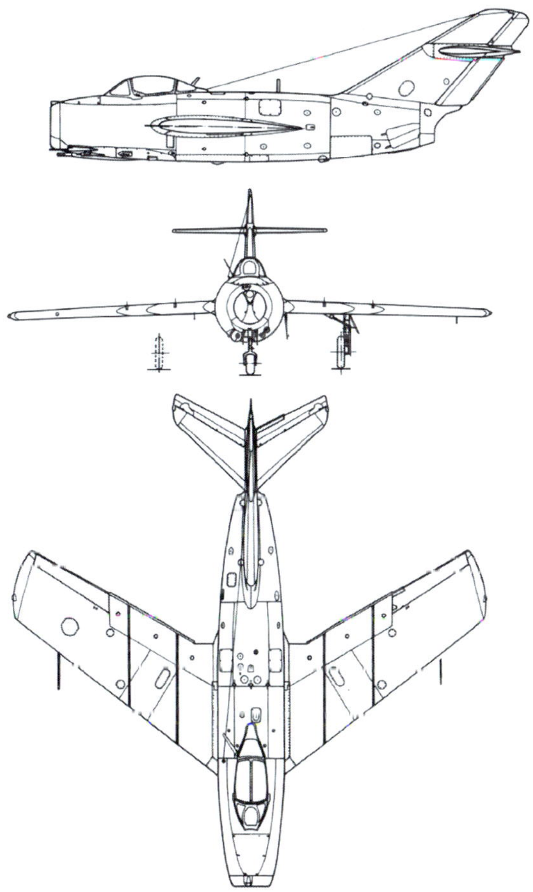

Mikojan/Gurewitsch MiG-15bis (Ugolok Neba)

Suchoi Su-9 (K) /-11 (LK)

Flugzeugtyp:	**Su-9 (K)**
Verwendungszweck:	Jagdbomber
Antrieb:	2 x Koljesow/Ljulka RD-10 mit 892 kp (8,75 kN)
Besatzung:	1
Länge:	10,55 m
Spannweite:	11,20 m
Höhe:	3,42 m
Flügelfläche:	20,20 m^2
Leermasse:	4.060 kg
Startmasse:	5.890 kg
max. Geschwindigkeit:	885 km/h
prakt. Gipfelhöhe:	12.800 m
Reichweite:	1.240 km
Bewaffnung:	1 x 37-mm-MK N-37, 2 x 23-mm-MK NS-23, 500 kg Bomben
Erstflug:	13. November 1946
Auflage:	2

Der Zugriff auf die deutschen Turbinentriebwerke nach dem Zweiten Weltkrieg stellte die sowjetischen Konstrukteure vor unerwartete Herausforderungen. Parallel zu den USA und Großbritannien konnte zudem modernes Fluggerät in das Wissenschaftliche Forschungsinstitut NII der Luftstreitkräfte bei Moskau gebracht werden: Me 262, Me 163, Arado Ar 234, Heinkel He 162 und DFS 346. Das NII entstand bereits am 21. September 1920 auf dem Flugplatz Chodynkafeld im Norden Moskaus, 1932 siedelte man nach Schtscholkowo um (31 km nordöstlich von Moskau), später zu Ehren von Waleri Tschkalow (1904-1938) Tschkalowski genannt. Die deutschen Flugzeuge wurden dort untersucht und geflogen, dabei entstand die Frage: nachbauen oder neu konstruieren? Alexander Jakowlew entschied sich für den Einbau eines Jumo in die Jak-3 und Mikojan entwarf einen neuen Rumpf für zwei BMW-Turbinen. Suchoi realisierte die externe Lösung, um im Rumpf ausreichend Raum für den Kraftstoff und die starke Bewaffnung zu schaffen: 37-mm-MK N-37 (40 Patronen), 2 x 23-mm-MK NS-23 (je 100 Patronen). Alle drei Konstrukteure trauten sich Ende 1945 noch nicht an das Thema gepfeilte Tragflächen heran.

Suchoi erhoffte sich einen Vorteil im sich abzeichnenden Konkurrenzkampf, indem er seine Maschine auch als Jagdbomber anbot. Damit geriet er jedoch unerwartet in die zweite Reihe, denn das Wettfliegen der Jak gegen die MiG fand bereits am 24.4.1946 statt – Stalin wollte einen Düsenjäger. Dabei war das Angebot von Suchoi durchaus innovativ, Typenleiter Michail Zujew. Neuheiten waren Bremsschirm, Schleudersitz und hydraulische Steuerung. Der Prototyp wurde in Ganzmetallbauweise mit Halbschalenrumpf erstellt. Am 13. November 1946 startete Georgi Schijanow zum Erstflug. Die Auslegung der Su-9 genannten Maschine erfolgte als Mitteldecker. Trapezförmiges Tragwerk, starke Bewaffnung im Bug, vor und hin-

Pawel Suchoi bot Ende 1946 die Su-9 (K) auch als Jagdbomber an, max. Bombenlast 500 kg, blieb aber ohne Serienauftrag.

ter dem Cockpit befanden sich Kraftstofftanks mit einer Gesamtkapazität von 2.300 Litern. Während der Flugerprobung kam es häufig zu Motorausfällen und Problemen mit dem Hydrauliksystem. Im Mai 1947 wurde in 5.000 m Höhe eine Geschwindigkeit von 830 km/h erreicht, aber die Start- und Landeeigenschaften des Flugzeugs befriedigten keineswegs, was zu Versuchen mit zwei Feststoffraketen U-5 führte, ohne praktischen Nutzen. Was dringend fehlte, war ein stärkeres Triebwerk, aber das TR-1 (1.290 kp) von Archip Ljulka erreichte die Serienreife nicht, nur 45 Exemplare wurden gebaut. Der zweite Prototyp der Su-9 wurde an diesen neuen Antrieb angepasst (als Su-11) und nahm am 3. August 1947 an der Luftparade in Tuschino teil, aber wirklich bessere Flugleistungen konnten nicht vorgezeigt werden.
Erst als im Sommer 1947 die beiden Triebwerk Rolls-Royce Derwent und Nene zur Verfügung standen, war das Triebwerksproblem mit einem Schlag gelöst – für alle OKBs. Suchoi setzte einen Brief auf an den Oberbefehlshaber der Luftstreitkräfte Konstantin Werschinin und versprach ein Jagdflugzeug Su-13 mit großer Reichweite als Ergänzung zur MiG-15. Für das Derwent (Nachbau als Klimow RD-500, 1.590 kp) nannte er als Höchstgeschwindigkeit in Bodennähe 975 km/h, Steigzeit auf 5.000 m in 2,5 Minuten, Reichweite 1.550 km. Es wurde ein langer Brief und er wurde dann an den neuen Minister für Luftfahrtindustrie Michail Chrunitschew (1901-1961) weitergeleitet. Chrunitschew ließ sich drei Monate Zeit und sagte dann ab: kein zukunftweisendes Konzept, Ende der Finanzierung am 30. Juli 1948. Eine Rolle spielte dabei sicher auch, dass bereits Anfang 1948 im NII ein Vergleichsfliegen zwischen der MiG-15 (Nene) und der Lawotschkin La-15 (Derwent) stattgefunden hatte, beide mit Pfeilflügeln, und beide wurden dann auch in Serie gebaut (13.131 / 512 Exemplare).

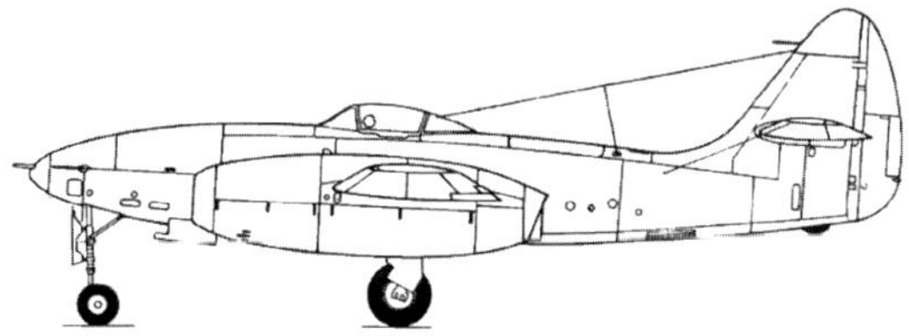

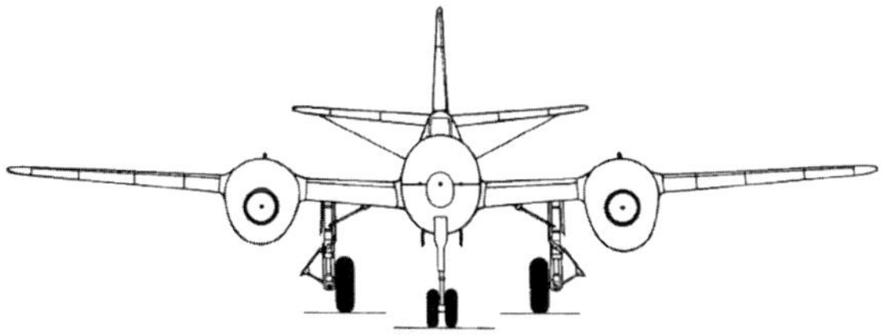

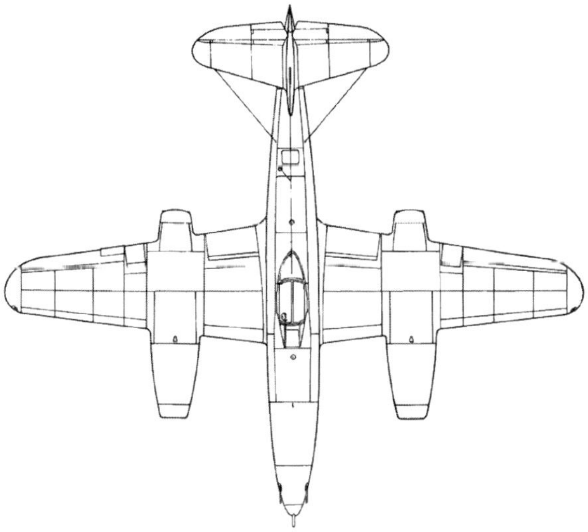

Suchoi Su-11 (Ugolok Neba)

Die Su-11 (LK) erhielt im Mai 1947 das neue Triebwerk Ljulka TR-1 (1.290 kp), das jedoch nicht zuverlässig war.

Die sowjetischen Konstrukteure waren in erster Linie Konkurrenten, hier bei der Flugparade 1949 in Tuschino: v.l. Jakowlew, Tupolew, Lawotschkin und Mikojan.

Lawotschkin La-15 / La-176

Nach drei mühevollen Jahren hatte es Semjon Lawotschkin 1948 endlich geschafft, er gehörte mit der La-15 wieder zur ersten Riege der sowjetischen Flugzeugkonstrukteure. Was nutzte ihm der Ruhm der La-5 jetzt im Zeitalter der Jets? Und er träumte nun von tausenden La-15 auf den Flugplätzen der Heimat, Erstflug 8. Januar 1948. Alle Anforderungen der Luftstreitkräfte hatte er erfüllt in Bezug auf die Leistungen, die hermetische Kabine, Luftbremsen, Rettungsausrüstung – nur die Bewaffnung mit drei 23-mm NR-23 mit je 100 Patronen war etwas schwächer als bei der MiG-15.

Aber in der Regel besteht zwischen einem Prototyp (La-174D), der in Handarbeit von einem geschulten Personal gebaut wird, und einem Serienflugzeug ein erheblicher Unterschied. Das Werk für die Produktion der La-15 in Gorki begann am 15. September 1948 mit der Vorbereitung, als die Konstruktionszeichnungen vom OKB Lawotschkin eintrafen. Viele Baugruppen mussten neu berechnet werden, um die Serienproduktion zu vereinfachen. Für das Jahr 1949 wurden 650 Flugzeuge gefordert, was den Technikern unmöglich erschien. Allein im 1. Quartal 1949 wurden 3.000 Änderungen an der Struktur vorgenommen, entsprechend stockend lief die Fertigung an. Im Februar 5 Maschinen, im März 13, im April 21. Die ersten 20

Flugzeugtyp:	**La-15**
Verwendungszweck:	Jagdflugzeug
Antrieb:	1 x Klimow RD-500 mit 1.590 kp (15,6 kN)
Besatzung:	1
Länge:	9,10
Spannweite:	8,83 m
Höhe:	3,35 m
Flügelfläche:	16,16 m^2
Leermasse:	2.575 kg
Startmasse:	3.620 kg
max. Geschwindigkeit:	1.025 km/h
prakt. Gipfelhöhe:	13.500 m
Reichweite:	1.100 km
Bewaffnung:	3 x 23-mm-MK NR-23
Erstflug:	8. Januar 1948
Auflage:	237

Die La-15 zeigt sich in Monino neben der gewaltigen La-250 als Leichtgewicht, was sie mit einer Leermasse von 2.575 kg auch war (Foto: Sergej Rjabzew).

Maschinen wurden an das 196. Jagdfliegerregiment in Kubinka geschickt zur Truppenerprobung. Die Serienfertigung in Saratow begann im April 1949.

Aber der technische Fortschritt überraschte Lawotschkin genau zu dieser Zeit: das WK-1 von Klimow (Nachbau Nene) war erfolgreich getestet worden, und der Serienbau begann für die MiG-15 und Il-28, d.h. das Triebwerk stand ausreichend zur Verfügung. Und die Regierung beschloss, den schleppenden Serienbau der La-15 zu beenden und stattdessen dort auch die MiG-15 bauen zu lassen. Lawotschkin rief am 14. Mai 1949 sofort bei Stalin an, aber die Entscheidung blieb bestehen, denn das Militär setzen sich nicht für die La-15 ein. Dabei war das erste Regiment (vorher wurde dort die Jak-15 geflogen) mit der neuen Maschine sehr zufrieden: Steiggeschwindigkeit, Manövrierfähigkeit, starke Bewaffnung. Allerdings wurden bei der intensiven Nutzung auch Konstruktions- und Fertigungsmängel festgestellt, aber nur die üblichen „Kinderkrankheiten" wie bei vielen neuen Flugzeugen der ersten Serie. Schwerwiegender waren der wiederholte Ausfall des RD-500 und Probleme mit der Querruderansteuerung (Trudeln, unkontrollierbare Flugzustände). In den ersten Wochen gingen vier Maschinen verloren, zwei Piloten starben. An der Flugschau zum 1. Mai 1949 nahm die La-15 noch teil, aber schon im August wurde die Produktion ganz gestoppt. Die Gesamtproduktion erreichte nur 235 Flugzeuge, die bis 1954 im Dienst blieben; zwei Trainer La-15UTI (intern 180) wurden noch gebaut.

Insgesamt muss man Lawotschkin aber einen großen qualitativen Sprung Ende der 1940er Jahre bescheinigen. Das Tragwerk mit 37 ° Pfeilung (V-Stellung -4,5 °) war besonders stabil, ausgeführt mit einem Profil ZAGI 12035M. Der Ganzmetallrumpf nahm neben dem Triebwerk auch die Treibstofftanks für maximal 1.100 l auf. Das Dreibein-Fahrwerk erwies sich im robusten Einsatz als zu schwach dimensioniert. Zum Misserfolg der La-15 haben aber zuerst die zahlreichen Abstürze im Verlauf der Entwicklung beigetragen, so ging der erste Prototyp La-174 am 8. Januar 1948 verloren, Testpilot Fjodorow konnte sich retten. Stalin war, nach der Pannenserie bei Nikolai Polikarpow (I-180 ff.) zehn Jahre zuvor, bei Abstürzen äußerst misstrauisch, witterte Sabotage und Unfähigkeit.

Mit der La-15 „starb" auch das aussichtsreiche Nachfolgemodell La-176. Lawotschkin hatte dem Flugzeug ein neues Tragwerk angepasst mit 45 ° Pfeilung (3 Grenzschichtzäune) und ebenfalls das RD-45F (2.260 kp) eingebaut, dafür musste das Flugzeug vergrößert werden: Länge 10,97 m, Spannweite 8,59 m, Flügelfläche 18,26 m², Leergewicht 3.111 kg. Bewaffnung analog der MiG-15: eine 37 mm Kanone NS-37 (45 Patronen) und zwei 23-mm-Kanonen NR-35 (je 100 Patronen). Den Erstflug unternahm Fjodorow am 22. April 1948. Und es war eine „überlebenswichtige Aufgabe", die Schallgrenze zu erreichen. Fjodorow sagte später: „Die 176 flog nicht schlechter als die MiG-15, auch mit starken Waffen und gleichzeitig 500 kg leichter. Aber sie kam nicht zum Zug."

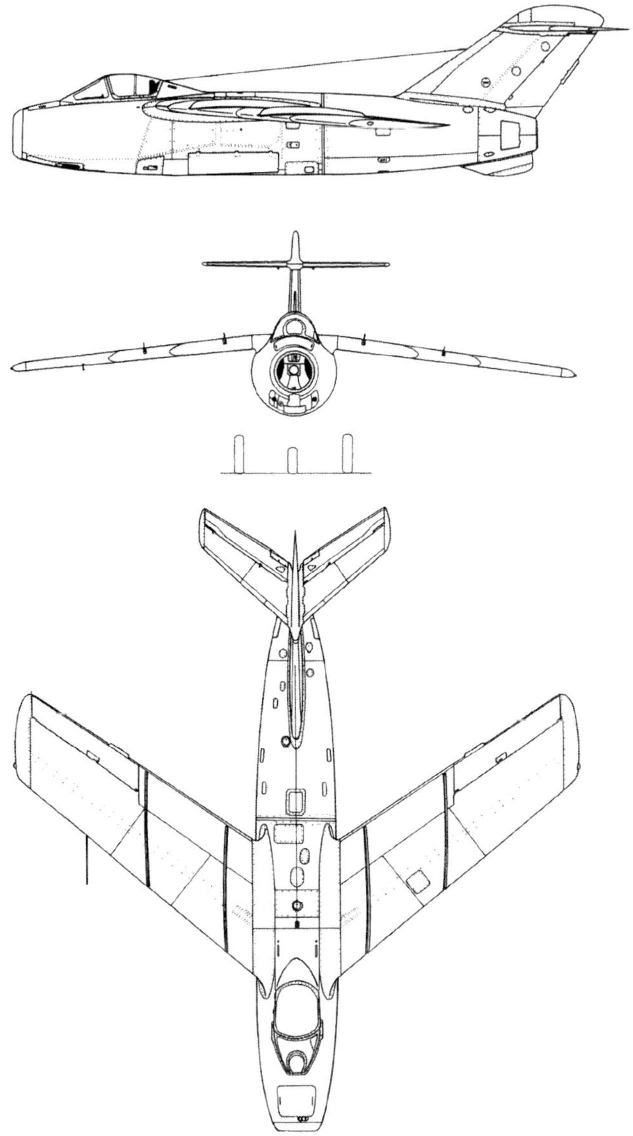

Lawotschkin La-15 (Ugolok Neba)

Um dem Winterwetter auszuweichen, fand die Flugerprobung auf dem Flugplatz Saki (Krim) statt. Im August 1948 stand zu dem das Klimow WK-1 (2.690 kp) zur Verfügung. Bei den Testflügen erreichte der junge Werkspilot Oleg Sokolowski (1916-1949) am 26. Dezember 1948 erstmals in der Sowjetunion die Schallgrenze. Nach einem leichten Bahnneigungsflug ging er in die Horizontale über und konnte den Spitzenwert M 1,03 für zwei Minuten in einer Höhe von 5.500 m halten. Dabei blieb das Flugzeug stabil und gut ansprechbar. Von Dezember 1948 bis Januar 1949 erreichten beide Testpiloten sechs Mal Schallgeschwindigkeit.

Der ehrgeizige Versuch, dies mit der MiG-17 zu wiederholen, endete am 17. März 1950 mit einem totalen Fiasko. Unter star-

1948 erreichte die La-168 (Antrieb Nene) 1.000 km/h, parallel wurde die La-174 gebaut (Derwent), nach deren Absturz führte die La-174D (Dubler) zur La-15.

ken Vibrationen wurde das Flugzeug förmlich zerrissen, der Testpilot Iwan Iwaschtschenko (1905-1950) kam ums Leben, er schaffte es nicht mal, einen Funkspruch abzusetzen. Nach diesem Unglück brach Jakowlew ähnliche Versuche mit der Jak-50 sofort ab. Regulär (als Serienmaschine) konnte erst die MiG-19 (SM-2) am 27. Juni 1953 die Schallmauer durchbrechen, also mehr als 4 Jahre später – eine ganze Epoche bei der Entwicklung neuer Jagdflugzeuge.

Aber auch die 176 ging verloren, am 3. Februar 1949. Sokolowski hatte die Kabinenhaube nicht richtig verriegelt und als er dies beim Start nachholen wollte, drehte sich die Maschine plötzlich auf den Rücken und stürzte ab, Sokolowski starb.

Auch die La-176 (mit dem RD-45F) ging verloren, der erste sowjetische Mach-1-Jäger, zwar durch einen Pilotenfehler, aber es hieß: „Schon wieder ist eine La abgestürzt".

Iljuschin Il-20 /-40 /-102

Eine konstruktive Herausforderung bei einmotorigen Schlachtflugzeugen und Sturzkampfbombern ist die gute Sicht des Piloten nach vorn bzw. nach vorn unten auf das anvisierte Ziel. Bis zur Il-16 hielt Iljuschin am Konzept der Il-2 fest, verwendete ein neues trapezförmiges Tragwerk und baute den Mikulin AM-43NW mit einer Startleistung von 2.300 PS ein. Da der Motor nicht verfügbar war, wurde das Thema im August 1946 gestoppt. Als Nachfolgemodell schlug Iljuschin Anfang 1947 ein ganz neues und interessantes Projekt vor. Hierbei sollte der Pilot nicht mehr hinter dem Triebwerk sitzen, sondern auf dem Triebwerk (siehe Blackburn R-1, 1922). Durchaus einleuchtend, und so wurden am 12. Juni 1948 zwei Prototypen mit unterschiedlicher Bewaffnung bestellt. Die Vorderseite der Kanzel bestand aus einer langen Windschutzscheibe mit einer Dicke von 100 mm und einem Winkel von 70 °. Hinter dem Cockpit befanden sich Öl- und Benzintanks, dann folgte die Kabine für den Heckschützen, der eine ferngesteuerte Zwillings-MK 23-mm bediente. Die Besatzung, der Motor, die Kraftstoffversorgungs- und Schmiersysteme sowie das Kühlsystem wurden durch eine gepanzerte Zelle (10-15 mm) geschützt, Gewicht 1.840 kg. Die Dicke des Panzerglases betrug 65 bis 110 mm.

Die offensive Bewaffnung des ersten Prototyps bestand aus vier 23-mm-MK im Tragwerk, die normale Bombenlast (extern

Flugzeugtyp:	**Il-20**
Verwendungszweck:	Schlachtflugzeug
Antrieb:	1 x Mikulin AM-47F Zwölfzylinder-V-Motor mit 3.000 PS (2.206 kW)
Besatzung:	2
Länge:	12,59 m
Spannweite:	17,00 m
Höhe:	4,15 m
Flügelfläche:	44,00 m²
Leermasse:	7.535 kg
Startmasse:	9.400 kg
max. Geschwindigkeit:	515 km/h
prakt. Gipfelhöhe:	7.750 m
Reichweite:	950 km
Bewaffnung:	6 x 23-mm-MK NS-23, 400 kg Bomben
Erstflug:	20. November 1948
Auflage:	1

Nach der Il-10 (Auflage 6.166) entstand die Il-20 (Erstflug 20. November 1948) mit einem 3.000-PS-Motor, es wurde nur ein Prototyp gebaut.

Am 7. März 1953 flog erstmals die Il-40, zwei Prototypen wurden gebaut (Mikulin AM-5F bzw. Tumanski RD-9W), kein Serienauftrag.

unter dem Tragwerk) betrug 400 kg, Überlast 700 kg. Der zweite Prototyp sollte eine 45-mm-MK in der rechten Flügelwurzel und zwei 23-mm-MK im Tragwerk erhalten. Abwehrbewaffnung nach hinten eine MK NS-23. Die Werktests begannen mit dem Erstflug (Wladimir Kokkinaki) am 20. November 1948. Die Ergebnisse waren für die Luftstreitkräfte enttäuschend, d.h. man hatte einen Leistungssprung erwartet und nicht nur eine gute Sicht nach vorn. Aber die Il-20 erreichte nur eine ma-

Durch die gepanzerte Zelle (10-15 mm) waren Arbeiten am Motor kompliziert, da halfen auch die zahlreichen Wartungsklappen nicht.

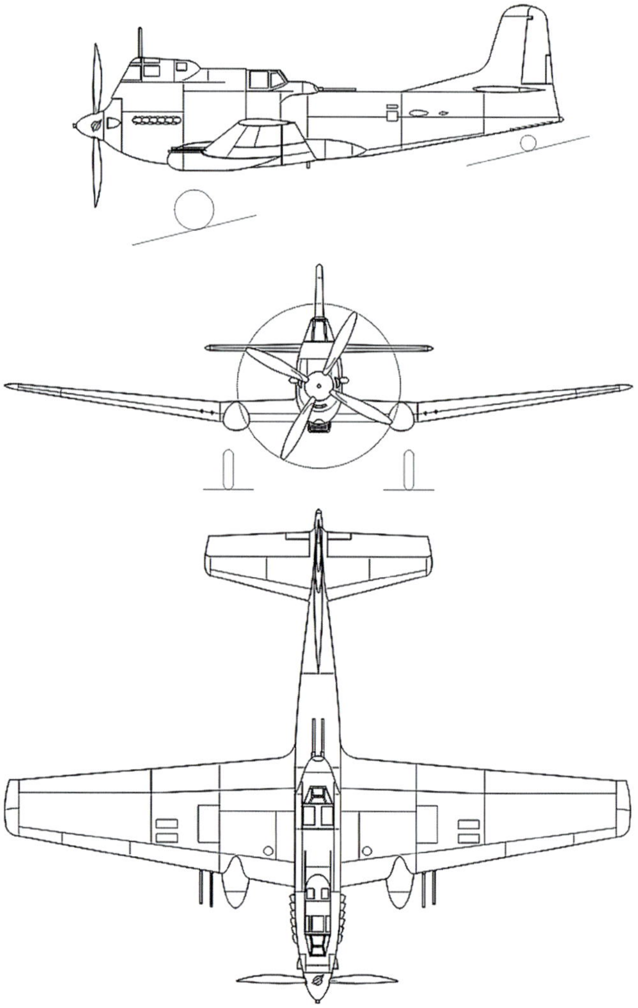

Iljuschin Il-20 (Dr. Péter Kaboldy)

ximale Geschwindigkeit von 515 km/h (in 2.800 m) und war der Il-10, die noch in Serie gebaut wurde, auch in der Bewaffnung nicht deutlich überlegen. Durch den hohen Aufbau des Rumpfes verschlechterten sich die Flugeigenschaften, und im hohen Drehzahlbereich kam es zu Vibrationen der ganzen Zelle. So wurde nur ein Prototyp gebaut und das Programm am 14. Mai 1949 eingestellt.

Mittlerweile hatte auch das Zeitalter des TL-Antriebs begonnen. Obwohl sich das OKB Iljuschin zu dieser Zeit einen guten Ruf erworben hatte mit dem Bau von leichten Bombenflugzeugen und Passagiermaschinen setzte Iljuschin weiter auf das Thema Schlachtflugzeuge. Aber weder die Il-40 (Erstflug 7. März 1953) noch die später daraus abgeleitete Il-102 (Erstflug 25. September 1982), in direkter Konkurrenz zur leichten Su-25 (Leermasse: 9.500 bzw. 13.000 kg) schafften den Sprung in den Massenbau.

Sergej Iljuschin mit seinem langjährigen Cheftestpilot Wladimir Kokkinaki.

Die Weiterentwicklung Il-102 (Erstflug 25. September 1982) wurde als veraltet eingeschätzt und hatte gegen die wesentlich leichtere Su-25 keine Chance (Foto: Petr Nesmerak).

Alexejew I-211 /-215 /-155

Semjon Alexejew (1909-1993), nicht zu verwechseln mit Rostislaw Alexejew (Tragflügelboote, Ekranoplane – siehe „Kaspisches Seemonster") war ein vielseitig begabter Flugzeugkonstrukteur. Seine Laufbahn begann als frisch gebackener Ingenieur 1937 bei Tupolew, 1940 ging er zu Lawotschkin und wurde 1943 (nach dem Weggang von Pjotr Gruschin) der erste stellvertretende Chefdesigner, siehe La-5 und La-150. Die Wege der beiden Männer trennten sich, und Alexejew übernahm in Gorki 1947 sein eigenes Konstruktionsbüro Nr. 21. Sein Ziel war die Schaffung eines Abfangjägers mit großer Reichweite (deutlich über der MiG-15 / 1.240 km) und starker Bewaffnung mit drei MKs. Alexejew übernahm in Gorki dasselbe Büro und denselben Schreibtisch, hinter dem Lawotschkin während des Krieges gearbeitet hatte. Er dachte an ein zweistrahliges Flugzeug im Unterschallbereich, als Ganzmetallkonstruktion mit Trapezflügeln. Offen war der Antrieb. Die deutschen Triebwerke (BMW 003 und Jumo 004) waren zu schwach, die englischen Turbinen Derwent und Nene kamen erst Ende 1947. So sah sich Alexejew nach einer dritten Variante um, angeboten von Archip Ljulka (1908-1984). Er war ein Zeitgenosse von Hans Joachim Pabst von Ohain (1911-1998) und der Schöpfer der ersten sowjetischen Turbine. Sei-

Flugzeugtyp:	**I-215**
Verwendungszweck:	Jagdflugzeug
Antrieb:	1 x Klimow RD-500 (Derwent) mit 1.590 kp (15,6 kN)
Besatzung:	1
Länge:	11,54 m
Spannweite:	12,25 m
Höhe:	3,68 m
Flügelfläche:	25,00 m²
Leermasse:	4.010 kg
Startmasse:	6.890 kg
max. Geschwindigkeit:	970 km/h
prakt. Gipfelhöhe:	12.000 m
Reichweite:	1.700 km
Bewaffnung:	3 x 37-mm-MK NS-37
Erstflug:	18. April 1948
Auflage:	1

Semjon Alexejew kam aus dem OKB Lawotschkin und übernahm 1947 ein eigenes Büro mit dem Ziel, einen Nachtjäger im Allwettereinsatz zu entwickeln, hier I-211.

Im Oktober 1948 wurde Alexejew Chefkonstrukteur der deutschen Ingenieure in der Sowjetunion (Baade u.a.), mit der I-155 sollte das Tandemfahrwerks für die 150 erprobt werden, Erstflug 6. Juni 1950 mit Ludwig Hoffmann (Messerschmitt).

ne Konstruktion RTD-1 stammt aus dem Jahr 1937 (500 kp), und bemerkenswert war das TR-1 aus dem Jahr 1946 (8-stufiger Axialströmungskompressor, 1.290 kp). Dieses Triebwerk wurde ausgewählt. Damit stand Alexejew aber in direkter Konkurrenz zur Su-11 von Suchoi, die am 3. August 1947 bereits an der Luftparade über Tuschino teilnahm. Am 5. September 1947 startete die I-211 zu ihrem Erstflug, am Steuer Alexander Popow (1914-1986), Testpilot im Werk 21, der fast alle sowjetischen Jagdflugzeuge erprobte – von der LaGG-3, MiG-15 bis zur Jak-15. Die Testflüge mit der I-211 erbrachten durchweg gute Noten, Referenzmodell war die Gloster Meteor (5. März 1943) bezogen auf Geschwindigkeit, Reichweite und Gipfelhöhe. Allerdings erreichte die Neukonstruktion TR-1 die Serienreife nicht, nur 45 Exemplare wurden gebaut. Damit war das Projekt gescheitert.

Aber Mitte 1948 gaben die sowjetischen Luftstreitkräfte ein Pflichtenheft heraus für einen Nachtjäger im Allwettereinsatz. Alexejew reichte sein Projekt I-212 ein, ausgelegt als Doppelsitzer (Pilot und Radaroffizier). Als Antrieb wählte er das Klimow RD-45F (2.260 kp, Nene-Nachbau), als Radaranlage das „Torij“. Bewaffnung mit einer NS-37 (75 Patronen) und zwei NS-23 (100 Patronen). Die I-212 wurde zwar gebaut, kam aber über Rollversuche nicht hinaus.

Letztes Muster in dieser Reihe wurde die I-215, angetrieben von zwei Derwent-Triebwerken (Nachbau als Klimow RD-500, 1.590 kp). Die Bewaffnung sollte verstärkt werden auf drei MK Nudelmann-Suranow NS-37 (je 30 Patronen), alternativ zwei NS-57 (je 35 Schuss). Anfang April 1948 war der Umbau abgeschlossen, Erstflug am 18. April, am Steuer wieder Alexander Popow. Bis zum 20. Juni folgten zahlreiche Testflüge: maximale Steiggeschwindigkeit von 3 Minuten auf 5.000 m, in Bodennähe wurden 970 km/h erflogen. Das Flugzeug lag sicher in der Hand, die neuen Bremsklappen funktionierten vorzüglich. Am 23. Juni wurde die 215 zum Schießstand des LII überführt, um die Bewaffnung zu erproben. Den Abschlussbericht der Werkserprobung unterschrieb Alexejew am 15. August 1948 und erwartete die staatliche Abnahme, die dann allerdings nicht erfolgte. Vorrang in der sowjetischen Luftrüstung hatten die MiG-15 und die La-15, das Büro von Semjon Alexejew wurde geschlossen. Vielleicht auch, weil man ihn schon für eine andere Aufgabe vorgesehen hatte. Am 10. Juli 1948 hatte Brunolf Baade (siehe 140 nachfolgend), der mit seinen Mitarbeitern im Versuchswerk Nr. 1 in Podberesje mit den Themen EF 126, EF 131 und 132 sowie der 346 beschäftigt war, einen Brief direkt an Stalin geschrieben: „Unser Kollektiv, welches Ihre Aufmerksamkeit und Hilfe genoss, erlebt jetzt die schwersten Zeiten, die man sich nur irgendwie vorstellen kann, verlor seine Arbeit und den Beruf ...“ Hintergrund war, dass das Wissen der deutschen Ingenieure abgeschöpft schien, die Gehälter auf das sowjetische Niveau abgesenkt werden und eine Verteilung auf verschiedene OKBs erfolgen sollte. Baade und Heinz Roessing (ehemaliger Siebel-Chefkonstrukteur) schlugen deshalb vor, die Gruppe zusammenzuhalten und baten um einen „qualifizierten russischen Chefkonstrukteur.“ Im Oktober 1948 wurde Semjon Alexejew zum Chef des OKB-1 berufen und die Arbeiten konnten fortgesetzt werden. „Alexejew gelang es in kürzester Zeit, Barrieren und Hemmnisse zwischen Deutschen und der russischer Umgebung niederzureißen“, aus: Brunolf Baade und die Luftfahrtindustrie der DDR / Reinhard Müller 2010).

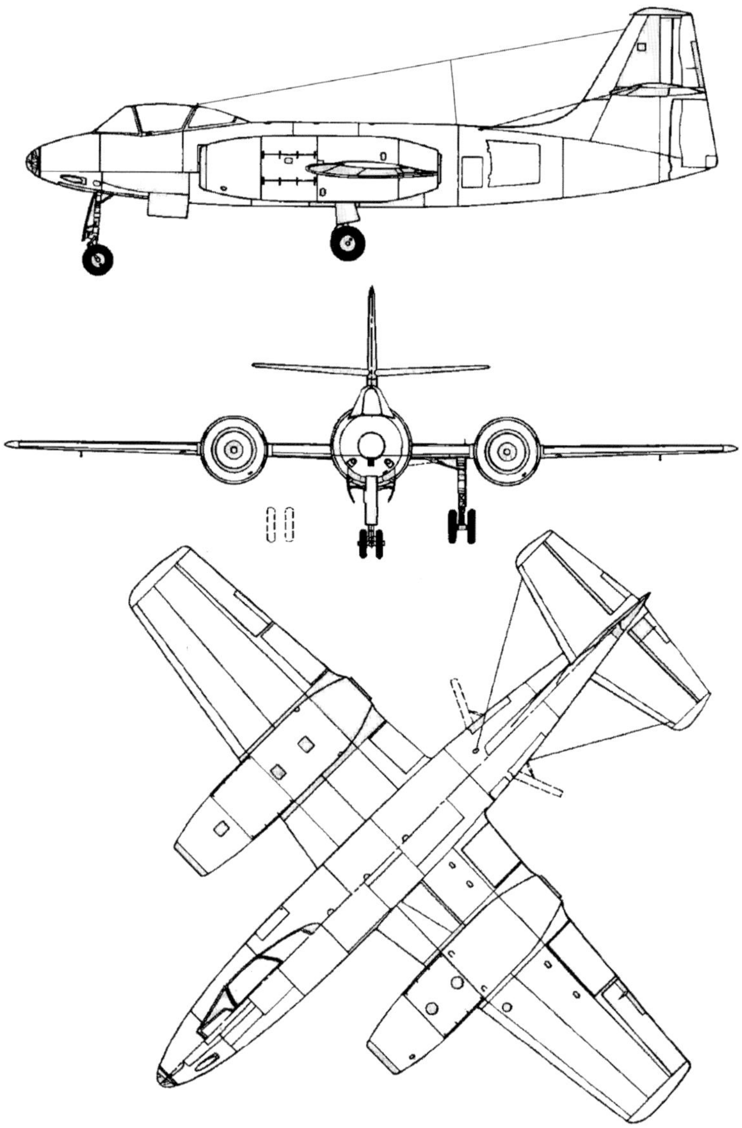

Alexejew I-211 (Ugolok Neba)

Die I-215 (Erstflug 18. April 1948) wurde im NII in Tschkalowski ausgiebig getestet, in Serie ging ab 1953 die Jak-25 (Auflage: 483).

Tupolew Tu-12 (Tu-77)

Die Tu-12 mit zwei Turbinen des Typs Klimow WK-1 war „nur" eine umgebaute der Tu-8, intern wurde sie 77 genannt, versehen mit der Aufschrift Tu-10. Damit die heißen Abgase nicht den Flugplatz beschädigten, erhielt sie ein einziehbares Fahrwerk mit Bugrad, das Hauptfahrwerk wurde von den Triebwerksgondeln aufgenommen. Tupolew hatte bereits im Sommer 1946 den Umbau mit seinem Projekt 73 geplant, allerdings standen ihm da nur die Nachbauten der deutschen Turbinen (als RD-10 und RD-20) zur Verfügung, deren Leistung sich als zu schwach erwies. Erst als Ende 1946 die Rolls-Royce-Triebwerke „Nene" und „Derwent" zur Verfügung standen, nahm das Projekt Fahrt auf, und am 24. Mai 1947 stellte Tupolew ein Modell dem Ministerium für Luftfahrtindustrie (MAP) vor. Es erging der Auftrag, bis zum September einen Prototyp zu schaffen, und der Umbau ging im Versuchswerk des OKB-156 zügig voran. Der TL-Bomber sollte nur die nötigsten Änderungen erhalten, um eine Ablösung des Serienbaus der Tu-2S in Chimki zu erleichtern. Wie schon bei der Tu-8 erhielt der Navigator/Funker seinen Platz im Bug (1 x NS-23), allerdings wurde der Rumpfrücken jetzt bis zum oberen Gefechtsstand durchgezogen, die beiden Heckschützen behielten ihre rückwärtige Position bei (2 x UBT nach oben und unten). Im Vergleich zum Serienmuster wurde die Flugnavigations- und Funkausrüstung

Flugzeugtyp:	**Tu-12**
Verwendungszweck:	Bombenflugzeug
Antrieb:	2 x Klimow RD-45F (Nene 2) mit 2.260 kp (22,26 kN)
Besatzung:	4
Länge:	16,45 m
Spannweite:	18,86 m
Höhe:	4,55 m
Flügelfläche:	48,80 m²
Leermasse:	8.993 kg
Startmasse:	14.700 kg
max. Geschwindigkeit:	783 km/h
prakt. Gipfelhöhe:	11.300 m
Reichweite:	2.200 km
Bewaffnung:	1 x 23-mm-MK NS-23, 2 x 12,7-mm-MG UBT, 3.000 kg Bomben
Erstflug:	27. Juli 1947
Auflage:	5

Die Tu-12 (Erstflug 27. Juli 1947) mit zwei Klimow RD-45F (Nene 2) sollte nahtlos an den Massenbau der Tu-2S in Chimki anschließen, nur 5 Exemplare wurden gebaut.

Andrej Tupolew war von seiner Tu-12 begeistert: Nun, wir haben soeben erlebt, dass ein Flugzeug auch ohne Propeller fliegen kann (Foto via Rudolf Höfling).

Der Umbau der Tu-8 zur Tu-12 erfolgte in Tupolews Werk Nr. 156, beachte im Hintergrund die Rümpfe einer Tu-2 und der EF 131.

aktualisiert (Fernkompass PDK-44, automatischer Funkkompass ARK-4, Höhenfunkstation RW-2). Die Kraftstofftanks (überwiegend im Tragwerk) konnten maximal 5.233 l aufnehmen. Der Erstflug fand am 27. Juli 1947 statt, Testpilot war (mit dem schönen Namen) Alexej Pereljot (auf dt. Überflug). Er wurde 1914 in der Region Poltawa geboren und kam 1943 als Testpilot zu Tupolew. Er absolvierte am 12. November 1952 den Erstflug der Tu-95 und stürzte im Rahmen der Erprobung mit dem Prototyp am 11. Mai 1953 ab.
Tupolew war vom Erstflug seiner Tu-12 begeistert: „Nun, wir haben soeben erlebt, dass ein Flugzeug auch ohne Propeller fliegen kann." Und er war sicher stolz, dass sein neuer Bomber am „Tag der Luftflotte" am 9. August 1947 präsentiert werden konnte, neben den ersten drei Serienflugzeugen der Tu-4 (Nachbau der Boeing B-29) und dem daraus abgeleiteten Passagierflugzeug Tu-70.
Die Flugerprobung im NII in Tschkalowski verlief zufriedenstellend. Gegenüber dem Ausgangsmuster konnte die maximale Geschwindigkeit um 250 km/h erhöht werden, aber die Eigenschaften bei Start und Landung hatten sich deutlich verschlechtert. Ein sinnvoller Einsatz wurde besonders durch das Fehlen von Druckkabine und Heizung begrenzt, auch gab es keine Enteisungsvorrichtungen (das betraf alle Tu-2-Muster). Fazit am 31. Mai 1947: „Für den Serienbau ungeeignet, fünf Maschinen sollten aber gebaut werden für die Flugerprobung neuer Antriebe im NII." Gemeint war der Nachbau des Nene und von Staustrahltriebwerken (z.B. PWRD-550). Interessant ist, dass mit der Tu-12 auch „Luftkämpfe" mit der MiG-9 und der Jak-23 simuliert wurden.

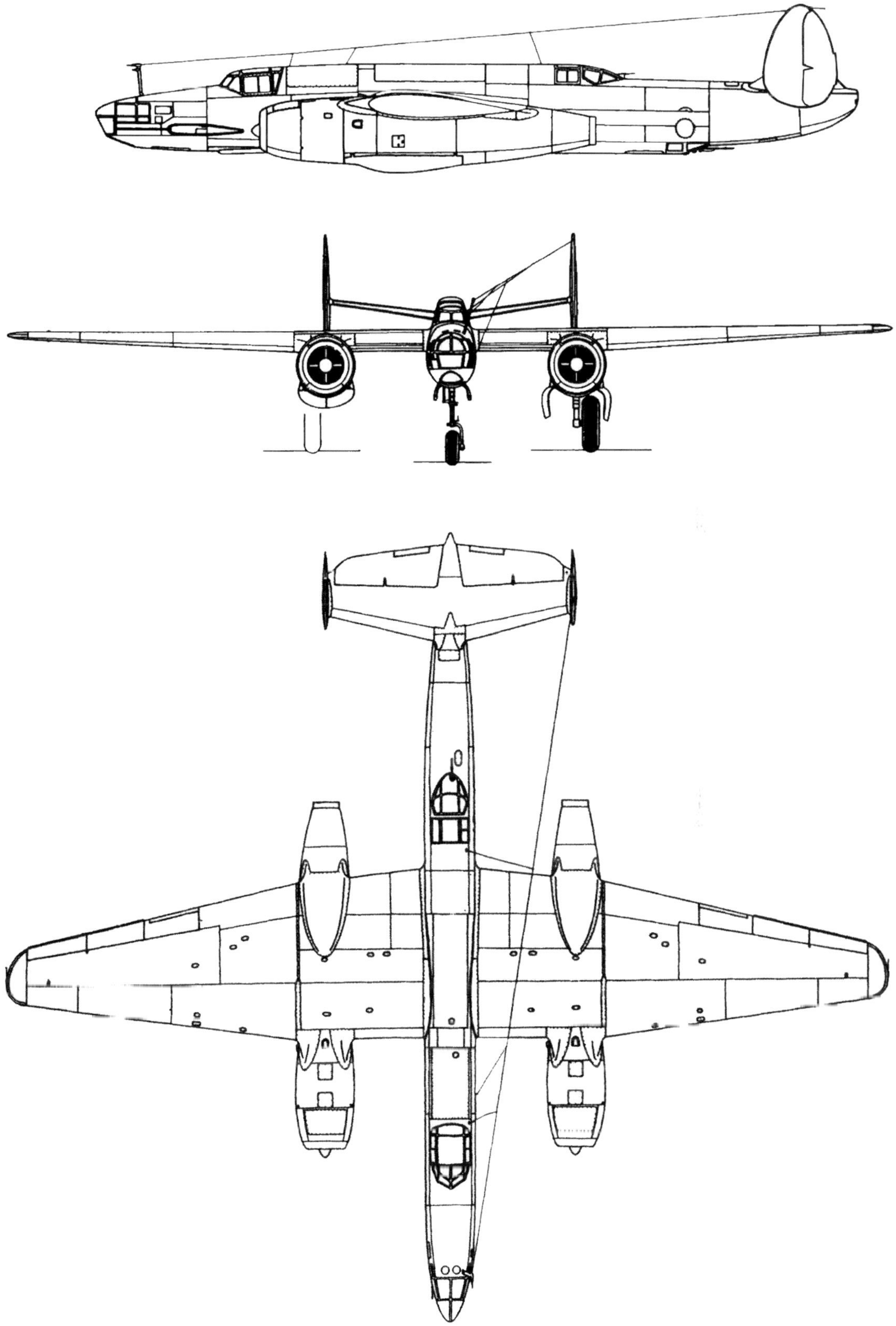

Tupolew Tu-12 (Ugolok Neba)

Tupolew Tu-14 (Tu-81)

Flugzeugtyp:	Tu-14T
Verwendungszweck:	Bombenflugzeug
Antrieb:	2 x Klimow WK-1 mit 2.690 kp (26,38 kN)
Besatzung:	3
Länge:	21,95 m
Spannweite:	21,67 m
Höhe:	5,69 m
Flügelfläche:	67,36 m²
Leermasse:	14.930 kg
Startmasse:	20.930 kg
max. Geschwindigkeit:	845 km/h
prakt. Gipfelhöhe:	11.500 m
Reichweite:	2.950 km
Bewaffnung:	4 x 23-mm-MK NR-23, 2 x Torpedos RAT-52 bzw. 2.000 kg Bomben
Erstflug:	13. Oktober 1949
Auflage:	147

Ende 1947 trat der Bau von mittleren Bombern in der Sowjetunion auf der Stelle. Auch Tupolew verhielt sich überraschend konservativ. Sein neues Angebot (73) sollte mit einer Geschwindigkeit von 850 km/h, Reichweite 3.000 km und 3.000 kg Bombenlast überzeugen. Da dafür der Schub von zwei Triebwerken Nene (RD-45F, 2.260 kp) nicht ausreichte, platzierte er im Heck noch ein Derwent (RD-500, 1.590 kp). Erstflug am 29. Dezember 1947 mit Fjodor Opatschi (1907-1996). Im Zweiten Weltkrieg absolvierte er 32 Einsätze auf der DB-3 von Iljuschin und der Pe-2 von Petjlakow. Von 1946 bis 1951 war er Testpilot bei Tupolew, danach bis 1957 bei Mjassischtschew. Der Erstflug verlief erfolgreich, allerdings ohne Bewaffnung, die zudem durch das dritte Triebwerk eingeschränkt war. Am 12. August 1948 gelang es Opatschi in 7.000 m 920 km/h zu erreichen, aber die Prüfungskommission war wenig beeindruckt: zu geringe Reichweite, keine Panzerung der Besatzung nach unten, keine Enteisung, zwei verschiedene Motorentypen. Aber inzwischen hatte Wladimir Klimow das Nene zum WK-1 weiterentwickelt mit 2.690 kp. Und so ging die Tu-81 endlich als zweistrahliger Bomber an den Start, Erstflug 13. Oktober 1949. In der Folge lieferte sich Tupolew einen erbitterten Wettstreit mit der Il-28 (Erstflug 8. Juli 1948) von Iljuschin. Das war ein perfekter Entwurf mit demselben Antrieb, auch mit Trapezflügeln, aber ein gelungenes Paket (Größe, Bewaffnung, Flugleistungen) – 6.945 Maschinen wurden gebaut – siehe dort. Tupolew kämpfte verbissen um seine Tu-14, in erster Linie mit Blick auf die technische Ausstattung (Druckkabine für alle drei Besatzungsmitglieder, neues optisches Zielvisier, vergrößerter Bombenschacht). Von Oktober 1950 bis Januar 1951 fanden zahlreiche Testflüge im LII in Schukowski statt. Aber eigentlich gab es keinen Bedarf an diesem Bomber. In

Die Tu-73 (hier der erste Prototyp mit der Aufschrift Tu-14) wurde noch angetrieben von drei Triebwerken, zwei „Nene" und dazu ein „Derwent" im Heck, Erstflug 29. Dezember 1947.

Gegen die Il-28 (Auflage 6.945) hatte die Tu-14 keine Chance, aber die Marine bestellte 147 Maschinen als Torpedobomber für jeweils zwei Torpedos 45-36-A.

seiner Not wandte sich Tupolew an die Marine, um die Tu-14 als Torpedobomber anzubieten. Nun, es gab 1951 schon eine beachtliche Wertschätzung für den Namen Tupolew beim Militär, und so stellte man fest, dass es „derzeit keinen modernen Torpedobomber" gab und bestellte das Flugzeug (mit vergrößertem Bombenschacht). Keine gewaltige Armada, aber immerhin wurden bis 1953 im Werk 125 in Irkutsk 147 Flugzeuge als Tu-14T gebaut. In der Regel erfolgte der Einsatz in den Regimentern gemischt, d.h. zwei Staffeln Tu-14T und zwei Staffeln Il-28.

Die Tu-14 war nicht der große Wurf, den sich Tupolew gewünscht hatte. Zudem machte das voluminöse Seitenleitwerk, das nicht verändert wurde nach dem Ausbau des dritten Triebwerks, Starts und Landungen bei Seitenwind schwierig. Generell waren Start- und Landestrecke zu lang. Für eine Verbesserung erhielt das Muster einen Bremsschirm und konnte mit 4 Starthilfsraketen PSR-1500 unter dem Tragwerk bestückt werden. Die internen Treibstofftanks hatten eine Kapazität von 10.300 l. Neu und für spätere Tupolew-Bomber typisch wurde der hermetische Arbeitsplatz für den Schützen im Heck, ausgestattet mit einer Zwillingskanone NR-23 (2 x 350 Patronen). Rechts und links am Bug befand sich jeweils ein starr eingebautes NR-23 (je 85 Patronen). Besatzung: Pilot, Funker/Navigator/Schütze, Heckschütze.

Es war nicht besonders schwierig, das Flugzeug zu steuern, aber die Piloten mussten dabei präzise und koordinierte Bewegungen der Ruder ausführen, besonders in Höhen ab 8.000 m. Sechs Maschinen gingen im Einsatz verloren. Im Sommer 1954 wurde eine Maschine der 49. Pazifischen Luftflotte versehentlich von Pilot Pawel Byschew (MiG-15bis des 535. Jagdfliegeregimentes) abgeschossen, da er sie für eine ähnlich ausgelegte „Canberra" (English Electric, Erstflug 13. Mai 1949) gehalten hatte. Der Tu-14T verblieb nur eine kurze Einsatzzeit, denn sie wurde schon nach wenigen Jahren von der genialen Tu-16 ersetzt.

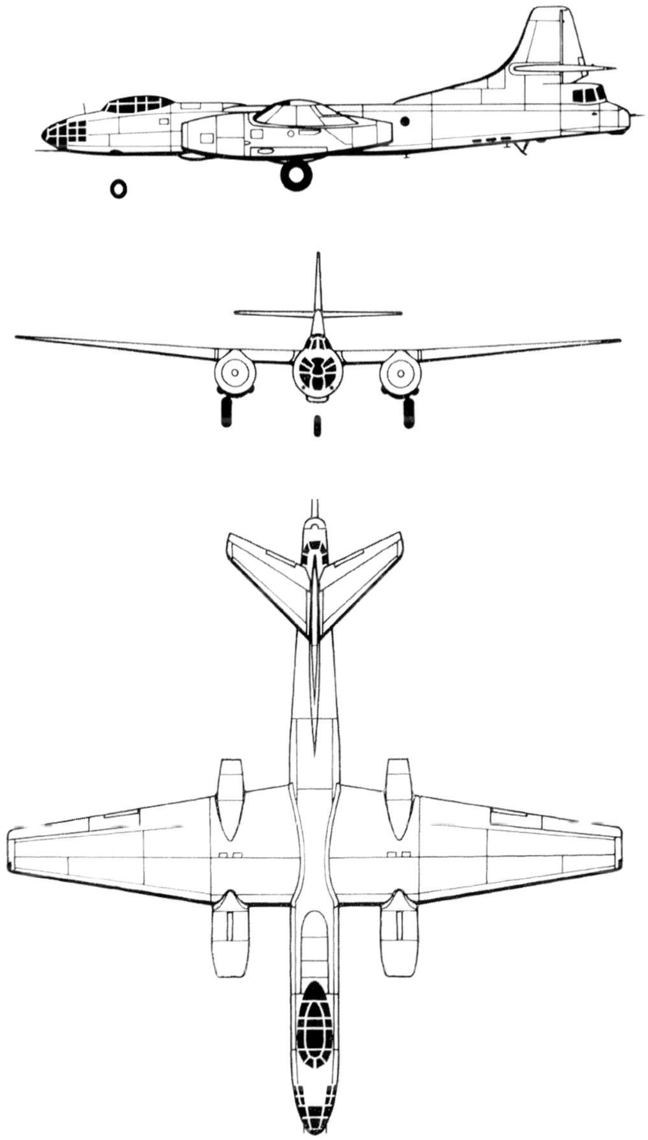

Tupolew Tu-14 (Ugolok Neba)

Iljuschin Il-22 /-28 /-30 /-46 /-54

Flugzeugtyp:	Il-28
Verwendungszweck:	Frontbomber
Antrieb:	Antrieb: 2 x Klimow WK-1 mit 2.690 kp (26,38 kN)
Besatzung:	3
Länge:	17,65 m
Spannweite:	21,45 m
Höhe:	6,70 m
Flügelfläche:	60,80 m^2
Leermasse:	12.890 kg
Startmasse:	18.400 kg
max. Geschwindigkeit:	906 km/h
prakt. Gipfelhöhe:	12.500 m
Reichweite:	2.150 km
Bewaffnung:	4 x 23-mm-MK NR-23, 1.200 kg Bomben
Erstflug:	8. Juli 1948
Auflage:	6.945

Ähnlich wie Tupolew ging es auch Sergej Iljuschin nach dem Zweiten Weltkrieg darum, sich mit dem neuen Turbinenantrieb vertraut zu machen. Während der eine die Tu-8 neu motorisierte (siehe Tu-12), griff Iljuschin das Projekt Heinkel He 343 aus dem Jahr 1944 auf, allerdings in größerer Auslegung mit vier Ljulka TR-1 (1.290 kp). Am 24. Juli 1947 kam die Il-22 erstmals in die Luft und Testpilot Wladimir Kokkinaki stellte ein gutes Zeugnis aus: „Das Flugzeug ist leicht zu fliegen, und die Ruder sind äußerst gehorsam“. In der Flugerprobung wurden 718 km/h erflogen, allerdings entsprach die Reichweite von 865 km nicht den Erwartungen. Bei seinem zweiten Anlauf stand Iljuschin das WK-1 von Klimow schon zur Verfügung und er legte einen genialen Entwurf vor, offizielle Bezeichnung Frontbomber. Abgesehen von seinen zivilen Flugzeugen kann die Il-28 mit Sicherheit als seine beste Konstruktion bezeichnet werden. Für die Flüge im Unterschallbereich wurde ein Trapezflügel mit gerader Vorderkante geschaffen, die dreiköpfige Besatzung saß im Bug (Navigator, Bugschütze), im tropfenförmigen Cockpit (Pilot) und im Heck (Heckschütze). Abwehrbewaffnung: zwei MG NR-23 seitlich des Bugs mit je 100 Patronen, Zwillings-MG NR-23 (2 x 225 Patronen) im Heck, als Bombenlast waren maximal 3.000 kg zulässig. Der freitragende Schulterdecker war eine Ganzmetallkonstruktion, das Leitwerk war gepfeilt. Der Kraftstoffvorrat betrug 8.000 l, Gewicht der Panzerung 454 kg (Tanks und Pilot).

Überraschend ist die Geschwindigkeit, mit der Iluschin vorankam. Am 12. Januar 1948 wurde sein Projekt von den Luftstreitkräften akzeptiert und bereits am 8. Juli startete Kokkinaki den ersten Flug. Die erreichten Flugdaten entsprachen den Erwartungen, die Fluglage war stabil. Besonders gelobt wur-

Die TL-Bomber der ersten Generation litten generell unter zu schwachen Triebwerken, hier die Il-22 mit vier Ljulka TR-1 (1.290 kp), Erstflug 24. Juli 1947 (Foto via Gennadi Petrow).

Il-30 (1949, kein Erstflug), geplant als Nachfolger der Il-28, 35 ° gepfeiltes Tragwerk, zwei Ljulka TR-3 (4.640 kp).

Il-54 (Erstflug 2. April 1955), Mach-1-Bomber, Flügelpfeilung 55 ° und zwei Triebwerke Ljulka AL-7 (6.500 kp).

Il-46 (Erstflug 15. August 1952), geometrische Vergrößerung der Il-28 mit Trapezflügeln und zwei Ljulka AL-5 (4.600 kp).

Die DDR erwarb sieben unbewaffnete Il-28 als Zieldarstellungsflugzeuge und eine 28U mit umgestaltetem Bug für die Schulung.

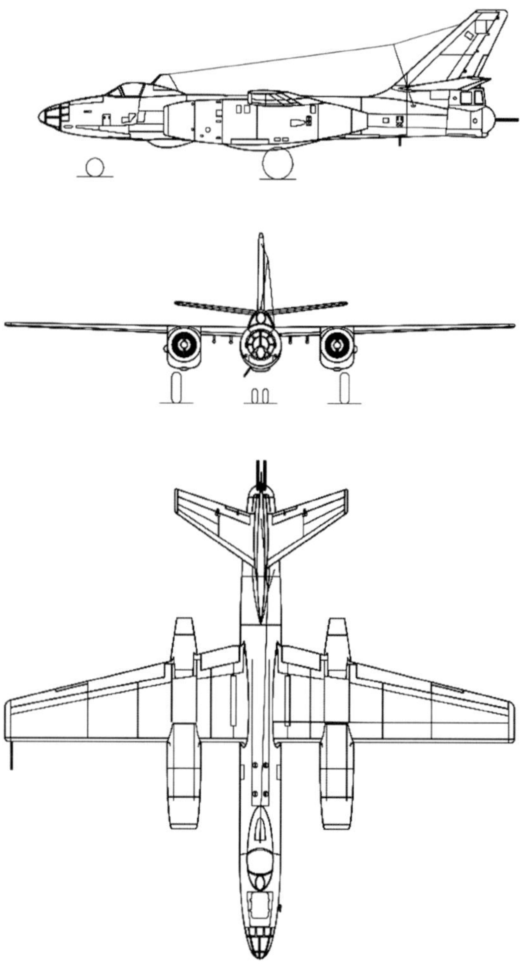

Iljuschin Il-28 (Dr. Péter Kaboldy)

de, dass auch nach dem Ausfall eines Triebwerks der Horizontalflug fortgesetzt werden konnte. Die maximale Geschwindigkeit in 5.000 m betrug 833 km/h. Die Werkserprobung wurde im Februar 1949 erfolgreich abgeschlossen. Aber die Entscheidung für den Serienbau zog sich in die Länge, denn Tupolew setzte alles daran, seine Tu-14 zu platzieren. Das NII hatte er auf seiner Seite, auch den neuen Verteidigungsminister Nikolai Bulganin (1895-1975), und so blieb Iljuschin nichts anderes übrig, als sich an Stalin direkt zu wenden. Der hörte sich bei einem Treffen am 12. Mai 1949 die Argumente aller Seiten an und entschied sich dann für die Il-28, auch weil sie leichter zu bauen und billiger war. Schon zwei Tage später erging der Regierungsbeschluss für den Massenbau in den Werken 30 in Moskau, 64 in Woronesch und 166 in Omsk. Iljuschin hatte gesiegt. Aufgrund der einfachen Struktur gewann die Produktion schnell an Fahrt, 100 Flugzeuge pro Monat, Gesamtauflage 6.945. Bei den Fliegerkräften kam die Il-28 sehr gut an, wobei für die Umschulung eine zweisitzige Il-28U eingesetzt wurde. Weitere Versionen waren die R (Aufklärer), T (Torpedo) und die unbewaffnete P für die Schulung von Piloten der Aeroflot. China wurde die Lizenzproduktion gestattet (siehe Harbin H-5), Exporte gingen an zahlreiche Staaten, u.a. Algerien, Ägypten, Finnland, Indonesien, Irak, Pakistan. Die DDR kaufte zwei unbewaffnete Il-28R als Erprobungsträger für das neue Triebwerk Pirna 014 für die 152 von Brunolf Baade, DM-ZZI und DM-ZZK (Flüge ab 11. September 1959). Nach Einstellung des Flugzeugbaus in der DDR 1961 wurden sie an die NVA übergeben. Darüber hinaus benutzte die NVA sieben unbewaffnete Il-28 als Zieldarstellungsflugzeuge und eine 28U für die Schulung.

Schon Anfang 1949 begann im OKB Iljuschin die Weiterent-

Zwei Il-28R (DM-ZZI und DM-ZZK) dienten ab September 1959 als Erprobungsträger für das DDR-Triebwerk Pirna 014 für den Passagierjet Baade 152 (Foto via Klaus-Hermann Mewes, Flugversuchsingenieur Pirna 014).

wicklung der Il-28, dazu erhielt der dritte Prototyp ein neues um 35 ° gepfeiltes Tragwerk. Das Projekt erhielt später den Namen Il-30, als Triebwerk wurde das Ljulka TR-3 (4.640 kp) ausgewählt. Der Bau der Il-30 wurde im Sommer 1949 abgeschlossen (erstes Tandemfahrwerk in der Sowjetunion), und man begann mit den Rolltests, die sich als problematisch erwiesen – ein Erstflug erfolgte nicht. Auch bei den beiden nächsten militärischen Projekten blieb Iljuschin erfolglos. Durch geometrische Vergrößerung der Il-28 entstand 1951 die Il-46 als Bombenflugzeug (Erstflug 15. August 1952): Länge 27 m, Spannweite 30 m. Diese konservative Konfiguration war bestellt worden (ein Prototyp) für den Fall, dass sich die Tu-16 als Fehlschlag erweisen sollte. Letztlich ließ Iljuschin ab Februar 1953 aus der Il-30 die elegante Il-54 ableiten, mit den Vorgaben: 1.300 km/h, 2.500 km Reichweite, 3.000 kg Bombenlast. Das Layout sah eine Flügelpfeilung von 55 ° vor, zwei Triebwerke Ljulka AL-7 (6.500 kp), Tandemfahrwerk, Startmasse 38.000 kg – im November 1953 wurden zwei Prototypen bestellt, Erstflug am 2. April 1955. Aber inzwischen hatten die Luftstreitkräfte ihre Meinung geändert. Der Trend ging weg von Freifallbomben hin zu Lenkwaffen, die von bedeutend kleineren Trägern transportiert werden konnten. Man musste lange auf einen geeigneten Entwurf warten, und dann erfüllte die Jak-28 (Erstflug 5. März 1958, Auflage 1.157) die Aufgabe als Jagdbomber eher schlecht als recht.

Sergej Iljuschin starb am 10. Februar 1977 kurz vor seinem 83. Geburtstag, erfolgreich waren seine Kampfflugzeuge Il-2 (Auflage 36.163), Il-10 (6.166) und Il-28 (6.945), wesentlich bekannter wurde sein Name aber durch die zivilen Konstruktionen Il-14, Il-18, Il-62, Il-86 und den Transporter Il-76. Im Jahr 1967 erhielt er den Titel Generalkonstrukteur im flugtechnischen Dienst, drei Mal den höchsten sowjetischen Orden „Held der sozialistischen Arbeit“ (1941, 1957, 1974). Ab 1948 war er zudem Professor an der Schukowski-Akademie, an der er ab 1921 studiert hatte.

Tupolew Tu-16 (Tu-88)

Tupolew hatte akzeptiert, dass er sich in Zukunft mit Sergej Iljuschin messen musste. Die Il-28 war perfekt, daran war nicht zu rütteln – oder doch? In großer Eile ließ Tupolew in seinem Werk ein Flugzeug fertigen, das in Auslegung und Größe der Il-28 ähnlich war, auch der Antrieb (WK-1) war gleich – aber es hatte ein gepfeiltes Tragwerk (35 °). Erstflug am 24. März 1949 als Tu-82 mit Alexej Pereljot. Alles passierte Hals über Kopf, denn schon zum „Tag der Luftflotte" im August wollte Tupolew seinen neuen Frontjäger, er erhielt die Aufschrift Tu-22, unbedingt präsentieren. Bei der Erprobung wenige Tage davor kam es bei einem Tiefflug über Moskau zu einem Motorschaden und dem Piloten gelang es nur mit Mühe, den Flugplatz des LII am Stadtrand zu erreichen. Die Empörung über diesen riskanten Flug war groß und Tupolew zog das Muster zurück. Später teilte er mit, es habe sich nur um ein verkleinertes, fliegendes Modell eines zukünftigen Bombers gehandelt. In der Tat lag Tupolews Hauptaugenmerk auf diesem Thema, geplant als strategischer, mittelschwerer Bomber – Ersatz für die Tu-4. Der Entwurf bestach durch seine elegante Linienführung und vor allem das Tragwerk. Es gibt nicht wenige Historiker (u.a. Holger Lorenz), die eine Anleihe bei der EF 132 vermuten, zudem arbeiteten Brunolf Baade und Andrej Tupolew Ende der 1940er Jahre gelegentlich zusammen. Wie dem auch sei. Auffallend ist die Nutzung der Flächenregel (bei den Arbeiten an der Ju 287 im Jahr 1944 entdeckt und patentiert) und die damit verbundene „Wespentaille", Rumpfeinschnürung im Bereich der Flügel.

Das nächste konstruktive Problem war der Antrieb, d.h. die Anordnung der Triebwerke. Mit dem Mikulin AM-3 lockte das damals stärkste TL-Triebwerk der Welt mit 9.500 kp, aber es war nicht erprobt und hatte ein Trockengewicht von 3.200 kg,

Flugzeugtyp:	**Tu-16A**
Verwendungszweck:	Strategisches Bombenflugzeug
Antrieb:	2 x Mikulin AM-3 mit 9.500 kp (93,2 kN)
Besatzung:	6
Länge:	34,80 m
Spannweite:	32,99 m
Höhe:	10,36 m
Flügelfläche:	164,65 m^2
Leermasse:	37.200 kg
Startmasse:	72.000 kg
max. Geschwindigkeit:	985 km/h
prakt. Gipfelhöhe:	12.300 m
Reichweite:	5.950 km
Bewaffnung:	3 x 23-mm-Zwillings-MK AM-23, 1 x MK AM-23, 6.000 kg Bomben
Erstflug:	27. April 1952
Auflage:	1.509

Durchmesser von 1,40 m. Es gab zahlreiche Entwürfe in der Arbeitsgruppe des jungen Ingenieurs Georgi Tscheremuchin (1921-2009). Der Legende nach war es dann Tupolew selbst, der die Positionierung der Triebwerke direkt am Rumpf bestimmte. Die Luftstreitkräfte hatten schon 1947 nach einem neuen Bombenflugzeug gerufen: Geschwindigkeit 900 km/h, Bombenlast 6.000 kg, Einsatzradius 3.000 km. Die Konzeption

Erbost über den unerwarteten Erfolg der Il-28 stellte Tupolew die Tu-82 vor, von der aber nur ein Prototyp gebaut wurde, Erstflug 24. März 1949 (Foto via Gennadi Petrow).

Die Tu-16 während der Flugerprobung 1952, im Hintergrund vier Tu-4, diverse MiGs, eine Il-12, zwei Il-28 und ganz rechts das Passagierflugzeug Tu-70.

war im März 1949 abgeschlossen und es wurde ein Mock-up gebaut, interne Bezeichnung 86. Mitten in die Arbeiten platzte der erste Test der sowjetischen Atombombe RDS-1 (Nachbau „Fat Man") am 29. August 1949 in Semipalatinsk. Damit war klar, dass der Bombenschacht der 86 an die Maße dieser Bombe angepasst werden musste, Gewicht zirka 5.000 kg. Am Tankvolumen konnte nur bedingt geschraubt werden (maximal 26.000 l), und so brachte die Erhöhung der Pfeilung von 35 auf 40,5 ° beim Projekt 88 den gewünschten Fortschritt, Arbeitsgruppe Sergej Jeger (1914-1987). Hinzu kamen die für spätere Tupolew-Flugzeuge typischen tropfenförmigen Fahrwerksgondeln für das Hauptfahrwerk.
Mit Blick auf Iljuschin (Il-46) hatte diesmal Tupolew die Nase vorn, und in der Tat kann man die Tu-16 zur zweitbesten Konstruktion seines OKBs zählen, ganz knapp hinter der Tu-95. Zwei Flugzeuge, die eine einzigartige Schöpfung darstellten und weltweit bewundert wurden.
Am 10. Juni 1950 erging der Regierungsbeschluss, zwei Prototypen der 88 (Tu-16) zu bauen, Beginn der Flugerprobung Dezember 1951. Der Termin konnte nicht ganz gehalten werden, aber am 27. April 1952 erhob sich die Tu-16 erstmals, Testpilot Nikolai Rybko (1911-1977). Er war Ingenieur und Testpilot im LII und kam 1951 zu Tupolew. Überraschend bestand der erste Prototyp (88-1) die Staatsprüfung nicht (mangelnde Abwehrbewaffnung, zu hohes Leergewicht), Fortsetzung mit der 88-2, d.h. im OKB wurde die Losung ausgegeben: „Kampf um das Gewicht." Am Ende wurde eine Reduzierung von 40 t auf 37 t erreicht, und am 6. April 1953 flog der zweite Prototyp. Prädikat: Bestanden. Entscheidung am 28. Mai: Massenbau. Der Auftrag ging an das Flugzeugwerk Nr. 22 in Kasan, betreut und „überwacht" von Josif Neswal (1898-1987), abgestellt vom OKB für diese wichtige Aufgabe, da er sich schon beim Bau der ANT-6, Tu-4 und Pe-8 bewährt hatte.
Das erste Serienflugzeug erschien am 29. Oktober 1953 und im Folgejahr konnten weitere 70 Maschinen abgeliefert wer-

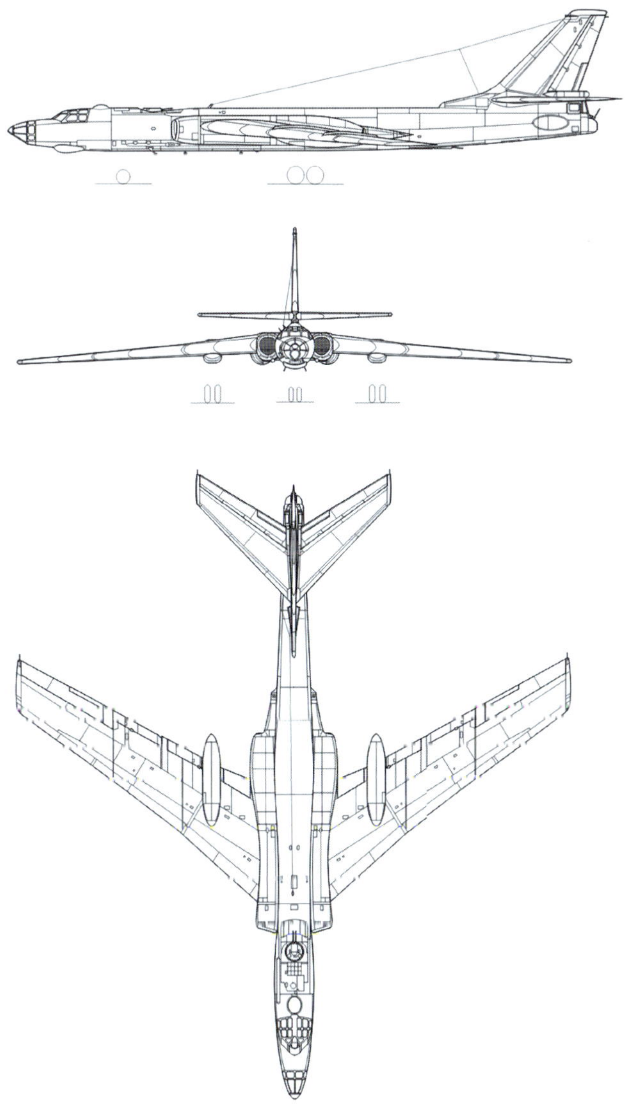

Tupolew Tu-16 (Dr. Péter Kaboldy)

23 Tu-16K-10 wurden für die Seeüberwachung umgerüstet (als RM-1), konnten aber weiter zwei Mikojan K-10S-Flugkörper mitführen.

den. Um den Ausstoß zu erhöhen, wurden zwei Werke in die Massenfertigung einbezogen, Kuibyschew und Woronesch – insgesamt waren hunderte Betriebe als Zulieferer beteiligt. Als direkte Abwehrbewaffnung standen der sechsköpfigen Besatzung zur Verfügung: Im Heck eine Zwillings-MK AM-23 (Afanasjew-Makarow, je 200 Patronen), zwei weitere (ferngesteuerte) Lafetten befanden sich hinter dem Cockpit und am unteren Rumpf, eine einzelne AM-23 befand sich auf der rechten Seite des Bugs.

Der Serienbau erfolgte bis 1963 und in Summe wurden 1.509 Flugzeuge gebaut. Es würde den Rahmen dieser kurzen Übersicht sprengen, alle Versionen (über 40) hier aufzulisten. Ganz kurz möchte ich die Version A nennen (Atombomber), die T (Torpedobomber), die R (Aufklärer), die S (maritimes Such- und Rettungsflugzeug) und G, die zu Schulungszwecken der Aeroflot übergeben wurden. Zudem hatten die drei Fertigungswerke in zehn Jahren aktiv an der Modernisierung der Tu-16 mitgewirkt. Bis 1993 erfüllte dieses bemerkenswerte Flugzeug seinen Dienst in den Streitkräften (Russland, Ägypten, Ukraine, Indonesien, Irak) – zur Bewaffnung zählten intern und an Pylonen Luft-Boden-Lenkflugkörper, Torpedos, ungelenkte und gelenkte Bomben. Die chinesische Lizenz/Weiterentwicklung, siehe Xian H-6K, ist noch heute im Einsatz. Nicht zu vergessen dabei die zivile Ableitung Tu-104 (Erstflug 17. Juni 1955, Auflage 201 Flugzeuge + 3 vom Typ Tu-110), die das Ende der Baade 152 einläutete.

Die aktuelle chinesische Version Xian H-6K mit neuer Avionik, neuem Triebwerk, ohne Bombenschacht (dafür vergrößerte Treibstofftanks) und mit sechs Pylonen (Foto: Alert5).

140

Der Friedensvertrag von Versailles (10. Januar 1920) beinhaltete auch ein Bauverbot für militärische Flugzeuge in Deutschland, worauf Junkers im Jahr 1922 in Fili bei Moskau den Zweigbetrieb „Junkers-Werke Dessau, Zentrale Russland" gründete (Ju 20, Ju 21, Ju 13), was dem sowjetischen Flugzeugbau neue Impulse gab. Das Junkers-Stammwerk in Dessau fiel dann am 21. April 1945 zunächst in die Hand amerikanischer Truppen. Dort, im Werk Dora und in Gernrode (Haus Hagental) wurde das Spitzenpersonal interniert und das komplette Betriebsvermögen konfisziert: Prototypen, Modelle und Konstruktionsunterlagen. Als die sowjetische Armee entsprechend den Vereinbarungen der Konferenz von Jalta (4. bis 11. Februar 1945) am 2. Juli 1945 in Dessau einrückte, war das Junkerswerk fast leer. Entgegen alliierten Vereinbarungen wurde in Dessau die Arbeit deshalb wieder aufgenommen – mit den verbliebenen Unterlagen und der „zweiten Garnitur", aber sehr guten Ingenieuren, die neue Ideen im Kopf hatten. Chef der Konstruktionsabteilung wurde Brunolf Baade (1904-1969), Haupttypenleiter Ju 288 und Ju 287. Baade gelang es, einen großen Teil der verstreuten Ingenieure wieder im Werk zu versammeln. Ihre Aufgabe war die Fortsetzung der Arbeit an der EF 126, sowie den Bombern EF 131 und 132. Natürlich blieben den Amerikanern die Aktivitäten in Dessau nicht verborgen. Im Juli 1946 wurde Baade durch die sowjetische Militärverwaltung gebeten, eine Liste der Mitarbeiter zu erstellen, die unbedingt für die Fortsetzung der Projekte notwendig wären, wegen der Lohnkosten, wie man ihm sagte. Am 22. Oktober 1946 wurde Dessau von der Außenwelt abgeschlossen (Zufahrtswege, Telefon) und am Bahnhof standen Züge bereit. 800 Junkers-Mitarbeiter wurden aufgefordert, in die Sowjet-

Flugzeugtyp:	**140**
Verwendungszweck:	Bombenflugzeug
Antrieb:	2 x Mikulin AM-01 mit 3.569 kp (35 kN)
Besatzung:	4
Länge:	19,36 m
Spannweite:	19,40 m
Höhe:	5,70 m
Flügelfläche:	58,40 m²
Leermasse:	12.500 kg
Startmasse:	24.200 kg
max. Geschwindigkeit:	905 km/h
prakt. Gipfelhöhe:	12.500 m
Reichweite:	2.400 km
Bewaffnung:	2 Waffentürme mit 2 x NS-23, 4.500 kg Bomben
Erstflug:	30. September 1948
Auflage:	2

Aus der EF 131 wurde die 140 abgeleitet, Erstflug mit zwei Mikulin AM-TRDK-01 am 30. September 1948, Testpilot Paul Jülge (Foto via Holger Lorenz).

union umzusiedeln, einschließlich ihrer Familien (200 Kinder). Jede Familie erhielt ein Abteil und ausreichend Stauraum für die Möbel, auch Klaviere wurden transportiert. Analog hat man 1.200 Spezialisten aus anderen Werken (Arado, Siebel, BMW, Askania, Heinkel) erfasst und abtransportiert. Unter anderem Heinz Roessing (Siebel, siehe DFS 346) und Siegfried Günter (Heinkel). Ziel: Podberesje („Unter den Birken“, heute Ortsteil von Dubna) am „Moskauer Meer“, 120 km nördlich von Moskau. Kurz erwähnen möchte ich auch die Raketeningenieure (A4) Helmut Gröttrup und Werner Albring. Die Triebwerksspezialisten um Ferdinand Brandner (1903-1986) wurden in Kuibyschew konzentriert und schufen dort das berühmte NK-12 (Tu-95 und An-22). Siehe auch: Dieter Scheller „Abenteuer Podberesje: Als Sohn eines Flugzeugkonstrukteurs in Russland“ (2019). In der ZEIT Nr. 46 (Verschleppt bei Nacht und Nebel, 1956) fand ich einen aufschlussreichen Artikel: „Wenn die Deutschen arbeiten können, vergessen sie alle anderen Schmerzen, sagte der sowjetische Direktor (Wladimir Abramow, Werk Nr. 1 – W.B.) zu seinen Kollegen, als die ersten Waggons mit Werkzeugmaschinen, Zeichentischen und halbfertigen Flugzeugen entladen wurden und die Ingenieure mit großem Eifer darangingen, ihre Konstruktionssäle und die Werkzeughallen einzurichten. Baade fand seine gesamten Unterlagen so vor, wie er sie in Dessau verlassen musste, und er konnte mit Begeisterung an die Verwirklichung seines Zieles gehen und die Ju 287 weiterentwickeln.“

Die 287 V1 (Erstflug am 8. August 1944 auf dem Flugplatz Waldpolenz in Brandis bei Leipzig, Siegfried Holzbaur) war noch ein reines Testflugzeug (vier Strahltriebwerke Jumo 004 B-1, 910 kp) – technischer Direktor Heinrich Hertel, Typenleiter Brunolf Baade. Wesentliches Merkmal der Konstruktion war die negative Pfeilung des Tragwerks. Als Schritt zu einem Kampflugzeug sollte die V3 mit dem Rumpf der Ju 288 versehen werden, als Antrieb waren zwei Triebwerke aus dem Hause Junkers (Jumo 012A) mit je 2.750 kp geplant. Da diese 1944 nicht zur Verfügung standen, wurde das Projekt zunächst mit sechs zu Drillingen zusammengefassten BMW 003 E-2 (923 kp) unter dem Tragwerk fortgesetzt, Bezeichnung EF 131, die Arbeiten wurden im September 1944 eingestellt, dann aber in den Jahren 1945/46 in Dessau wieder aufgenommen. Die Rollerprobung fand ab dem 12. August 1946 statt, danach wurde der Prototyp demontiert und in die Sowjetunion ver-

Am 15. März 1949 flog die 140 erstmals mit zwei Nene-2-Triebwerken (RD-45F mit 2.260 kp), die aber für diese Auslegung zu schwach waren, Testpilot Wolfgang Ziese.

bracht. Die endgültige Rekonstruktion in Podberesje war Mitte 1947 abgeschlossen. Der Werkskomplex erhielt bis Jahresende auch mechanische Versuchswerkstätten, Labore für statische Erprobungen, einen Windkanal bis Mach 1, Prüfstände für Flüssigkeitstriebwerke – allerdings keinen Flugplatz.

Aber schon Mitte 1947 gab es konkrete Forderungen des Ministeriums für Luftfahrtindustrie (MAP) an den Werkdirektor Abramow und Chefkonstrukteur Baade (OKB-1): Noch 1947 sollte die Flugerprobung der EF 126 und der EF 131 (mit sechs RD-10, 892 kp) begonnen werden, um beide Muster am „Tag der Luftflotte“ am 18. August vorzufliegen. Bis September 1948 erwartete man den Bau von zwei Prototypen der EF 132. Diese Ziele konnten nur teilweise erreicht werden, da die Lebens- und Arbeitsbedingungen nicht den Anforderungen entsprachen. Kurz zur 346. Sie wurde zunächst (wie in Deutschland) im Schlepp hinter einer Ju 88 erprobt. Am 14. September 1951 erfolgte der dritte Start der 346-III in 9.300 Metern (Trägerflugzeug B-29) mit beiden Triebwerken. Nach dem Absturz der Maschine (Testpilot Wolfgang Ziese konnte sich retten), wurde das Projekt eingestellt. Mit den beiden Prototypen der EF 126 (V-3 und V-5) konnten im Jahr 1947 nur zwölf Flüge absolviert werden, das Programm wurde am 21. Juni 1948 beendet.

Auch das Projekt EF 131 kam nur langsam voran, da die Festigkeitsuntersuchung des Rumpfes im ZAGI negativ ausfiel. Die Bearbeitung dauerte zwei Monate, dann standen zwei Prototypen zur Verfügung – Erstflug am 23. Mai 1947. Der Flug dauerte 15 Minuten. Testpilot Paul Jülge gab danach eine positive Bewertung ab. Der Prototyp hob bei einer Startmasse von 17.000 kg mit 250 km/h problemlos ab, ließ sich sicher pilotieren, die maximale Geschwindigkeit in 1.400 m betrug 350 km/h. Bei der Landung brach ein Bolzen am linken Fahrwerk, was zur Beschädigung eines Triebwerks führte. Nach der Reparatur erfolgte am 31. Juli 1947 der zweite Start, 30 Minuten. Testbericht: „Das Flugzeug ist gut steuerbar und im Fluge stabil. In allen Flugzuständen traten keinerlei Vibrationen auf, ebenso fehlten Flattererscheinungen.“ (Zitiert aus: Deutsche Spuren in der sowjetischen Luftfahrtgeschichte, Dimitri Sobolow, E.S. Mittler & Sohn, 2010). Da die EF 131 am 18. August nicht präsentiert werden konnte, verlor Werksdirektor Abramow seinen Posten, und der neue Minister für Luftfahrtindustrie Michail Chrunitschew (1901-1961) versuchte, die Projekte zu forcieren. Aber das Gegenteil trat ein. Ende 1947 wurde den deutschen Ingenieuren der Zutritt zum LII untersagt, mit dem Verweis auf andere „geheime“ Flugversuche. Über den Winter standen die EF 131 und EF 126 im Schnee, und beide Programme wurden dann 1948 eingestellt. Besonders verheerend war diese „Rolle rückwärts“ für die EF 132, dem seinerzeit wohl modernsten Bombenflugzeug der Welt (mit sechs Triebwerken). Wesentliche Bauteile und Aggregate waren bereits fertiggestellt, aber es gab keine sinnvolle Koordinierung

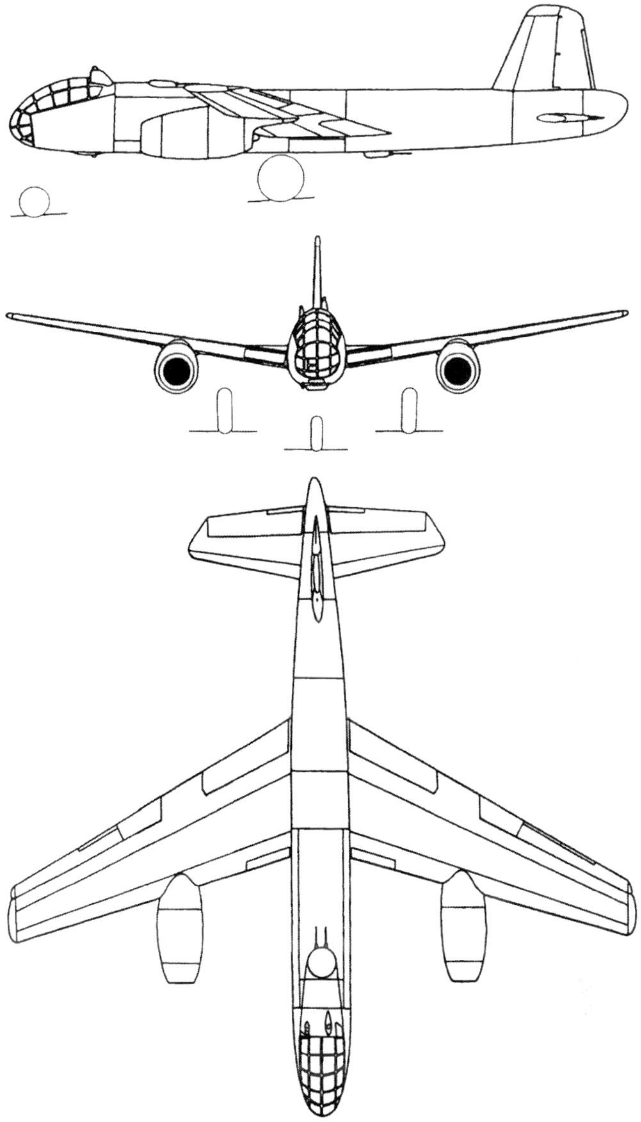

140 (Ugolok Neba)

der Arbeiten. Das aerodynamische Konzept und die Konstruktionsunterlagen flossen jedoch in die Entwicklung der Tu-16 (Erstflug 27. April 1952) und der Mjassischtschew M-4 (Erstflug 20. Januar 1953) ein. Beide Muster zeigten einen überraschenden Leistungssprung. Einige Historiker gehen davon aus, dass dies ohne die EF 132 nicht möglich gewesen wäre (siehe Holger Lorenz, Kennzeichen Junkers, 2005).

Aus den Unterlagen geht hervor, dass das Ministerium für Luftfahrtindustrie zu der Auffassung gekommen war, eine weitere Zusammenarbeit mit den deutschen Ingenieuren sei entbehrlich und die Deutschen sollten auf verschiedene OKBs verteilt werden. Erst die Intervention durch Baade und Roessing führte zu einem Umdenken, d.h. im Oktober 1948 wurde Semjon

Die 140R war ein Angebot als Aufklärungsflugzeug mit zwei Zusatztanks an den Flügelenden (die zu unerwarteten Vibrationen führten) und dem WK-1 (2.690 kp), Erstflug 12. Oktober 1949.

Alexejew zum Chef des OKB-1 berufen, siehe I-215. Er verhinderte die Auflösung des Büros, bezog 50 junge sowjetische Ingenieure in das Kollektiv ein und setzte die Fortsetzung der Arbeiten an der EF 131 durch, als Samolot 140. Entscheidend dabei war die Lösung des Triebwerksproblems, geplanter Antrieb durch zwei Mikulin AM-TRDK-01 (3.569 kp). Die Bewaffnung wurde verstärkt mit zwei Zwillings-MK. Auf der linken Seite der Kabine saß der Pilot, rechts saß der Navigator und Bombenschütze. Hinter den beiden saßen rückwärtsgewandt der Schütze des oberen bzw. des unteren Waffenturms. Für den Bau der 140 wurde die vorhandene 131 genutzt, was die Fertigstellung beschleunigte. Am 30. September 1948 erfolgte der Erstflug in Tjopy Stan durch Paul Jülge, 20 Minuten. Mikulin war selbst vor Ort, aber das Triebwerk erfüllte die Erwartungen nicht. Im niederen Drehzahlbereich wurde der erforderliche Schub nicht erreicht, in Volllastnähe (wie beim 2. Flug) kam es zum Triebwerksbrand. Mit dem AM-02 bot Mikulin eine Feuerlöscheinrichtung auf der Basis von Bromverbindungen an, die Testpiloten waren Paul Jülge und Igor Fjodorow. Die beteiligten deutschen Ingenieure vermuteten, dass die 140 lediglich als Erprobungsträger für das neue Triebwerk angesehen wurde, ein Massenbau war offenbar nicht geplant. Letztlich stand auch für die 140 nur das Nene 2 (RD-45F) zur Verfügung mit 2.260 kp, was die errechneten Flugdaten nicht ermöglichte. Der Erstflug dieser Konfiguration fand am 15. März 1949 statt, Testpilot Wolfgang Ziese. Deshalb entstand die Idee, aus der 140 ein Aufklärungsflugzeug (140R, geforderte Reichweite 3.600 km) abzuleiten, versehen mit zwei Zusatztanks an den Flügelenden (Spannweite 21.90 m) und dem WK-1 (2.690 kp), Erstflug am 12. Oktober 1949. Aber im Juli 1950 wurde das gesamte Projekt eingestellt. Zu bemerken ist abschließend, dass die sowjetischen Ingenieure von den deutschen Flugzeugen eine Vielzahl von Innovationen ableiten und nutzen konnten: Elektro- und Hydraulikanlagen, Funk- und Funkmessgeräte, ferngesteuerte Waffenstände, hermetische Kabinen, Autopilotanlagen, Rettungs-, Visier- und Fotoausrüstungen.

150

Zwar ergaben die Untersuchungen im ZAGI bzgl. der unerwarteten Vibrationen am Tragwerk der 140R, dass die Zusatztanks an den Flügelenden als Ursache bestimmt werden konnten, aber gleichzeitig wurde auch eine Abkehr vom negativ gepfeilten Tragwerk empfohlen. Dies führte direkt zur 150 (eigentlich EF 150), als die erste (und einzige) deutsche Neuentwicklung in der Sowjetunion. Ausgangpunkt war Baades Konzept RB-2. Die berechnete Startmasse lag bei 30.000 kg, als Antrieb wurde das TR-3 aus dem Hause Ljulka eingebaut. Der Einwellenturbojet mit einem siebenstufigen Axialverdichter (siehe Il-30) versprach 4.640 kp. Baade wollte das Mikulin AM-3 (9.500 kp) wählen (siehe Tu-16), aber Alexejew setzte sich kurzerhand mit dem kleineren und leichteren TR-3 darüber hinweg.

Das Projekt 150 wurde Anfang 1949 genehmigt: Besatzung Pilot, Copilot/Navigator, Bordschütze (in einer hermetischen und gepanzerten Kabine) und in einer Druckkabine im Heck der Heckschütze und Funker. Konstruktive Merkmale: Flügelpfeilung 35 °, hoch angesetztes Tragwerk, Tandemfahrwerk (das zuvor an der I-155 erprobt worden war) und T-Leitwerk. Leistungsforderung: 1.000 km/h und 2.000 bis maximal 6.000 kg Bombenlast im internen Schacht. Dazu noch ein Detail: Treibstoff wurde im Tragflügel positioniert, in Gummibehältern, was Jahre später der 152/I V1 zum Verhängnis werden sollte.

Die Montage des ersten Prototyps konnte nur verzögert abgeschlossen werden, da das beauftragte Flugzeugwerk Nr. 256 in Iwankow ungenügend auf diese Aufgabe vorbereitet war (parallel entstand ein zweiter Prototyp für die Festigkeitsprüfung). Erst am 5. Oktober 1952 konnte der Erstflug nach einem aufwendigen „Umzug" auf dem Flugplatz Luchowitzy (bei Zaraysk, 136 km südöstlich von Moskau) gestartet werden,

Flugzeugtyp:	**150**
Verwendungszweck:	Bombenflugzeug
Antrieb:	2 x Ljulka TR-3 mit 4.640 kp (45,5 kN)
Besatzung:	4
Länge:	26,70 m
Spannweite:	24,10 m
Höhe:	7,60 m
Flügelfläche:	115,00 m^2
Leermasse:	26.800 kg
Startmasse:	37.500 kg
max. Geschwindigkeit:	970 km/h
prakt. Gipfelhöhe:	12.500 m
Reichweite:	4.400 km
Bewaffnung:	2 x 23-mm-Zwillings-MK Sch, 1 x MK Sch, 2.500 kg Bomben
Erstflug:	5. Oktober 1952
Auflage:	1

Die 150 war die erste (und einzige) deutsche Neuentwicklung in der Sowjetunion, Erstflug 5. Oktober 1952, Testpilot Jakow Wernikow.

Bis zum Jahresende 1952 folgten acht weitere Testflüge der 150, die längste Flugdauer betrug fünf Stunden, Antrieb Ljulka TR-3 mit 4.640 kp.

Drei Schöpfer der 150 – und der 152 – am 26. August 1960 in Dresden-Klotzsche (Erstflug 152/II V4): v.l. Johannes Haseloff, Fritz Freytag und Brunolf Baade.

bis zum Jahresende folgten acht weitere Testflüge, Testpilot Jakow Wernikow (1920-1993). Er gehört zu der ersten Garde der sowjetischen Piloten. Im Zweiten Weltkrieg flog er 424 Einsätze (MiG-3, LaGG-3, Jak-9) und erzielte 15 Abschüsse. Von 1946 bis 1966 arbeitete er als Testpilot im LII, bis 1976 war er leitender Testpilot im OKB Iljuschin, danach noch 12 Jahre bei Jakowlew.

Die Konstruktionsdaten wurden überwiegend erreicht: Höchstgeschwindigkeit in Bodennähe 850 km/h, in 5.000 m maximal 970 km/h. Steiggeschwindigkeit auf 5.000 m in 5 Minuten, auf 10.000 m in 18 Minuten. Die Reichweite schwankte je nach Zuladung zwischen 1.500 und 4.500 km. Die längste Flugdauer betrug 5 Stunden. Die maximale Startmasse erreichte 47.000 kg. Beim 17. Testflug am 9. Mai 1953 kam es zu einer ernsthaften Havarie. Beim Landeanflug gegen die untergehende Sonne (Piloten wissen, was ich meine) verschätzte sich Wernikow, fing die Maschine zu früh ab, Strömungsabriss, der Prototyp krachte aus 10 m Höhe auf die Landebahn. Niemand wurde verletzt, aber das Fahrwerk und die Triebwerke waren stark beschädigt. Ein üblicher Unfall bei der Flugerprobung einer neuen Maschine, aber dieser 9. Mai 1953 brachte das Aus für die 150. Eine exzellente Konstruktion, für die es keine weitere Verwendung in der Sowjetunion gab – möglicherweise

wollte man kein „deutsches“ Flugzeug in den Massenbau geben. Für die Luftstreitkräfte wurden schließlich die Tu-16 ausgewählt (Erstflug 27. April 1952, Auflage 1.509).
Mit dem Ende der 150 war 1953 das „Wissen in den Köpfen“ der deutschen Ingenieure ausgereizt (abgeschirmt von internationalen Innovationen) und ihre Anwesenheit in der Sowjetunion entbehrlich, wenn nicht unerwünscht. Direkt nach der Rückkehr der Techniker nach Deutschland, schrittweise bis zum 5. Juli 1954, eröffnete sich ihnen eine neue Möglichkeit für die weitere Arbeit des Kollektivs. Es ist nicht auszuschließen, dass dieses Angebot gezielt unterbreitet wurde, um die kostbaren Experten an die DDR zu binden – bei noch offenen Zonengrenzen. Noch in der Sowjetunion wurde von Baade das Konzept für eine zivile Ableitung der 150 entworfen – die 152. Am Flugplatz Dresden-Klotzsche sollte nun ein gewaltiges Flugzeugwerk entstehen mit allen notwendigen Forschungseinrichtungen, einschließlich Windkanal. Im Oktober 1955 reiste eine Regierungsdelegation mit Brunolf Baade in die UdSSR und stellte dort dem Luftfahrtministerium die Projekte 152, 153, 154, 155 und 160 vor. Die sowjetische Regierung, Nikita Chruschtschow (1894-1971), zeigte Interesse, da man davon ausging, dass die heimischen Flugzeugwerke über Jahre mit der Produktion von neuen Bombern und Jägern ausgelastet wären. So begann in Dresden das hoffnungsvolle Aufbauwerk, auf Grundlage einer mündlichen (!) Zusage, dass die Sowjetunion 100 Muster der 152 abnimmt. 25.000 Arbeiter und Ingenieure (für Flugzeug, Ausrüstungen und Triebwerk) stürzten sich voller Eifer auf diese Aufgabe, oft wurde auch am Wochenende durchgearbeitet. Aber schon am 17. Juni 1955 demonstrierte Tupolew mit dem Erstflug der Tu-104 (auf der

Die Halle 222 in Dresden-Klotzsche am 24. Juni 1960: Serienbau der 152 als erster deutscher Passagierjet, vorn die V4, dahinter die V5 und die Nullserienmaschine 008 (Foto: Elbe Flugzeugwerke Dresden).

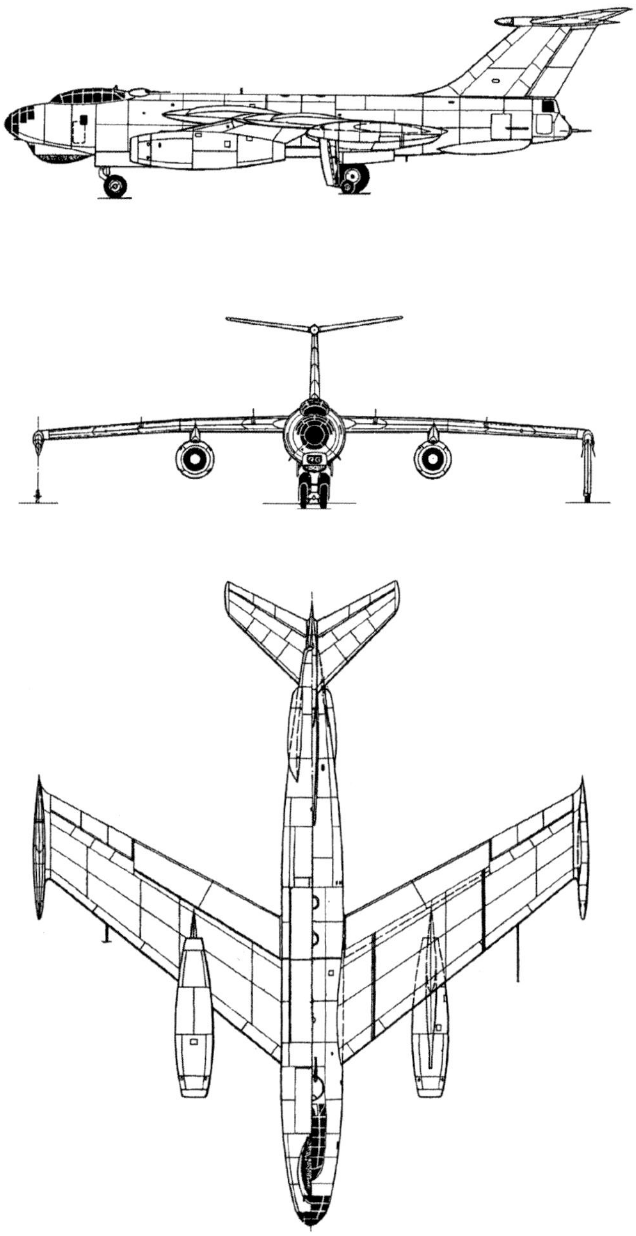

150 (Ugolok Neba)

Basis der Tu-16), dass er keineswegs „ausgelastet“ war. Nikita Chruschtschow, ab 1953 Parteichef der KPdSU, setzte auf neue ballistische Raketen (R-7) und hielt sich mit der Bestellung von Bombern zurück. Im Februar 1958 war dann sogar eine Tu-104A für eine Woche in Dresden, um von den deutschen Technikern und Piloten inspiziert werden zu können. Genau in dieser Woche nahm man gerade in der Halle 222 den ersten Rumpf der 152 (152/I V1) aus der Helling – Rollout am 30. April 1958.

Vielleicht war dieser sowjetische Besuch ja auch ein „Wink mit dem Zaunpfahl“, denn schon am 29. März 1960 erfolgte der Erstflug der kleineren, wirtschaftlicheren Tu-124. Indienststellung 1962, Auflage 165).

Damit war das Thema 152 durch. Baade hatte dieses Modell eigentlich nur als Zwischenschritt angesehen (geplanter Erstflug 1956), um sich dann den wirklich neuen und ökonomisch vertretbaren Projekten 153A und 155 (SP-22) zuzuwenden, Erstflüge 1964 bzw. 1965. Nun, das traurige Ende des DDR-Flugzeugbaus am 5. April 1961 ist bekannt, der Beschluss im Politbüro der SED war bereits am 28. Februar 1961 gefallen. Kein Auftrag aus der Sowjetunion, kein Erfolg in Osteuropa und Südamerika (dem traditionellen Absatzmarkt für Junkersflugzeuge) – d.h. weitere zwei Milliarden DDR-Mark wollte die Regierung nicht investieren für den Eigenbedarf an 30 Flugzeugen vom Typ 152. Was sicher ein Fehler war mit Blick auf die positive Ausstrahlung auf die gesamte Volkswirtschaft. Eine genaue Übersicht der wichtigsten Mitarbeiter an diesem Projekt bietet Holger Lorenz in seinem Buch zur 152. Hans Wocke (1908-1967) verließ bereits 1957 Dresden und heuerte bei HFB in Hamburg-Finkenwerder an, wurde Chefdesigner (HFB-314 und 320) und 1. Technischer Direktor der damaligen Deutschen Airbus GmbH. Fritz Freytag (1908-1975) wurde 1961 Hauptabteilungsleiter beim Weser-Flugzeugbau, ab 1965 Technischer Leiter Transall, 1968 Direktor bei VFW. Für Brunolf Baade schuf die DDR-Regierung 1961 das Institut für Leichtbau und ökonomische Verwendung von Werkstoffen, dessen Direktor er wurde, er starb mit nur 65 Jahren.

Jakowlew Jak-25 (1) /-30 (1) /-50 (1) /-140

Neue Hoffnung für Jakowlew nach dem Misserfolg der Jak-25 (1) und Jak-30 (1) gab es, als am 21. Februar 1949 der Ministerrat der Sowjetunion ein Pflichtenheft herausgab für ein modernes Jagdflugzeug: 1.235 km/h in 4.200 m (Mach 1), Steiggeschwindigkeit auf 10.000 m in 3,5 Minuten, Gipfelhöhe 15.000 m, Flugdauer 45 Minuten. Im OKB Jakowlew wurden die diesbezüglichen Berechnungen von Leonid Seljakow vorgenommen und dann eingereicht – es erfolgte der Auftrag zum Bau von zwei Prototypen (BN 20 und 35).

Allerdings lief ab September 1949 bereits die MiG-15bis vom Band. Wenn es eine Möglichkeit für Jakowlew gab, wieder „ins Geschäft" zu kommen, dann über das Zauberwort Allwettertauglichkeit. Jakowlew wählte daraufhin das gleiche Triebwerk, was eine Vergrößerung der Zelle nach sich zog. Deshalb nutzte er erstmals ein Tandemfahrwerk, um 200 kg Gewicht zu sparen. Und in den Bug seiner Jak-50 baute er das Bordradar „Korschun" ein. Der erste Prototyp flog am 15. Juli 1949. Rundherum machte die Maschine einen erstklassigen Eindruck, kam mit sehr kurzen Start- und Landestrecken aus (587 / 965 m), erreichte im Stechflug Mach 1 (Pfeilung 45°), Horizontal nur Mach 0,992. Die Werkserprobung endete am 30. Mai 1950, anschließend erfolgte die staatliche Abnahme im

Flugzeugtyp:	**Jak-50 (1)**
Verwendungszweck:	Jagdflugzeug
Antrieb:	1 x Klimow WK-1 mit 2.690 kp (26,42 kN)
Besatzung:	1
Länge:	11,19 m
Spannweite:	8,01 m
Höhe:	3,90 m
Flügelfläche:	16,00 m^2
Leermasse:	3.085 kg
Startmasse:	4.155 kg
max. Geschwindigkeit:	1.125 km/h
prakt. Gipfelhöhe:	14.000 m
Reichweite:	850 km
Bewaffnung:	2 x 23-mm-MK NR-23
Erstflug:	15. Juli 1949
Auflage:	2

Parallel zur Jak-23 entwarf die Arbeitsgruppe von Leonid Seljakow die Jak-25 (1) als leichtes Jagdflugzeug, aber mit denselben Trapezflügeln, Erstflug 31. Oktober 1947.

Die Jak-30 (1) hatte endlich ein gepfeiltes Tragwerk mit 35 °, Erstflug 4. September 1948, konnte aber den Serienbau der MiG-15bis nicht in Frage stellen.

Zweiter Prototyp der Jak-50 (1) mit Bordradar „Korschun“ und Tandemfahrwerk, in den Massenbau ging die MiG-17PF mit dem Radarsystem RP-1 „Isumrud“.

Vier Tage vor der Mikojan E-2 (10. Februar 1955) startete die Jak-140, aber das Mikulin AM-11 (später R-11) konnte nicht zur Verfügung gestellt werden.

NII, die sich ein Jahr hinzog. Das Fazit lautete: mangelnde Stabilität im schallnahen Bereich (wie bei der MiG-15), zu schwache Bewaffnung (2 x NR-23 mit je 80 Patronen) und Probleme bei Landungen mit Seitenwind ab 4 m/s.

Der letzte Versuch Jakowlews in die Phalanx der MiGs einzudringen war die Jak-140, die Werkserprobung begann am 10. Februar 1955, vier Tage vor (!) der E-2, ähnliche Konfiguration, aber 500 kg leichter – damit wendiger und schneller, anvisiert wurde Mach 2. Flügelpfeilung wie bei Mikojan 55 °. Errechnet wurde eine Geschwindigkeit von 1.650 km/h und das neue, schlanke AM-11 (3.800 / NB 5.100 kp) war sehr kraftvoll. Aber da das AM-11 noch nicht zur Verfügung stand, griffen beide Büros in der Zwischenzeit auf das AM-9B zurück (2.600 / NB 3.250 kp), was zu enttäuschenden Leistungen führte. So wurde die Jak-140 gar nicht zur Prüfung zugelassen, Abbruch der Testflüge am 28. März 1956. Das plötzliche Ende ist heute noch ungeklärt. Im OKB Jakowlew herrscht die Meinung vor, dass die Weisung von höherer Stelle kam. Gemeint ist Pjotr Dementjew (1907-1977), der über zwanzig Jahre die Luftfahrtindustrie als Minister leitete (1953-1977), als enger Freund von Anastas Mikojan galt (damals stellvertretender Regierungschef) und dessen Bruder Artjom protegierte. Wie auch immer, in Serie ging die E-6 (MiG-21) – mit dem AM-11, später R-11 genannt. Jakowlew gab danach das Thema „leichtes Jagdflugzeug“ auf, siehe Typenkompass Jakowlew.

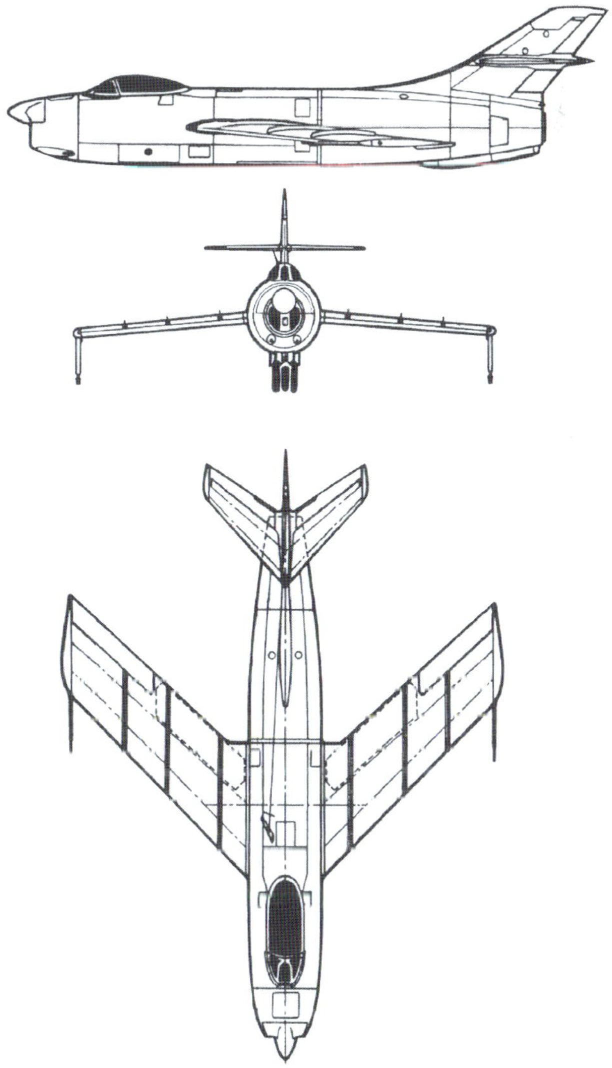

Jakowlew Jak-50-1 (Ugolok Neba)

Lawotschkin La-200

Flugzeugtyp:	La-200B
Verwendungszweck:	Jagdflugzeug
Antrieb:	2 x WK-1 mit 2.690 kp (26,42 kN)
Besatzung:	2
Länge:	17,33 m
Spannweite:	12,96 m
Höhe:	4,15 m
Flügelfläche:	40,02 m^2
Leermasse:	8.840 kg
Startmasse:	11.560 kg
max. Geschwindigkeit:	1.062 km/h
prakt. Gipfelhöhe:	15.250 m
Reichweite:	1.150 km
Bewaffnung:	3 x 37-mm-MK NS-37
Erstflug:	9. September 1949
Auflage:	2

Die neuen Jäger der späten 1940er Jahre waren faszinierende Geschöpfe, aber sie flogen nur bei gutem Wetter und nicht in der Nacht. Waren zunächst nur Flugzeug- und Triebwerkskonstrukteure gefragt, trat 1946 schließlich eine neue Berufsgruppe hervor: Ingenieure für die Entwicklung von Bordradarsystemen. Als erstes Büro in der Sowjetunion befasste sich mit diesem Thema das ZKB-17, von Andrej Slepuschkin (1903-1981). Er entwickelte das System „Torij", das in der Lage sein sollte, anfliegende Bomber B-29 in 12 km Entfernung zu orten. Später folgten die Systeme „Korschun" (mit reduziertem Parabolspiegel), „Sokol" (Reichweite 30 km) und „Zenit" (auch für tieffliegende Ziele). Diese Anlagen waren jedoch voluminös und schwer, erforderten zudem im Flug eine komplizierte Bedienung. An der Ausschreibung für einen Allwetterjäger 1948 beteiligten sich Mikojan (I-320), Suchoi Su-15 (P) und Lawotschkin mit der La-200. Alle Maschinen hatten den einzig zur Verfügung stehenden sicheren Antrieb Klimow WK-1, auch wählten alle Konstrukteure die gleiche Anordnung für die zwei Triebwerke – abgestuft hintereinander. Lawotschkin hing etwas zurück. Er wählte eine Flügelpfeilung von 40 ° und erhielt am 24. Februar 1949 die Genehmigung für die Entwicklung der La-200.

Nach dem Absturz der La-174 und 176 ging Lawotschkin jetzt zurückhaltend vor: Sicherheit vor Schnelligkeit. Er rechnete sich keine großen Chancen auf den Sieg aus und wollte jeden weiteren Absturz unbedingt vermeiden. Der Erstflug erfolgte am 9. September 1949, fünf Monate nach Mikojan. Testpilot war Stepan Maschkowski (1914-1958), damals Testpilot im

Die La-200 war als Allwetterjäger konzipiert und wurde dann zum Erprobungsträger für die ersten sowjetischen Radaranlagen, hier das „Torij" (Foto via Gennadi Petrow).

Die La-200 machte ihren Erstflug am 9. September 1949 und erhielt im Verlauf der Flugerprobung 1951 das neue Radar „Korschun“ mit reduzierter Parabolantenne.

LII. Im Zweiten Weltkrieg war er Kommandeur des 30. Gardejagdfliegerregiments, später war er auch an der Erprobung der MiG-19 und Tu-16 beteiligt.

Die La-200 zeigte im Test sehr gute Leistungen: 1.090 km/h, Gipfelhöhe 15.200 m, Steigen auf 5.000 m in 2,35 min. Für die Beseitigung kleiner Mängel ging der Prototyp zurück in das Werk und flog danach wieder am 13. Januar 1950, als Zielflugzeug für das Radar wurde eine Li-2 verwendet. Aber insgesamt waren die Ergebnisse deprimierend. Das Radar „Torij“ erreichte oft nur 3-7 km (und das selbst bei einer Tu-4), fiel einfach aus und ermöglichte nur selten den Blindflug. Vom 12. April bis 3. Mai wurden 24 Flüge durchgeführt. Als großes Problem erwies sich die synchrone Steuerung der beiden Triebwerke, auch das Fahrwerk musste verstärkt werden.

Man muss bedenken, dass in dieser Zeit der Koreakrieg begonnen hatte und Stalin mit seinen Magnaten die Möglichkeit eines direkten Krieges zwischen den USA und der Sowjetunion diskutierte. Stalin hatte Kim Il-sung nicht vor seinem Angriff auf Südkorea gestoppt, wollte sich aber nicht direkt beteiligen. Da Stalin zu dieser Zeit die UNO boykottierte, ermöglichte er so den USA, in Korea mit UN-Mandat einzugreifen, und als der Norden überrannt war, ermunterte er dann Mao Tse-tung zum Gegenschlag. Er selbst lieferte nur die MiG-15 und erfahrene Piloten in chinesischen Uniformen. Was wäre die Welt ohne Stalin? Am Totenbett von Stalin sagte Lawrenti Berija (1899-1953) wütend zu den anderen Magnaten: „Er hat den Zweiten Weltkrieg nicht gewonnen, wir haben ihn gewonnen. Und vor allem, mit uns hätte es diesen Krieg gar nicht gegeben.“ Berijas Griff nach der Macht 1953 hätte die Weltpolitik verändert (Auflösung der Arbeitslager, Schaffung eines neutralen Deutschlands), aber die anderen Magnaten fürchteten sich vor einem neuen Diktator und ließen Berija am 23. Dezember 1953 erschießen.

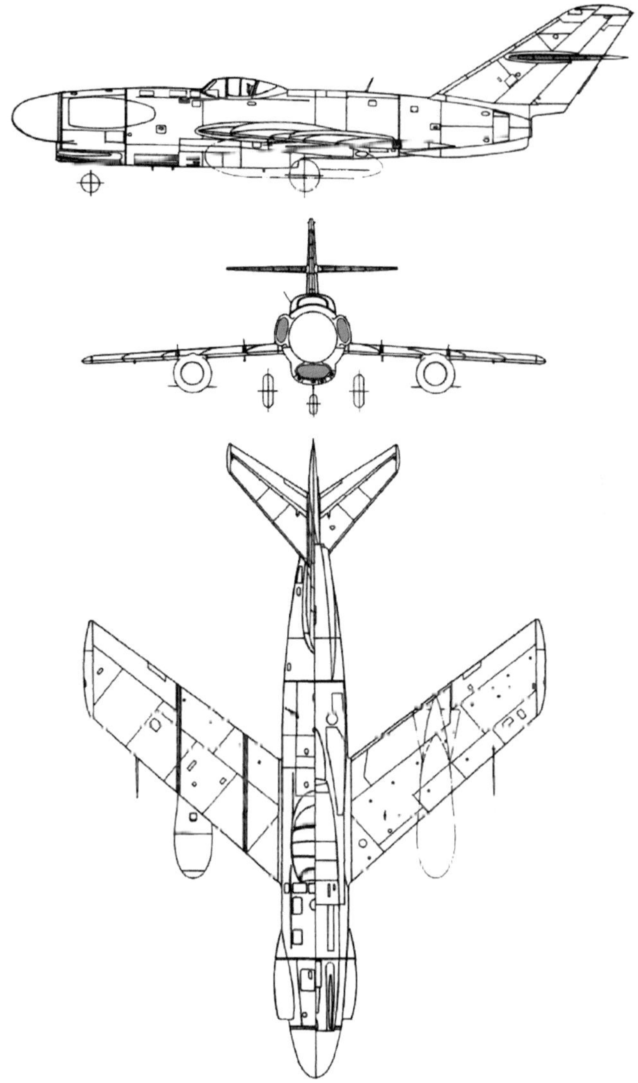

Lawotschkin La-200B (Ugolok Neba)

Das Radar „Torij“ sollte auch bei der MiG-17 verwendet werden (SP-2), erwies sich dort aber als zu schwer und zu voluminös.

Bis zum 13. April 1951 absolvierte die La-200 ihre staatlichen Tests im NII. Besonders schlechtes Wetter wurde ausgewählt (Wolkenunterdecke 150 m, Regen und Schnee) und natürlich Nachtflüge, 243 Starts. Das staatliche Interesse an diesem Thema hatte deutlich abgenommen, aber der Allwetter-Jäger war noch nicht ganz beerdigt. Mit Blick auf die Weiten im Fernen Osten (und der Grenze zu Korea) wurde die Ausschreibung im August 1951 erweitert in der Position Reichweite, Ziel: 2.500 km. Und wie Phönix aus der Asche erschien der in den letzten fünf Jahren glücklose Jakowlew auf dem Plan mit seinem Projekt 120 (Jak-25). Aber die Führung der Luftstreitkräfte, namentlich Generalleutnant Filip Agaltzow (1900-1980), damals stellvertretender Oberbefehlshaber, wies Stalin umgehend darauf hin, dass die Entwicklung zwei Jahre in Anspruch nehmen würde und setzte sich für den sofortigen Serienbau der La-200 ein – zumindest als Übergangslösung und für die Schulung der Besatzungen. Ohne Erfolg.

Interessanterweise wird berichtet, dass Semjon Lawotschkin zu dieser Zeit die „Lust“ am Bau von Flugzeugen verloren hatte. In der Raketentechnik sah er ein neues Betätigungsfeld, endlich befreit von den Querelen mit den „Kollegen“, einschließlich endloser Intrigen. Aber seine engsten Mitarbeiter trieben ihn noch einmal an, da eine Bewaffnung der La-200 mit Luft-Luft-Raketen gefordert wurde. Diese neue technische Herausforderung führte zum Prototyp La-200B und die zuständige Arbeitgruppe hatte immer noch im Sinn, die Jak-25 auszustechen. Die internen Tanks wurden auf 1.000 l erhöht, das Tragwerk musste verstärkt werden, der Bug wurde für das neue Radar „Sokol“ umgebaut – zwei seitliche Lufteinläufe für das hintere Triebwerk, ein unteren für das vordere. Nach den Bodentests der 200B begannen am 3. Juni 1952 die Flugtests, die nicht ganz die Ergebnisse des Vorgängers erreichten. Aber die Zeit verstrich und schon am 19. Juni 1952 startete Testpilot Walentin Wolkow (1923-1965) mit Jakowlews Jak-25 zum Erstflug. Sie war leichter und wendiger – perfekt für die neue Ausschreibung ausgelegt und gewann den Wettbewerb – der Serienbau im Werk 292 in Saratow wurde beschlossen. Damit endete am 10. November 1952 der letzte Testflug der La-200, die einen wesentlichen Beitrag als Versuchsträger bei der Schaffung moderner Radarsysteme geleistet hatte.

Jakowlew Jak-25 /-26 /-27 /-28

Flugzeugtyp:	Jak-25M
Verwendungszweck:	Jagdflugzeug
Antrieb:	2 x Mikulin RD-5 (AM-5) mit 2.150 kp (21,08 kN)
Besatzung:	2
Länge:	15,66 m
Spannweite:	10,96 m
Höhe:	4,35 m
Flügelfläche:	28,95 m²
Leermasse:	5.893 kg
Startmasse:	9.675 kg
max. Geschwindigkeit:	1.090 km/h
prakt. Gipfelhöhe:	14.200 m
Reichweite:	2.250 km
Bewaffnung:	2 x 37-mm-MK N-37L
Erstflug:	19. Juni 1952
Auflage:	483 + 155 Jak-25RW, Jak-27 (180), Jak-28 (1.157)

Im November 1947 gab die sowjetische Regierung ein Pflichtenheft heraus mit dem Ziel, ein zweisitziges Jagdflugzeug zu schaffen für den Allwettereinsatz. Entwürfe reichten Mikojan ein (I-320, Erstflug 16. April 1949), Lawotschkin La-200 (9. September 1949) und Suchoi Su-15 (P) (11. Januar 1949). Als eine Reichweite von 2.500 km verlang wurde, schob Jakowlew seinen Entwurf 120 nach und durchschlug damit endlich den Gordischen Knoten. Da in den letzten Jahren seine Rumpfentwürfe zu eng waren, verlegte er als Einziger die Triebwerke an die Tragflächen und schuf somit ausreichend Platz für Treibstoff und Radartechnik. Damit konnte er die doppelte Reichweite der MiG-15 versprechen, was Stalin sehr beeindruckte. Im August 1951 wurde der Auftrag erteilt. Auffallend ist der voluminöse Bug, der das Radar RP-6 „Sokol" (30 km Reichweite) aufnehmen sollte. Bezogen auf die Triebwerke konnte Jakowlew Alexander Mikulin (Nachfolger 1956 Sergej Tumanski) dazu gewinnen, ein neues Triebwerk mit 2.000 kp zu entwickeln, das klein und wirtschaftlich war, das sparsame RD-5 mit 2.150 kp war perfekt.

Die Bewaffnung im Rumpf fiel mit zwei NS-37 recht stark aus, allerdings nur mit 50 Patronen je Kanone. Versuchsweise wurde der Prototyp Jak-25K mit zwei Luft-Luft-Raketen RS-1U ausgerüstete (1956, Weiterentwicklung als Jak-27). Der kreisförmige Rumpf (Halbschalenbauweise) hatte einen Durchmesser von 1,45 m und nahm neben der Bewaffnung auch die Tanks und das Tandemfahrwerk auf. Hinzu kam die Druckkabine für die zweiköpfige Besatzung, den Piloten und den Operator für das Radar. Das Tragwerk hatte eine Pfeilung von 45 °. Schon am 19. Juni 1952 startete Testpilot Walentin Wolkow (1923-1965) zum Erstflug. Ab 1950 war er Testpilot im LII (Tu-

Nach zahlreichen erfolglosen Entwürfen erreichte Jakowlew mit der Jak-25 (Erstflug 19. Juni 1952) endlich einen Serienauftrag, zweisitziges Jagdflugzeug für den Allwettereinsatz, Auflage: 483.

Bei dem Versuch, die Schallgeschwindigkeit zu bewältigen, experimentierte Jakowlew mit zahlreichen Flügelentwürfen (Sägezahn, Sichelgeometrie), von der Jak-27 wurden nur 180 Maschinen bestellt.

Die Jak-25RW war die „sowjetische U-2" ausgestattet mit einem trapezförmigen Tragwerk (Spannweite 23,40 m) als hochfliegendes Aufklärungsflugzeug, Auflage: 155.

4LL) und ging dann zu Jakowlew, am 8. September 1965 starb er bei einem Testflug mit der zweiten Jak-30.
Nach gut einem Jahr konnte die staatliche Abnahme der Jak-25 erfolgen, wobei der Serienbau im Werk 292 in Saratow beschlossen wurde, Auflage 483. Die Jak-25 war, nachdem die „Kinderkrankheiten" behoben waren, bei den Besatzungen beliebt, die besonders die guten Flugeigenschaften lobten. Zusätzlich wurden 155 Maschinen der Version RW (Höhenaufklärer) gebaut, als sowjetische U-2. Die leichte Lockheed hatte über Jahre das Gebiet der Sowjetunion in 20.000 m Höhe überflogen, eine derartige Maschine wünschten sich auch das Militär in der Sowjetunion, und so erhielt die Jak-25RW ein

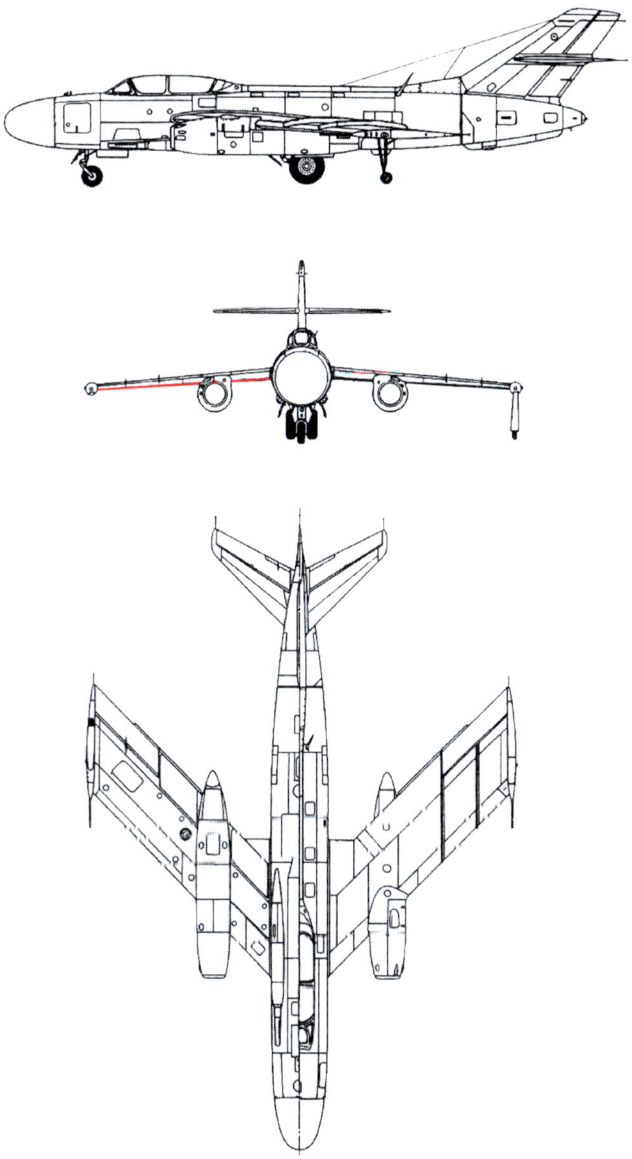

Jakowlew Jak-25 (Ugolok Neba)

Die Militärführung setzte große Hoffnungen in die Jak-28 (Erstflug 5. März 1958) als Ersatz für die Il-28, 1.157 Maschinen wurden gebaut, überzeugten aber nicht.

trapezförmiges Tragwerk (Spannweite 23,40 m, Flügelfläche: 55,00 m^2), zwei kraftvolle Tumanski-Turbinen (R-11W-300 mit 3.900 kp) und die Fotoausrüstung AFA-40. Bis in die 70er Jahre hinein wurde der Aufklärer (Aufstieg in 20.000 m in 30 min, Reichweite: 3.500 km) an der südlichen und westlichen Flanke der Sowjetunion eingesetzt, um potentielle Ziele für die Luftabwehr und taktische Bewegungen gegnerischer Streitkräfte zu erkunden.
Kurz noch zu den nachfolgenden Modellen. Die Jak-26 (intern 123, Erstflug 25. Juni 1956), war als Jagdbomber geplant – das Ziel war die Aufnahme der leichten Atombombe RDS-4 (1.200 kg) für den taktischen Nukleareinsatz, aber das Mikulin RD-9AK erwies sich als zu schwach (Auflage 10). Parallel wurde die Jak-27 als Abfangjäger und Aufklärer gebaut (Erstflug 12. Juli 1956, Auflage 180). Beide Muster erreichten nicht wie gewünscht die Schallgeschwindigkeit. Dieses Ziel konnte mit der Jak-28 (Erstflug 5. März 1958) zwar erreicht werden, aber die Maschinen (Auflage 1.157) erwiesen sich im Einsatz als unsicher und kapriziös – siehe Typenkompass Jakowlew.

Lawotschkin La-190

Flugzeugtyp:	La-190
Verwendungszweck:	Jagdflugzeug
Antrieb:	1 x Ljulka AL-5 mit 4.600 kp (45,11 kN)
Besatzung:	1
Länge:	16,35 m
Spannweite:	9,90 m
Höhe:	4,27 m
Flügelfläche:	38,93 m^2
Leermasse:	7.315 kg
Startmasse:	9.280 kg
max. Geschwindigkeit:	1.180 km/h
prakt. Gipfelhöhe:	16.500 m
Reichweite:	1.150 km
Bewaffnung:	2 x 37-mm-MK NS-37
Erstflug:	3. Februar 1951
Auflage:	1

Das beständige Überfliegen der Sowjetunion durch amerikanische Spionageflugzeuge vom Typ Lockheed U-2 (Erstflug 4. August 1955) war ein großes Ärgernis, aber nicht zu verhindern. Mit dem 4. Juli 1956 begannen unbehelligt die ersten Flüge von der US-Base Erbenheim (Wiesbaden) Richtung Baltikum und Moskau in 20.000 m Höhe. Ab dem 4. Juli 1957 erfolgten auch Überflüge vom türkischen Luftwaffenstützpunkt Adana quer über die Sowjetunion (Baikonur, Swerdlowsk, Kasan, Murmansk) nach Norwegen. Erst am 1. Mai 1960 konnte die Maschine von Francis Gary Powers abgeschossen werden, mit einer Rakete des Typs S-75 Dwina (SA-2) aus dem OKB Lawotschkin, dazu später mehr.

Bereits am 6. Oktober 1949 wandte sich Lawotschkin direkt an Stalin mit dem Vorschlag, einen Abfangjäger mit einer Gipfelhöhe von 18.000 m zu schaffen. Ein vergleichbares Angebot hatte Suchoi mit seiner Su-17 (die erste dieses Namens, Flügelpfeilung 50 °) in dieser Zeit ebenfalls gemacht, aber sein OKB-51 wurde im November 1949 wegen „Erfolglosigkeit" geschlossen. Die kreative Mannschaft wechselte zusammen mit ihrem Chef nach der Auflösung zum OKB Tupolew. Soweit wollte es Lawotschkin bei der unerwarteten Übermacht der MiGs nicht kommen lassen.

Stalin sagte 1949 zu Alexander Jakowlew, der seine (erste) Jak-30 vorstellte: „Wir brauchen jetzt keine neuen Jäger, wir brauchen eine Modernisierung unserer MiG". Das war eindeutig. Aber was blieb Lawotschkin übrig, wollte er nicht so enden wie Suchoi. Er malte für Stalin ein prächtiges Bild: Steiggeschwindigkeit auf 10.000 m in 2 min, 1.300 km/h, Reichweite 1.000 km. Stalin sagte nicht ab und so wurde am Projekt 190 weiter gearbeitet: Flügelpfeilung 55 °, Bewaffnung zwei N-37-Kanonen mit je 30 Schuss – und ein Prototyp wurde be-

Die Flugerprobung der La-190 als Überschall-Abfangjäger begann am 3. Februar 1951, aber nur ein Prototyp wurde bestellt.

Auch die La-190 scheiterte (hier das Cockpit), da das neue Triebwerk Ljulka AL-5 unerprobt und unzuverlässig war, der Serienauftrag ging an die MiG-19.

Mitte der 50er Jahre war die Übermacht der MiGs unerträglich und Semjon Lawotschkin wandte sich schrittweise der Raketen- und Raumfahrttechnik zu.

stellt. Am 3. Februar 1951 stand die erste Maschine vor der Werkhalle, bereit zur Erprobung. Ausgewählt wurde der erfahrene Testpilot Andrej Kotschetkow. Die Flüge begannen mit der gebotenen Vorsicht, denn das Triebwerk war neu und unerprobt. Der Einwellenturbojet mit einem siebenstufigen Axialverdichter war für diese Zeit ungewöhnlich stark, aber alle Maschinen die um dieses Triebwerk berechnet worden waren, auch die Mikojan I-350 und Iljuschin Il-30 (siehe dort), standen auf dem Wartegleis. Das Triebwerk hielt fünf bis 10 Stunden durch, dann war Schluss – keine Serienreife.
Damit war auch das Schicksal der La-190 besiegelt. Schon am 8. März 1951 kam es zu einer harten Landung, da das Triebwerk beim Landeanflug plötzlich an Schub verlor. Die Reparatur dauerte bis zum Mai. Am 16. Juni wurde die Werkserprobung fortgesetzt, aber schon beim zweiten Flug fiel das Triebwerk ganz aus. Nun, dies ist nicht ungewöhnlich – auch bei westlichen Jagdflugzeugen. Es wird und muss bei neuen Konstruktionen auch immer darauf spekuliert werden, dass das gewählte neue „Supertriebwerk" die Serienreife erreicht. Bis zum 20. August 1951 kam die La-190 noch acht Mal in die Luft, und die Maschine zeigte beste Flugeigenschaften: Längsstabilität perfekt, beeindruckende Steiggeschwindigkeit von 2,4 min auf 10.000 m, stabile Landung bis 4-5 m/s Seitenwind. Ein zukunftsträchtiger Entwurf, aber ohne zuverlässiges Triebwerk. Die Erprobung wurde im Oktober 1951 eingestellt. Die Entscheidung fiel am 17. Februar 1954 zu Gunsten der zweimotorigen Mikojan I-360 (MiG-19), angetrieben von zwei zuverlässigen Triebwerken Tumanski RD-9B (2.600 / NB 3.250 kp). Für dieses MiG-Projekt hatte man deutlich mehr als nur einen Prototyp bestellt. Und dann zeigte sich, dass die MiG-19 im Betrieb unsicher und gegen die U-2 machtlos war.
Die hektischen Aktionen am 1. Mai 1960 im Zusammenhang mit dem Abschuss von Gary Powers durch eine S-75-Rakete bei Swerdlowsk (heute Jekaterinburg) im südlichen Ural kostete das Leben des Piloten Sergej Safronow (1930-1960) in einer MiG-19. Er wurde auf der vergeblichen Suche nach der U-2 (diese Höhe konnte er nicht erreichen) im Raketenhagel irrtümlich abgeschossen. Powers sah noch wie sich neben ihm ein Fallschirm öffnete, nachdem er die U-2 verlassen hatte. Safronow erlag wenig später seinen Verletzungen.

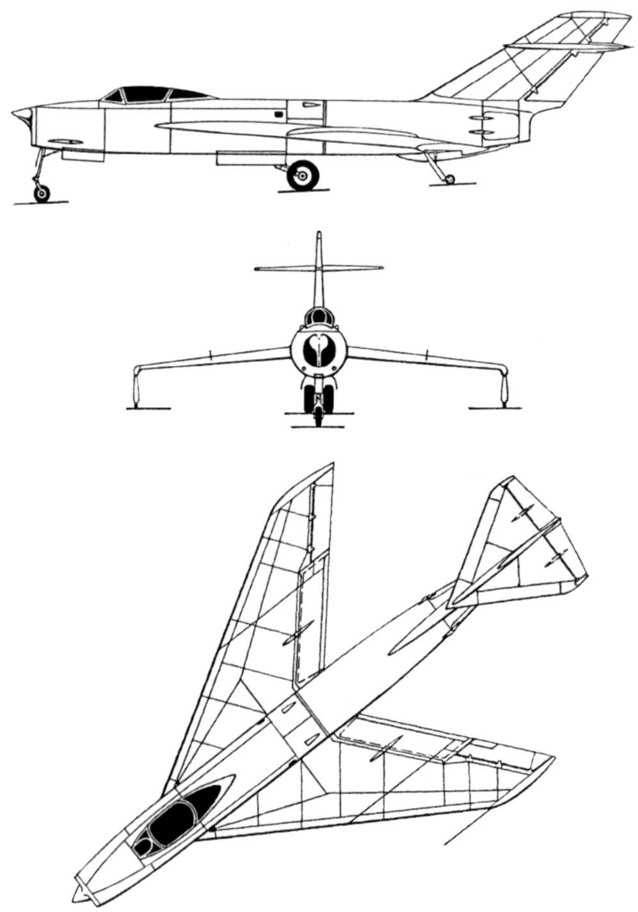

Lawotschkin La-190 (Ugolok Neba)

Tupolew Tu-95

Man kann sich vorstellen, dass die Tu-4 für Andrej Tupolew ein „ungeliebtes Kind" war. Er hatte im Mai 1944 einen Langstreckenbomber Tu-64 im Köcher mit 4 Doppelsternmotoren Schwezow M-71TK (2.200 PS), der die Petjlakow Pe-8 ablösen sollte: Länge 30 m, Spannweite 42 m, Startmasse 36.000 kg. Eine entsprechende Anfrage hatte bereits am 7. September 1943 der stellvertretende Volkskommissar der Luftfahrtindustrie der UdSSR, Alexander Jakowlew, an ihn geschickt. Leistungsbeschreibung: 500 km/h, Bombenlast 8.000 kg, Reichweite 6.000 km. Es war das lange erwartete Signal für den Schöpfer der ANT-20. In aller Eile wurde ein Modell im Maßstab 1:2 gebaut und im großen Windkanal T-101 im ZAGI erprobt. Im Juni 1945 fuhr Tupolew froh gestimmt mit seinem Stellvertreter Alexander Archangelski (1892-1978) und einem prächtigen Prospekt der Tu-64 in den Kreml zu Stalin. Das Gespräch war kurz, Stalin sagte: „Genosse Tupolew, sie werden beauftragt, eine Kopie der B-29 herzustellen." Tupolew war überrascht und sagte nichts, was sollte er auch sagen?
Ausgangspunkt für die „Kopie" waren vier amerikanische Bomber von William Boeing (1881-1956), die in der Endphase des Krieges gegen Japan auf sowjetischem Territorium notgelandet waren. Was für ein Auftrag!
Mühevoll gestaltete sich die Übertragung der Konstruktion in das metrische Maß, auch mussten die Instrumente und Triebwerke angepasst werden. Erstflug der zunächst B-4 genannten Maschine am 19. Mai 1947, Testpilot Mark Gallai (1914-1998). Er war ein ausgezeichneter Testpilot und flog im LII,

Flugzeugtyp:	**Tu-95**
Verwendungszweck:	Langstreckenbomber
Antrieb:	4 x PTL Kusnezow NK-12 mit 12.000 PS (8.826 kW)
Besatzung:	9
Länge:	46,17 m
Spannweite:	50,04 m
Höhe:	12,50 m
Flügelfläche:	283,70 m^2
Leermasse:	83.100 kg
Startmasse:	172.000 kg
max. Geschwindigkeit:	905 km/h
prakt. Gipfelhöhe:	12.500 m
Reichweite:	12.000 km
Bewaffnung:	4 x Zwillingslafette 23-mm-MK AM-23, 12.000 kg Waffenzuladung, Überlast 25.000 kg, an Pylonen Luft-Boden-Lenkflugkörper (Ch-20, Ch-55 u.a.) oder ungelenkte Bomben im Bombenschacht (z.B. 2 x FAB-5000)
Erstflug:	12. November 1952
Auflage:	524

Beeindruckt von der Boeing B-29 beauftragte Stalin den Konstrukteur Tupolew im Juni 1945, eine Kopie zu erarbeiten, über 1.000 Exemplare wurden gebaut.

Die Tu-80 (Erstflug 1. Dezember 1949) erhielt ein „russisches Gesicht", angetrieben durch den 18-Zylinder-Doppelsternmotor Schwezow ASch-73FN mit 2.650 PS.

Dieser Tu-95MSM sieht man ihre Dienstjahre an, aber sie schleppt wacker moderne Ch-101-Marschflugkörper, 8 unter dem Tragwerk und 4 im Bombenschacht (Foto: Dimitri Terechow).

später im OKB Mjassischtschew (M-4). Er gehörte auch zur Trainingsgruppe für den ersten Kosmonauten der UdSSR.
Nun, die B-4 (Tu-4) war politisch gewollt (mit vier ASch-73TK, 2.000 PS) und wurde reichlich gebaut – über 1.000 Exemplare (847 - 1.296, je nach Quelle). Aber ein strategischer Fernbomber, der die USA erreichen und zurückkehren konnte, war aus der B-29 natürlich nicht abzuleiten. Legitime Nachfolger sollten dann die Tu-80 (Erstflug 1. Dezember 1949, 23 Exemplare) und die Tu-85 (Erstflug 9. Januar 1951, 2 Prototypen) werden, mit stärkeren Triebwerken und einem „russischen Gesicht." Die Tu-85 bekam ein neues Tragwerk und konnte mit mehr Kraftstoff (maximal 63.000 l) befüllt werden, Antrieb WD-4K von Wladimir Dobrynin (1895-1978). Der wassergekühlte 24-Zylinder-Otto-Reihensternmotor mit vier hintereinander in

Reihe angeordneten 6-Zylinder-Sternen (siehe Junkers Jumo 222) leistete 4.250 PS. Am 12. September 1951 startete die Tu-85 um 7:15 Uhr vom Flugplatz des LII in Schukowski zu einem bemerkenswerten Flug. Mit einer Bombenlast von 5.000 kg war sie 20 Stunden und 38 Minuten unterwegs, Reichweite 9.500 km. Der verbliebene Kraftstoff versprach eine Erhöhung auf 12.000 km, das waren interkontinentale Dimensionen.

Aber das ganze Konzept war zu dieser Zeit bereits veraltet und die Arbeiten an der Tu-16 wiesen in eine andere Richtung, Pfeilflügel. Der Antrieb sollte durch die neuartige Propellerturbine NK-12 erfolgen. Ein Meisterwerk der Ingenieurskunst. Obwohl sie das Kürzel NK trägt, für Nikolai Kusnezow (1911-1995), hatte sie eigentlich deutsche Wurzeln. Der Österreicher Ferdinand Brandner (1903-1986) gehörte zu den Ingenieuren, die 1946 in die Sowjetunion verbracht worden waren, um ihre Arbeit dort fortzusetzen und das Wissen an sowjetische Ingenieure weiterzugeben. Ausgangspunkt für die Entwicklung war die Propellerturbine Jumo 022 (siehe auch Pirna 018), die im Konstruktionsbüro in Kuibyschew (OKB-276) zur TW-2 weiterentwickelt wurde (5.000 PS). Für die Tu-95 sollten zwei dieser Triebwerke gekoppelt werden, 2TW-2F. Mit diesem Antrieb wurde der erste Prototyp der Tu-95 ausgerüstet, Erstflug am 12. November 1952. Die Erprobung verlief zunächst erfolgreich, obwohl das Triebwerk die staatliche Abnahme noch nicht abgeschlossen hatte. Am 11. Mai 1953 ereignete sich dann eine Katastrophe, als ein Triebwerk versagte und Testpilot Pereljot die Maschine nicht retten konnte – er und drei weitere Mitglieder der Besatzung starben.

Kusnezow übernahm im Mai 1949 die Leitung des OKB und trieb die Entwicklung der nun NK-12 genannten Turbine, als Einwellentriebwerk, voran, das über ein doppeltes Planetengetriebe zwei koaxial gegenläufige Propeller antreibt – mit unglaublichen 12.000 PS.

Der zweite Prototyp der Tu-95 startete mit diesem neuen Antrieb am 16. Februar 1955 und schon am 3. Juli wurde die Maschine am „Tag der Luftflotte“ vorgeflogen. Die Militärattachés der westlichen Länder schätzten die maximale Geschwindigkeit der Tu-95 mit Propellern auf 750 km/h, erst im späteren Einsatz wurde erkannt, dass dies nur die Reisegeschwindigkeit war.

Was für ein stählerner Vogel! Ein Glanzstück der Konstruktion ist das Tragwerk mit einer Pfeilung von 35 °. Nun, man kann durchaus im Präsens bleiben, denn die Tu-95 fliegt noch heute. Im Flugzeugmuseum der WWS in Monino wird die Tu-95W

An den Luftraumgrenzen vermisst die Tu-95 regelmäßig die Reaktionszeit der Jäger und hört dabei auch den Funkverkehr der NATO-Staaten ab (Foto: UK MoD).

Ein glücklicher Tupolew: Am 28. Juni 1959 flog eine Tu-114 (31 Maschinen wurden gebaut) nonstop von Moskau nach New York in 11 Stunden 6 Minuten (Foto: Magazin LIFE).

ausgestellt, die die sowjetische Wasserstoffbombe AN602 (Gewicht 27 Tonnen) über Nowaja Semlja abwarf, die größte jemals von Menschen verursachte Explosion. Zwar wurde die Produktion in Kuibyschew 1993 nach 524 Exemplaren eingestellt, aber das Muster erwies sich als sehr langlebig und zuverlässig (siehe Boeing B-52, das amerikanische Pendant). Schrittweise werden sie heute zudem auf den Stand der modernen Funk- und Radarausrüstung gebracht (siehe Satelliten-Navigationssystem GLONASS), an neue strategische Marschflugkörper angepasst (u.a. Raduga Ch-101), die Abwehrbewaffnung aktualisiert bzw. Nachrüstung Luftbetankung – aktueller Standard Tu-95MSM. Es ist davon auszugehen, dass die Tu-95 noch bis 2025 im Einsatz bleibt (Bestand 63), nicht zuletzt, da es keinen adäquaten Ersatz gibt. Das Muster schreckt regelmäßig die Luftverbände der NATO auf, wenn sie an den Luftraumgrenzen auftaucht. Zum einen wird die Reaktionszeit der Jäger vermessen, zum anderen wird der Funkverkehr der NATO-Staaten abgehört. Die typische Abwehrbewaffnung besteht aus 23-mm-Zwillingslafetten (je 200 Patronen) in drehbaren Waffentürmen unter und auf dem Rumpf sowie im Heckstand. Die Auflistung aller Versionen der Tu-95 muss an dieser Stelle leider unterbleiben, aber kurz erwähnt werden sollten doch die Tu-114 als zivile Ableitung (Erstflug 15. November 1957), die Tu-126 (AWACS-Radarsystem), die Tu-142 (maritime Aufklärungs-/Anti-U-Boot-Version) und die Tu-95MSM (Upgrade seit 2005 als Raketenträger mit dem NK-12MPM mit 15.000 PS). Die indische Marine betrieb bis 2017 acht Tu-142MK. Die russischen Luftstreitkräfte setzten die Tu-95MSM ab Februar 2017 erstmals auch in Syrien (u.a. Rakka) ein, wobei jeweils 12 Lenkwaffen des Typs Ch-101 (8 extern, 4 intern) mitgeführt wurden.

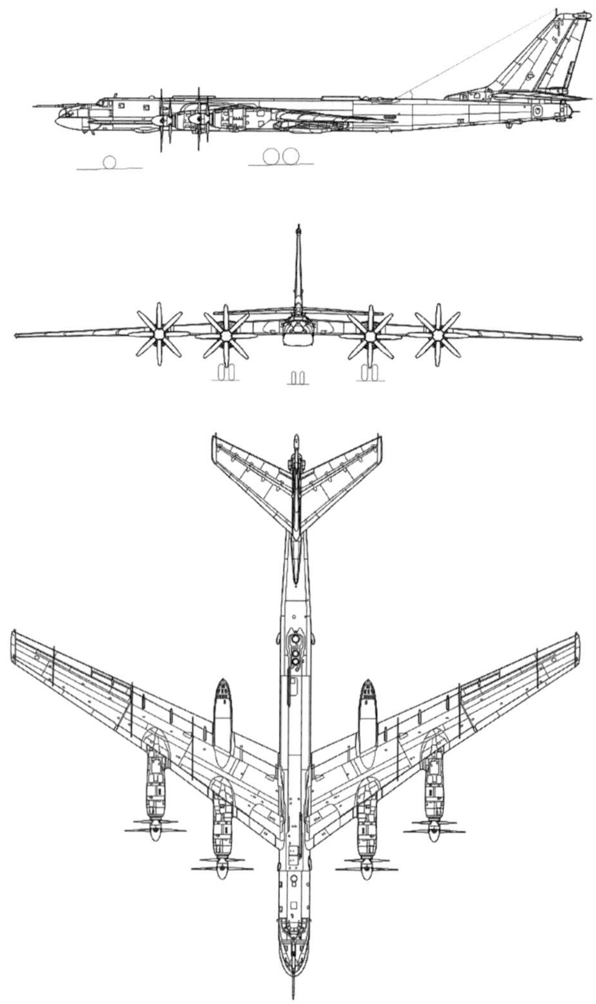

Tupolew Tu-95 (Dr. Péter Kaboldy)

Lawotschkin La-17 (201)

Semjon Lawotschkin war in den 1950er Jahren, wie auch Tupolew und Mikojan, an der Entwicklung von unbemannten Flugzeugen beteiligt, heute Drohnen genannt. Der Oberbefehlshaber der Luftstreitkräfte Konstantin Werschinin wandte sich 1950 an Lawotschkin mit dem Wunsch, ein ferngesteuertes Ziel für die Ausbildung der Piloten zu entwickeln. Da diesem Fluggerät ein kurzes Leben bevorstand, sollte es einfach herzustellen und kostengünstig sein, Arbeitsgruppe Merkulow. Als Tragwerk wurde deshalb ein einfacher Trapezflügel gewählt. Kostbarer Verlust beim Abschuss der Drohne waren lediglich der Autopilot AP-53 (später AP-60) und die Funksteuerungsausrüstung, die von einem Windgenerator im Bug gespeist wurden. Die Ausführung erfolgte als Ganzmetallkonstruktion, wobei der kreisrunde Rumpf einen Durchmesser von 0,55 m hatte, er nahm die Steuergeräte und den Treibstoff auf (600 l). Die Bodentests begannen 1951. Wegen der Arbeitsüberlastung im OKB Lawotschkin ging die Erprobung nur schleppend voran.

Als Trägersystem war die Tu-4 vorgesehen, die Flugversuche der 201 begannen am 13. Mai 1953 auf dem Versuchsgelände in Wladimirowka. In der Höhe von 8.000 m wurde die Drohne

Flugzeugtyp:	**La-17M**
Verwendungszweck:	Zieldarstellungsdrohne
Antrieb:	1 x Tumanski RD-9WK mit 2.250 kp (22,07 kN)
Länge:	8,43 m
Spannweite:	7,50 m
Höhe:	2,96 m
Flügelfläche:	8,06 m^2
Leermasse:	1.630 kg
Startmasse:	2.450 kg
max. Geschwindigkeit:	900 km/h
prakt. Gipfelhöhe:	16.000 m
Reichweite:	690 km
Flugdauer:	60-100 min
Erstflug:	25. April 1960
Auflage:	3.600 (alle Varianten)

In fast 40 Jahren wurden 3.600 Maschinen der Zieldarstellungsdrohne La-17 gebaut (plus unbekannte Anzahl der chinesischen Produktion).

Die Produktion der La-17 lief bis 1993, wobei die 17K die erste sowjetische Aufklärungsdrohne war (im Bug zwei hochauflösende Kameras). Neben dem Marschtriebwerk wurden für den Start zwei Feststoff-Booster PRD-98 genutzt.

bei einer Geschwindigkeit von 400 km/h freigesetzt und nach einem kurzen Sinkflug das Staustrahltriebwerk gezündet. Das RD-900 hatte einen Durchmesser von 0,8 m (Trockengewicht 320 kg) und konnte mit Kerosin für 40 Minuten eingesetzt werden, eine Aufteilung in zwei Missionen je 20 Minuten war möglich. Nach dem Freisetzen leistete das Triebwerk einen Schub von 345 kp und beschleunigte die Drohne auf 800-900 km/h. Mit Funkbefehlen von der Bodenkontrollstation wurde die 201 zum vorgesehenen „Schießstand" geführt. Das Ziel wurde von einer SON-4RR-Station aus überwacht.

Das Triebwerk RD-900 lieferte das Konstruktionsbüro OKB 670, Leiter Michail Bondarjuk (1908-1969). Bondarjuk gehört zu den vielen sowjetischen Konstrukteuren, die kaum bekannt sind, obwohl er unter anderem an den Projekten La-350, Zybin NM-1 und Luft-Boden-Raketen beteiligt war. Nach erfolgreichem Abschluss der Werkserprobung wurde die 201 der staatlichen Abnahme im NII übergeben: 10 Zielflugzeuge und 12 RD-900-Triebwerke, die Starts erfolgte von Juli bis September 1954.

Die Serienproduktion der 201 als La-17 begann umgehend, sie erfolgte zunächst im Werk 21 in Gorki (249 Maschinen), wurde dann aber wegen der Überlastung des Werks mit dem Bau von Jagdflugzeugen in die Werke 47 in Orenburg und 24 in Frunse verlagert. Bis 1958 wurden über 1.000 Maschinen gebaut. Es zeigte sich aber bald, dass die Drohne zwar sehr kostengünstig war, allerdings war der Einsatz der viermotorigen Tu-4 zu teuer und es dauerte sehr lange, bis dieser Riese auf 8.000 m gestiegen war (bis zu zwei Stunden). Wie wäre es also, wenn die La-17 von einer Rampe starten könnte? So erhielt das Flugzeug einen Turbinenantrieb (RD-9WK, 2.250 kp) und zwei Feststoff-Booster PRD-98 für den Start, was die Flugzeit auf 60 Minuten verlängerte. Diese Kombination ermöglichte Flughöhen bis 16.000 m und die staatliche Abnahme 1960 verlief reibungslos. Noch im selben Jahr begann die Produktion als La-17M (203) in Orenburg, Einsatz in allen militärischen Bereichen: Luftstreitkräfte, Luftverteidigung, Marine, Landstreitkräfte. Sie war ein vielseitiges, zuverlässiges und gleichzeitig billiges Luftziel. Zudem erlaubte die relativ lange Flugzeit, verschiedene Flugmanöver zu simulieren. 10 Maschinen wurden 1962 in die Volksrepublik China geliefert und dort als Chang-Kong 1 („Weiter Himmel") nachgebaut.

Als die Lagerbestände des RD-9 erschöpft waren, musste man auf das Tumanski R-11K-300 (3.450 kp ohne NB) zurück-

greifen, Serienbau als La-17K bis 1993. In fast 40 Jahren wurde eine Auflage von 3.600 erreicht, ohne die unbekannte Anzahl in chinesischer Produktion.
Kurz erwähnen möchte ich noch die Version La-17R (Aufklärer), die Ende 1960 auf der Basis der La-17M gebaut wurde, intern 204 genannt. Es war die erste sowjetische Aufklärungsdrohne (im Bug zwei hochauflösende Kameras AFA-BA-40 und AFA-BAF-21). Über das Bodenleitradar konnte der Kurs der Drohne korrigiert werden, der Autopilot regelte Flugrichtung und Fluglage: Missionen in 500 bis 6.000 m Höhe, Einsatzradius 250 km. Die Serienfertigung erfolgte von 1964 bis 1970.

Die La-17 wurde angetrieben vom Staustrahltriebwerk Bondarjuk RD-900 (345 kp), spätere Versionen erhielten die Turbinen RD-9WK bzw. R-11K-300.

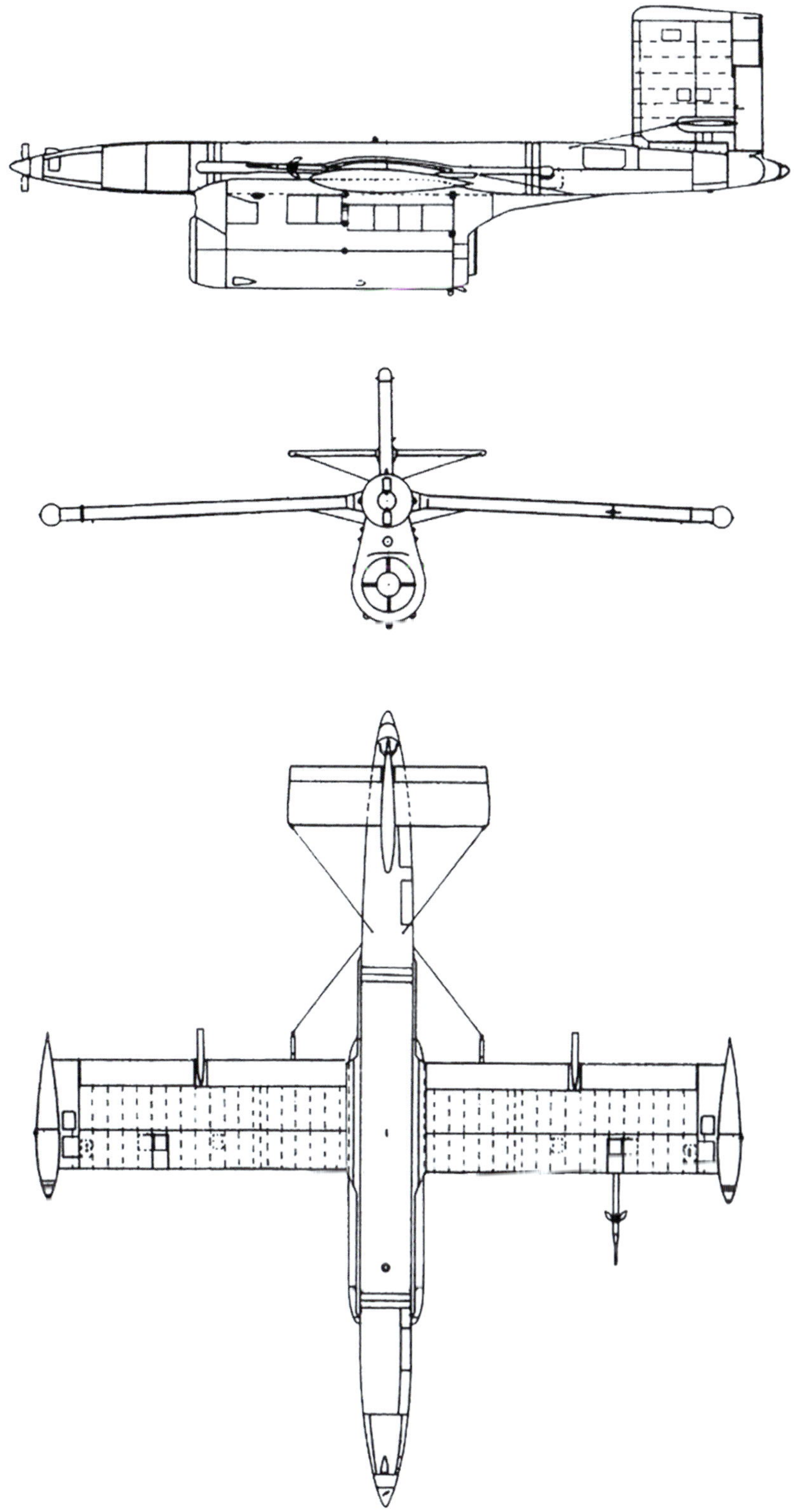

Lawotschkin La-17M (Ugolok Neba)

Mikojan/Gurewitsch MiG-21 /-23

Ohne Zweifel ist dies die schönste und auch erfolgreichste Konstruktion aus dem Hause Mikojan/Gurewitsch. Grazil, fast zerbrechlich wirken die ersten Entwürfe und Prototypen. Als Antrieb war das AM-11 (ab 1956 Tumanski RD-11) vorgesehen, aber es ließ auf sich warten. So entstand zunächst das Projekt E-1, berechnet für ein Mikulin AM-5A (RD-5, proportional verkleinertes AM-3) mit 2.150 kp. Das Konzept eines Mach-2-Jägers wurde im Sommer 1953 dem neuen Verteidigungsminister Bulganin vorgelegt. Zum Vergleich: Erstflug I-360 (MiG-19) am 27. Juni 1953. Schon am 9. September 1953 beschloss die Regierung, die Projekte E-1 und AM-11 zu forcieren. Versprochen waren 1.700 – 2.000 km/h, Steigegeschwindigkeit auf 10.000 m in 1,2 min, praktische Gipfelhöhe 18.000 m, Reichweite 2.500 km. Also ein gewaltiger Leistungssprung im Verhältnis zur zweimotorigen MiG-19. Zunächst (beim Warten auf das AM-11) entschied man sich zum Bau von zwei Prototypen mit dem Mikulin AM-9B (2.600 / NB 3.250 kp). Bei Mikojan setzte man auf einen sehr dünnen Pfeilflügel mit 55 ° Pfeilung, das ZAGI bevorzugte den neu entwickelten Deltaflügel (57 °) mit je drei Grenzschichtzäunen (die beiden inneren ragten über die Flügelkante hinaus). Zur praktischen Erprobung wurden beide Muster gebaut als E-2 bzw. E-4, wobei der Pfeilflügel E-2 vier Monate früher in die Luft kam – am 14. Februar 1955 mit Georgi Mossolow (1926-2018). Er war Testpilot im OKB Mikojan und auch an der Erprobung der I-3U und E-152A (siehe Fotos) beteiligt. Die Flugerprobung der E-2 erwies sich als schwierig, starkes Rütteln, das bei hohen Geschwindigkeiten vom Leitwerk ausging. Wie sah es mit der E-4 aus?

Flugzeugtyp:	**MiG-21MF**
Verwendungszweck:	Jagdflugzeug
Antrieb:	1 x Tumanski R-13-300 mit 4.100 kp / NB 6.350 kp (40,2 kN / 62,3 kN)
Besatzung:	1
Länge:	15,76 m
Spannweite:	7,15 m
Höhe:	4,12 m
Flügelfläche:	22,95 m^2
Leermasse:	5.450 kg
Startmasse:	8.350 kg
max. Geschwindigkeit:	2.225 km/h
prakt. Gipfelhöhe:	18.200 m
Reichweite:	1.050 km
Bewaffnung:	1 x Doppellaufkanone GSch-23L (200 Patronen), bis zu 4 x radar- bzw. infrarotgelenkte Luft-Luft-Raketen RS-2US, R-60MK, K-13M oder an 4 Pylonen Waffenzuladung von 1.200 kg bzw. 2 x 500 l Zusatztanks
Erstflug:	16. Juni 1955 (E-4)
Auflage:	10.352 (alle Versionen)

Der Prototyp E-4 (Erstflug 16. Juni 1955) hatte im Gegensatz zur E-2 einen Deltaflügel mit 57 ° Pfeilung und musste zunächst mit dem AM-9B auskommen (Foto: RSK MiG).

Um die Wartezeit auf das AM-11 zu überbrücken, ließ Mikojan eine E-2 (Pfeilflügel 55 °) zusätzlich mit einem Raketentriebwerk ausrüsten, Erstflug E-50 am 9. Januar 1956.

NVA-Flugplatz Preschen südlich von Forst, Jagdfliegergeschwader 3 „Wladimir Komarow", MiG-21MF nach der Landung am 23. August 1990 (Foto: Rob Schleiffert).

Am 16. Juni 1955 startete Testpilot Grigori Sedow (1917-2014), Testpilot und Ingenieur. Er erprobte im NII (Forschungsinstitut der Luftwaffe) in Tschkalowski nordöstlich von Moskau zahlreiche Modelle, u.a. Jak-15, Jak-30 (1), MiG-17SN, SM-9, MiG-21PD. Von 1958-1970 war er Cheftestpilot bei Mikojan.

Mit der E-4 wurden bis September 1956 insgesamt 109 Flüge durchgeführt, wobei die vorgegebenen Leistungen erflogen werden konnten (bis auf die Reichweite), allerdings ohne Bewaffnung. Es setzte sich die Meinung durch, den Deltaflügel zu bevorzugen wegen der geringeren Flächenbelastung und ei-

Die MiG-23PD (Erstflug 3. April 1967) erhielt als Prototyp zwei Hubtriebwerke RD-36-35 (2.350 kp), für den Massenbau wurde dann die variable Flügelgeometrie gewählt.

ner damit verbundenen besseren Manövrierfähigkeit. Das Programm wurde mit der E-5 fortgesetzt, jetzt versehen mit dem AM-11 (3.800 / NB 5.100 kp), Erstflug am 9. Januar 1956. Aber das Triebwerk war noch nicht einsatzbereit, es kam wiederholt zu Triebwerksbränden, erst am 1. April 1957 (!) konnte die Erprobung fortgesetzt werden.

Im Sommer 1956 wuchs die Nervosität bei den sowjetischen Luftstreitkräften: Wo bleibt der versprochene Jäger? Am 4.

Das perfekte Familienfoto: MiG-23MF, MiG-21UM und MiG-21MF der polnischen Luftwaffe (Foto: Rob Schleiffert).

Juli 1956 hatte das erste Mal das Höhenaufklärungsflugzeug Lockheed U-2 in 20.000 m die Sowjetunion überflogen, und man konnte nichts dagegen tun. Siehe Lawotschkin S-75 Dwina (SA-2) im Kapitel La-350.
Auch Jakowlew mit seinem Konkurrenzmodell Jak-140 wartete auf das AM-11, Erstflug am 10. Februar 1955 (vier Tage vor der E-2) – und gab dann entnervt auf. Mikojan war beharrlicher, er bot dem Militär eine Zwischenlösung an mit der E-50. Sie basierte auf der E-2 mit Pfeilflügeln und wurde angetrieben vom AM-9E und einem Raketentriebwerk Duschkin S-155 mit 1.300 kg Schub, Bewaffnung mit zwei MG NR-30, Erstflug 9. Januar 1956. Mit drei Prototypen begann die Werkserprobung, wobei eine maximale Flughöhe von 25.580 m erreicht wurde und 2.470 km/h in 18.000 m. Die Erprobung zog sich bis Mitte 1957 hin. Nun, um es kurz zu machen, das Raketentriebwerk arbeitete sehr unzuverlässig (Ausfall, Brand, Explosionen), und nach dem Absturz der E-50/3 etwa 100 km südöstlich des Flugplatzes Schukowski (LII) am 8. August 1957 wurde das Programm eingestellt. Der Schleudersitz versagte, und nach der Explosion des Raketenantriebs starb der Testpilot Nikolai Korowin (1920-1957). Mit 18 Jahren wurde er Pilot und arbeitete ab 1940 als Fluglehrer in der Flugschule für Militärpiloten in Stalingrad. Im Zweiten Weltkrieg war er Pilot im 91. Gardeschlachtfliegerregiment und war an der Befreiung der Westukraine, Ungarns, der Tschechoslowakei und Österreichs beteiligt. Er flog 66 Einsätze mit der Il-2.
Inzwischen stand das neue Triebwerk, jetzt unter der Bezeichnung R-11F-300, zur Verfügung (3.950 kp / NB 5.740 kp). Intern trug die neue Maschine die Bezeichnung E-6T/1, offiziell für den ersten Weltrekord erhielt sie den Namen E-66. Am 31. Oktober 1958 konnten 2.388 km/h erreicht werden (vorher F-104A), Pilot Georgi Mossolow – der erste sowjetische (!) absolute Geschwindigkeitsweltrekord der Fédération Aéronautique Internationale (FAI), übertroffen zwei Monate später (der Ehrgeiz war groß) von der Convair F-106 „Delta Dart" (2.455,7 km/h). Nur ganz kurz: am 7. Juli 1962 konterte Mossolow mit der E-166 (Derivat E-152) und 2.681 km/h, die Lockheed YF-12A brachte es drei Jahre später auf 3.331,50 km/h. Übrigens: Der erste eingetragene Rekord der FAI stammte von Wilbur Wright aus dem Jahr 1903 mit 10,98 km/h – eine bemerkenswerte Entwicklung in nur 60 Jahren ...
Neben den leichten Abfangjägern gab es im OKB Mikojan auch Ambitionen, sich in einer höheren Gewichtsklasse zu profilieren. Die neue Konstruktionslinie dominierte die I-3U („vergrößerte" MiG-19), U für das Waffensystem Uragan-1 (Erstflug 11. Oktober 1956, Pfeilflügel 57 °). Fortsetzung mit der I-7U (Erstflug 22. April 1957) und der I-75F (28. April 1958) mit dem noch unerprobten Ljulka AL-7F (6.150 / NB 9.200 kp). Interessant ist auch die geometrische Vergrößerung der MiG-21, siehe Shenyang J-8-1 (Erstflug 5. Juli 1969). Die E-152A war ein bewaffneter Prototyp mit zwei nun stabilen Tumanski R-11F-300, die E-150 mit einem unerprobten Tumanski R-15B-300 (11.200 kp NB) war ein Testflugzeug, um Stabilitäts-, Material- und Steuerungsfragen zu klären für ein zukünftiges Kampfflugzeug im Bereich Mach 3 (Erstflug 8. Juli 1960). Umgesetzt wurden die Erfahrungen in der MiG-25 (Erstflug 6. März 1964), Auflage 1.190 (70 % Jäger P, 30 % Aufklärer R). Die Rekordversion E-266 erreichte am 31. August 1977 einen FAI-Höhenweltrekord von 37.650 m, Pilot Alexander Fedotow.
Das Thema MiG-21 ist vielfach publiziert, also halte ich mich

Die I-3U (Erstflug 11. Oktober 1956) war eine „vergrößerte" MiG-19 für das Waffensystem Uragan-1, der Serienauftrag ging 1958 an die Su-9, Auflage 1.150 (Foto: RSK MiG).

Als Höhenabfangjäger flog die E-152A erstmals am 10. Juli 1959, eine große MiG-21 (Länge 19.20 m), geplante Bewaffnung zwei Luft-Luft-Raketen Mikojan K-9 (Foto: RSK MiG).

kurz. Die MiG-21 wurde 1959 mit der Ausgangsversion F-13 in die sowjetischen Streitkräfte aufgenommen – konnte aber die U-2 nicht erreichen. Über viele Jahre war sie einer der besten Jäger der Welt: leicht, schnell, wendig – der im Vietnamkrieg die Piloten der McDonnell F-4 Phantom II überraschte. Nach US-Angaben betrug das Abschussverhältnis 3:1 zugunsten der MiG-21. Die Auflage wird oft mit über 10.000 angegeben, wobei genaue Zahlen über den Lizenzbau in China nicht vorliegen, nicht abwegig sind also 18.000 Flugzeuge. In 43 Länder wurde die MiG-21 exportiert und in zahlreichen Konflikten eingesetzt (Sechstagekrieg, Kongo, Tschad, Kaschmir-Konflikt). Für die zahlreichen Versionen und Einsatzvarianten fehlt hier natürlich der Raum. Zuerst ging es darum, die mangelnde Reichweite zu verbessern, die Einsatzzeiten lagen zunächst bei knapp einer Stunde. Mit zusätzlichen Tanks (Rückenwulst) konnte dieses Manko schrittweise reduziert werden. Der andere Punkt war die Modernisierung des Feuerleitsystems, siehe SRD-5M „Quant“, „Lasur“ und RP-21 „Safir“ (Reichweite 12 km, 4 x Luft-Luft-Raketen Wympel R-60). Die weltweit vorhandenen Bestände wurden durch zahlreiche Anbieter modernisiert: IAI MiG-21 2000, MiG-21-93, Shenjang Q-7/F-7M.

Die Luftstreitkräfte der DDR erhielten von 1962-64 (u.a. JG-8 in Marxwalde, heute Neuhardenberg) zunächst 76 Maschinen des Typs MiG-21F-13 (Schönwetterflieger), Bewaffnung: 1 x NR-30 (60 Patronen), 2 x infrarotgelenkte Luft-Luft-Raketen Wympel R-3S bzw. 2 x Raketenbehälter UB-16 mit je 16 ungelenkten Raketen S-5. Ab 1965 beschaffte die DDR auch 45 zweisitzige Schulmaschinen vom Typ MiG-21U-400 und 600. Der Einsatz gestaltete sich kompliziert, da das Triebwerk oft überhitzte, von den Flugzeugen der ersten Generation gingen 39 Maschinen verloren: durch Triebwerksausfall, Fertigungsfehler, Orientierungsverlust, verunreinigten Kraftstoff oder Vogelschlag. Der Einsatz der MiG-21 in der NVA erfolgte immer als Abfangjäger mit kurzer Reichweite, geleitet von einer Bodenstation, die das Flugzeug bis zu einer Entfernung von 20 km an das Ziel führte. Die MiG-21bis war für den direkten Luftkampf in niedrigen und mittleren Höhen optimiert, sowie den Einsatz gegen Bodentruppen. Von den späteren Allwetter-Versionen (vierte Generation) wurden 435 Maschinen beschafft. Insgesamt gingen von den 556 Maschinen der NVA 126 verloren, 54 Piloten starben. In den 1980er Jahren verlief der Flugbetrieb relativ stabil, letzte Abstürze am 21. November 1986, 20. Februar 1987 und 19. Februar 1990. Die MF galt dann als ein belastbares und zuverlässiges Jagdflugzeug. Nach dem Beitritt der DDR zum Geltungsgebiet des Grundgesetzes der BRD 1990 wurden von der Bundeswehr übernommen: 24 SPS (PFM), 21 SPS-K, 56 M, 47 MF, 14 bisLASUR, 27 bisSAU, 13 US und 36 UM. Die Maschinen waren auf den Flugplätzen Rothenburg und Drewitz stationiert. Die meisten Maschinen wurden verschrottet, einige überlebten im WTD-61 in Manching oder im Museum, z.B. in Gatow und Finow.

Vom Nachfolgetyp MiG-23 mit variabler Flügelgeometrie (16 bis 71 °) beschaffte die DDR ab 1978 im Ganzen 78 Flugzeuge (10 Verluste) als Abfangjäger (MF, MLA), als Schulflugzeug (UB) und als Jagdbomber (BN), stationiert im JG-9 „Heinrich Rau“ Peenemünde und JBG-37 „Klement Gottwald“ Drewitz. Der Massenbau der MiG-23 endete 1985 mit 5.047 Exemplaren, Einsatz in 36 Ländern.

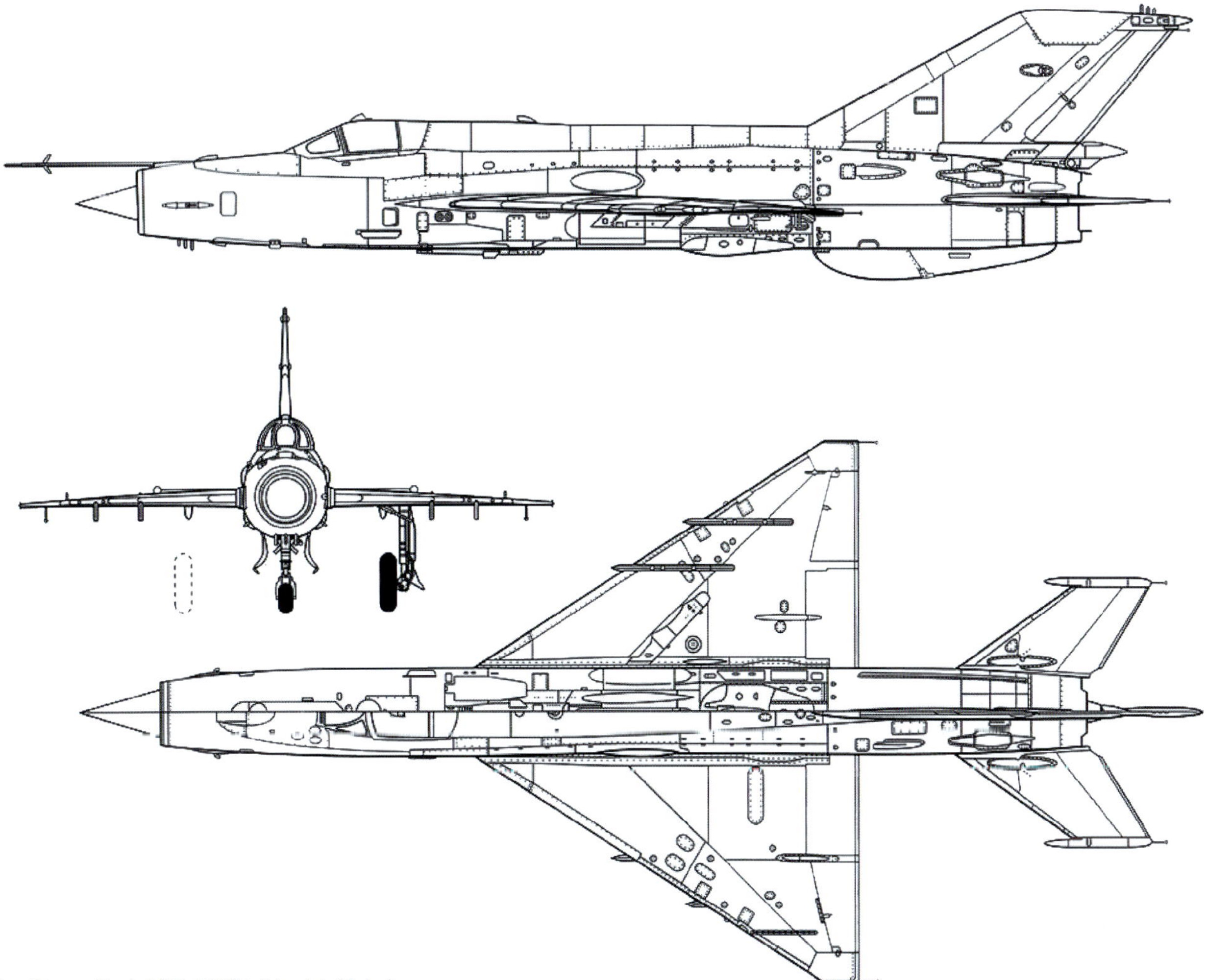

Mikojan/Gurewitsch MiG-21MF (Ugolok Neba)

Die MiG-23 (Erstflug 10. Juli 1967) wurde in der DDR eingesetzt als MF, MLA, Trainer UB und als Jagdbomber BN, hier: JBG-37 in Drewitz 1990 (Foto: Rob Schleiffert).

Suchoi Su-7 /-9 /-17 /-22

Flugzeugtyp:	Su-7B
Verwendungszweck:	Jagdbomber
Antrieb:	1 x Ljulka AL-7F-1 mit 6.800 / NB 9.600 kp (66,68 / 94,14 kN)
Besatzung:	1
Länge:	16,61 m
Spannweite:	9,31 m
Höhe:	4,16 m
Flügelfläche:	34,00 m^2
Leermasse:	8.370 kg
Startmasse:	12.200 kg
max. Geschwindigkeit:	2.070 km/h
prakt. Gipfelhöhe:	15.500 m
Reichweite:	1.150 km
Bewaffnung:	2 x 30-mm-MK NR-30, Luft-Luft- und Luft-Boden-Raketen, max. 2.000 kg Bomben, Zusatztanks PTB-800
Erstflug:	7. September 1955
Auflage:	1.847 (Su-7), 1.192 (Su-17), 1.570 (Su-22)

Am 14. Mai 1953 erging der Regierungsbeschluss, das OKB Suchoi neu zu gründen, mit Pawel Suchoi als Chef und dem angeschlossenen Werk 289 für den Bau von Prototypen, d.h. in den ehemaligen Gebäuden von Polikarpow im Norden Moskaus. Suchoi hatte einige Mühe, sein altes Team wieder neu aufzustellen. Aber damit wurde direkt nach Stalins Tod nicht nur ein Fehler korrigiert, es war auch ein Reflex auf die enttäuschenden Leistungen der MiG-19 und die modernen US-Jäger North American F-100 Super Sabre (Erstflug 25. Mai 1953) und Convair F-102 (Erstflug 24. Oktober 1953). Vorgabe an die sowjetischen Konstrukteure im Rüstungswettlauf: hohe Geschwindigkeit (1.800 km/h) und Gipfelhöhe (18.000 m). Während Mikojan (MiG-21, Erstflug E-4 am 16. Juni 1955) am Triebwerkshersteller Tumanski festhielt (RD-9B / R-11), entschied sich Suchoi für Archip Ljulka, woraus sich eine enge Zusammenarbeit entwickelte. Und das AL-7F-1 wurde dann ein kraftvoller Antrieb (6.800 kp / 9.600 kp). Ausgangspunkt für Suchois neues Flugzeug war die Su-17 (R) aus dem Jahr 1949, wobei der Rumpf dem Antrieb angepasst wurde, das Tragwerk erhielt eine Pfeilung von 62 °. Bemerkenswert ist, dass er das neue Projekt gleich in zwei Richtungen auslegte (siehe MiG-21), allerdings deutlich größer: Pfeilflügler S-1 „Strelka" (Pfeil) und die T-1 mit 60 °-Deltaflügel. Das T stand für treugolnik – Dreieck. Und beide Muster (!) gingen in den Serienbau (Su-7 / Su-9) und bewährten sich im Einsatz vorzüglich. Erstflug Su-9 (Prototyp T-3) am 26. Mai 1956, Auflage 1.150. Siehe Typenkompass Suchoi.

Das Mock-up der S-1 wurde im Februar 1954 vorgestellt und von den Luftstreitkräften akzeptiert, der erste Prototyp war hallenfertig am 15. Juli 1955. Auslegung als Ganzmetall-Mitteldecker in Halbschalenbauweise, im Lufteinlass befand sich ein regelbarer Konus, der die Radarantenne und den Entfernungsmesser aufnahm. Im Bereich Unterschall war der Kegel in der vorderen Stellung, bei Überschall hinten – Hub 230 mm. Da die Nachbrenner-Version für den ersten Prototyp S-1 noch nicht

Dieser eindruckvolle Jäger Su-17 (R) wurde nicht zum Erstflug zugelassen, stattdessen wurde das OKB Suchoi am 14. November 1949 wegen „Erfolglosigkeit" geschlossen.

Nach Stalins Tod 1953 erhielt Pawel Suchoi sein Büro zurück und setzte die Arbeit mit der S-1 (Erstflug 7. September 1955) fort, baugleich entstand die T-1 mit Deltaflügeln.

Die Su-9 (Erstflug als T-3 am 26. Mai 1956) brachte es auf 1.150 Auflagen (vier RS-2US-Raketen), die Su-11 (108 Exemplare) folgte mit dem Radarsystem Uragan-5 (zwei K-8M).

verfügbar war, wurde zunächst das AL-7 (6.500 kp) eingebaut. Es folgten Rollversuche in Schukowski und der Erstflug fand am 7. September 1955 statt. Er wurde ungeplant absolviert, denn als Testpilot Andrej Kotschetkow (vorher bei Lawotschkin) ein schnelles Rollmanöver durchführen sollte, hob die Maschine plötzlich den Bug und stieg auf 15 Meter. Er konnte den Start nicht mehr abbrechen und flog eine vorsichtige Platzrunde. Die folgende Werkserprobung (ab März 1956 mit AL-7F) erbrachte schrittweise eine maximale Geschwindigkeit von 2.070 km/h – als erstes sowjetisches Flugzeug. Am 24. Juni 1956 donnerten eine S-1 und die T-3 über Moskau anlässlich der traditionellen Flugschau. Beim „Tag der Luftflotte" auf dem Flugplatz Tuschino, 1935 eröffnet und etwas nördlich vom Chodynkafeld, werden alljährlich die neuesten sowjetischen Flugzeuge hunderttausenden Besuchern und den internationalen Gästen präsentiert. Im Jahr 2001 bin ich von Tuschino auc noch mit einer Jak 18T zu einem Rundflug über Moskau gestartet, heute sicher undenkbar.

Die S-1 erwies sich als stabiles und gut steuerbares Flugzeug, allerdings wurde die Erprobung durch Fehler an der Hydraulik und beim AL-7F (Defekte an den Turbinenschaufeln) überschattet, außerdem war das Triebwerk sehr durstig. Bei der S-2 (August 1956) wurden daher zusätzliche Tanks eingebaut und die Bewaffnung von drei auf zwei NR-30 reduziert. Anfang 1957 wurde mit 19.100 m Höhe ein nationaler Rekord erreicht. Allerdings hatte der Auftraggeber inzwischen seine Ziele geän-

Die Su-7IG (veränderbare Geometrie, Erstflug 2. August 1966) erhielt schwenkbare Außenflügel (3,96 m), Truppeneinführung als Su-17 (Auflage 1.192).

dert. Die T-3 sollte weiter als schwerer Abfangjäger entwickelt werden, der S-2 wurde die Aufgabe als Jagdbomber (offiziell: Frontbomber) zugewiesen. In diesem Sinne wurde die Flugerprobung im NII fortgesetzt, wobei es in erster Linie um die Prüfung der Bordsysteme ging und um Untersuchungen zur Taktik des Kampfeinsatzes als Jagdbomber. An den Tests nahmen auch zwei Vorserienmaschinen teil. Die Luftstreitkräfte waren fasziniert von den Flugleistungen und so wurde bereits am 11. Juni 1956 (also vor Ende der Staatsprüfung) der Serienauftrag erteilt – als Su-7. Auf der Basis der S-2 begann die Fertigung im Werk Nr. 126 in Komsomolsk am Amur. Wegen der technologischen Umstellung (zuvor MiG-17) konnten bis Dezember 1957 nur vier Maschinen, statt der geforderten zehn ausgeliefert werden. Bis 1971 wurden 1.847 Flugzeuge gebaut. Im Verlauf der Produktion wurde die Su-7 ständig weiterentwickelt und an die Erfordernisse der Frontfliegerkräfte angepasst, Einsatz auch in Polen, Algerien, Kuba, Syrien, Ägypten u.a. Neben den MK NR-30 (je 70 Patronen) gehörten zur Bewaffnung Luft-Luft-Lenkflugkörper (Wympel R-3S), ungelenkte Luft-Boden-Raketen (UB-32 bzw. APU-12) und Bomben (4 x FAB-500 bzw. zwei RDS-4 als freifallende 5-kT-Nuklearbombe). Bei der Su-7B erreichte das AL-7F-1 endlich eine Laufleistung von 100 Stunden, die Hauptversion Su-7BM erhielt vergrößerte Tanks, zwei zusätzliche Pylonen unter den Tragflächen und ein leistungsstärkeres Radarwarngerät (Sirena 3). Es gab auch zweisitzige Trainerversionen als Su-7U/UM. Der Prototyp Su-7IG (veränderbare Geometrie) erhielt schwenkbare Außenflügel (3,96 m), hinter dem äußeren Grenzschichtzaun in drei Positionen: 30, 45 und 62 Grad. Truppeneinführung als Su-17 (Erstflug 2. August 1966, Auflage 1.192), die Exportversion Su-22 (mit Tumanski R-29B-300, Erstflug 14. Januar

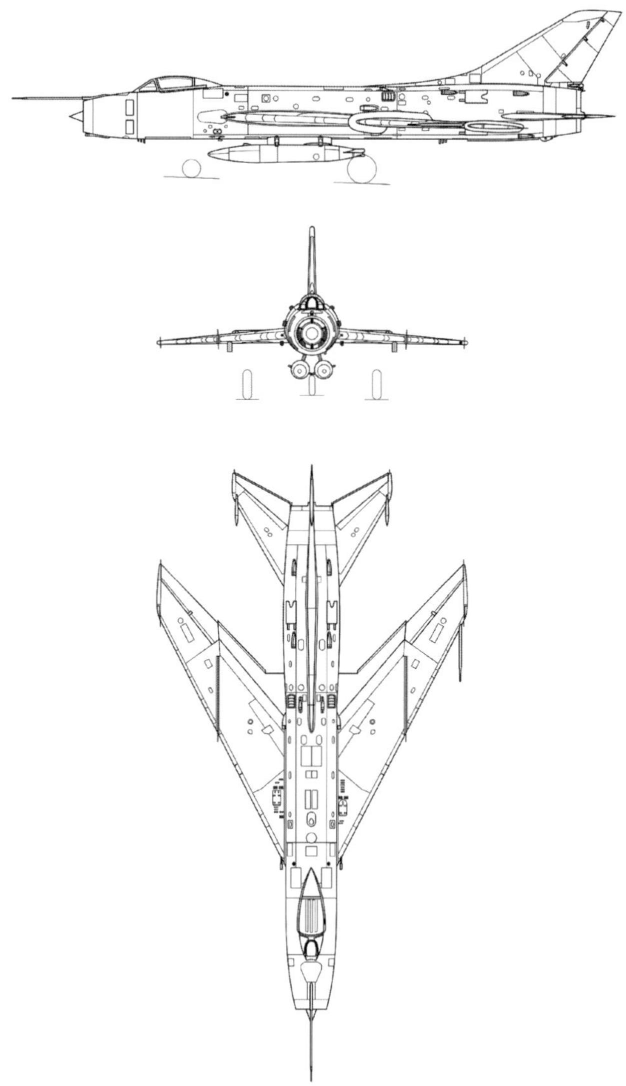

Suchoi Su-7 (Dr. Péter Kaboldy)

Das MFG-28 und das JBG-77, hier Su-22M4 (605 / 25+10) und Su-22UM3K (127 / 25+49), wurden am 31.12.1990 aufgelöst (Foto: Rob Schleiffert).

1975) wurde bis 1990 produziert – Gesamtauflage: 1.570 Exemplare (Erstkunde Peru, dann Libyen, Südjemen, Irak, Polen, Ungarn, insgesamt 22 Länder).

Die DDR erwarb 48 Su-22M4 und 8 Schulflugzeuge Su-22UM3K, Einführung Ende 1984, stationiert am Flugplatz Laage: Jagdbombengeschwader 77 und Marinefliegergeschwader 28. Die Piloten liebten ihre „Susis" und in dem fünfjährigen Einsatz gingen nur zwei Maschinen verloren. Nach dem Ende der DDR wurden die Flugzeuge außer Dienst gestellt (27.9.1990), zwei Su-22 gingen an die US Air Force und sieben an die WTD-61 (Wehrtechnische Dienststelle) in Manching bei Ingolstadt zur Analyse und für Flugtests: fünf Su-22M4 und zwei Su-22UM3K.

Polen betreibt seine Su-22M4K voraussichtlich noch bis 2024, generalüberholt und in NATO-Grau (Foto: Zdzislaw Kosenko).

Lawotschkin La-250

Flugzeugtyp:	La-250A
Verwendungszweck:	Jagdflugzeug
Antrieb:	2 x Ljulka AL-7F-1 mit 6.800 / NB 9.600 kp (66,68 / 94,14 kN)
Besatzung:	2
Länge:	26,80 m
Spannweite:	13,90 m
Höhe:	6,50 m
Flügelfläche:	80,06 m^2
Leermasse:	18.988 kg
Startmasse:	24.600 kg
max. Geschwindigkeit:	1.800 km/h
prakt. Gipfelhöhe:	17.500 m
Reichweite:	1.550 km
Bewaffnung:	2 x Luft-Luft-Raketen R-15
Erstflug:	16. Juni 1956
Auflage:	4

In der Tat konnte die Jak-25 die in sie gesetzten Erwartungen erfüllen, aber was sind schon 1.050 km/h maximale Geschwindigkeit ein paar Jahre später? Fliegende Trägersysteme sollten mit Überschall neue Luft-Luft-Raketen einsetzen. Zuständig für das Thema war Sergo Berija (1924-2000), Sohn von Lawrenti Berija. Das neue Raketensystem wurde ab dem 3. November 1951 erprobt, zunächst mit einer Tu-2. Mittels der Radarstation D-500 (Reichweite 80-100 km) konnten diese Raketen Ziele in 40 km erreichen. Semjon Lawotschkin war an diesem Projekt beteiligt, wobei es ihm darum ging, die Abmessung der Raketen zu halbieren, um sie so für Jets einsetzbar zu machen: max. Durchmesser 0,53 m, Länge 4,34 m, Gewicht 470 kg, Geschwindigkeit 3.900 km/h. Das war die Ausgangslage. Das Projekt wurde unter dem Namen Isdelije 275 weitergeführt. Isdelije heißt Erzeugnis und wird oft für neue Projekte benutzt. Das im Bug befindliche Radar hatte zunächst ein Gewicht von 750 kg.

Lawotschkin ließ sich noch ein Mal verleiten, ein Flugzeug für dieses Raketensystem zu entwickeln, ein sehr großes Flugzeug, obwohl die Antriebsfrage 1952 keineswegs geklärt war. Notwendig waren zwei Turbinen mit einer Leistung von zirka 10.000 kp, und Lawotschkin hoffte auf das WK-9 von Klimow, das aber noch in der Entwicklung war. Die Vorgaben der Luftstreitkräfte waren eindeutig: Gipfelhöhe bis 20.000 m, max. Geschwindigkeit 1.450 km/h, Einsatzradius 500 km. In dieser Zeit eine fast unlösbare Aufgabe. Das von Lawotschkin vorgeschlagene Konzept (im September 1954 bestätigt) sah eine Leermasse von 17.500 kg vor, maximale Startmasse mit zwei Raketen 31.800 kg, Geschwindigkeit mit Nachbrenner 1.600 km/h, Dienstgipfelhöhe 16.500 m, Reichweite 2.000 km. Mit Blick auf das Radar im Rumpf wurden die Lufteinläufe seitlich angeordnet, was damals noch nicht erprobt worden war. Pilot und Operateur saßen hintereinander in einem Cockpit auf zwei Schleudersitzen. Da das WK-9 noch in weiter Ferne war, wurde als Antrieb das ebenfalls noch unerprobte Ljulka AL-7 gewählt. Zudem schlugen die Raketentechniker ständig neue Entwicklungen vor, die aber erst erprobt werden mussten. Gewicht und Größe waren unbestimmt. 1954 kam das K-15-System (Isdelije 277, 279) an den Start mit einem halbaktiven

Die La-250 war 1952 gedacht als Träger für das neue Raketensystem D-500, das Ziele in 40 km Entfernung bekämpfen sollte, ein großes Flugzeug wurde gebraucht.

Der Erstflug der La-250 erfolgte am 16. Juni 1956, der dritte Prototyp erhielt einen nach unten gebogenen Bug zur Verbesserung der Sicht, Spitzname Anakonda, hier in Monino.

Die Erprobung der La-250 zog sich drei Jahre hin (4 Prototypen), bestellt wurden dann die Jak-28, Erstflug 5. März 1958, und die Tupolew Tu-28, 18. März 1961 (Filmfoto).

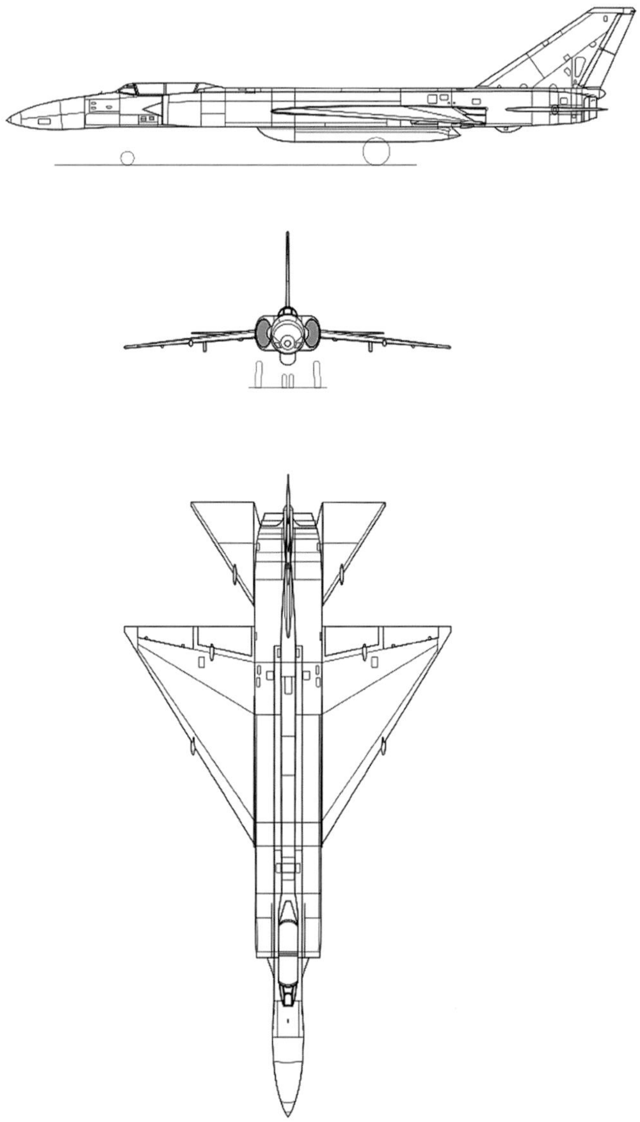

Lawotschkin La-250 (Dr. Péter Kaboldy)

Radarzielkopf für die Bekämpfung von Einzel- und Gruppenzielen. Das Gewicht einer Rakete mit einem Sprengkopf von 140 kg sollte 800 kg betragen.
Aber dies stellte die Struktur der neuen Maschine in Frage, verzögerte die Entwicklung. Statt eines Pfeilflügels mit 55°, wurde auf einen Deltaflügel mit 57° Pfeilung umgestellt (siehe MiG-21). Endlich wurde der erste von vier Prototypen am 16. Juni 1956 aus der Werkhalle geschoben, es folgte der Erstflug unter Andrej Kortschatow. Doch schon wenige Sekunden nach dem Abheben verlor der Pilot die Kontrolle und das Flugzeug schlug 800 m hinter der Landebahn auf und fing sofort Feuer. Der Navigator Nikolai Sacharow konnte das Cockpit unverletzt verlassen, Kortschatow kam mit ein paar Blutergüssen davon. Es stellte sich heraus, dass die Anlenkung der Querruder zu viel Spiel hatte. Der zweite, überarbeitete Prototyp war erst am 18. Juni 1957 (ein Jahr später!) flugbereit und wurde in vier Flügen erprobt. Das Ljulka AL-7 arbeitete inzwischen stabil und sicher. Beim fünften Flug flog Kortschatow zu tief an und das Flugzeug schlug vor der Landebahn auf, der Pilot wurde erheblich verletzt (Schlüsselbeinbruch und Rippenbrüche). Der Untersuchungsbericht nannte Nebel als Ursache für den Unfall, zur Verbesserung der Sicht nach vorn wurde dann aber der Bug nach unten gezogen. Dies brachte der dritten Maschine (La-250A) den Namen „Anakonda" ein. Und wieder ein Jahr verging, bis dieser Prototyp starten konnte, neuer Testpilot Arkadi Bogorodski (1923-1972). Er absolvierte die Testpilotenausbildung 1953 und war nach dem Thema La-250A auch an der Erprobung der Mikojan SM-50, MiG-25, dem Senkrechtstarter Jak-36 und dem Hubschrauber Jak-24 beteiligt. Er starb am 20. April 1972 während eines Testflugs mit der MiG-21PF.
Seinen ersten Flug mit der La-250A absolvierte er am 31. Juli 1958. Am 8. September brach bei einer harten Landung das Fahrwerk, die Maschine konnte aber repariert werden. Bis Mai 1959 wurden 16 Testflüge durchgeführt. Aber seit 1952, dem Projektbeginn, waren sieben Jahre vergangen. Von staatlicher Seite wurde Lawotschkin auch für das Scheitern des K-15-Programms verantwortlich gemacht. Durchgesetzt hat sich bei den Luft-Luft-Raketen Ende der 1950er Jahre die Kaliningrad K-8, eingesetzt bei der Su-15 und Jak-28, Reichweite 23 km.
Letztlich entscheidend für die schleppende Entwicklung und das Ende der La-250 war jedoch, dass Parteichef Nikita Chruschtschow (1894-1971, ab dem 27. März 1958 auch Premier) die Auffassung vertrat, die sowjetischen Luftstreitkräfte seien zu kostspielig. Er musste die Versorgung der Bevölkerung verbessern und wollte deshalb mit Fla-Raketen und ballistischen Atom-Raketen der US-amerikanischen Bedrohung entgegentreten. Die sogenannte „Kuba-Krise" 1962 wird von einigen Historikern einseitig dargestellt, da sie die Existenz US-amerikanischer Raketen in der Türkei verschweigen – die dann auch abgezogen wurden.
Nun, die sowjetischen Luftstreitkräfte wurden von Chruschtschow nicht abgeschafft, aber die Mittel deutlich reduziert. Die I-75F aus dem Hause MiG (entwickelt für das Radarsystem "Uragan-5") wurde gestrichen (ersetzt durch die T-47 / Su-11) und als schwere Abfangjäger wurden die Jak-28 (Erstflug 5. März 1958) bzw. die Tupolew Tu-28 (Erstflug 18. März 1961) bestellt. Lawotschkin aber kam der Kurswechsel der Regierung ganz recht. Er verabschiedete sich vom Thema Kampfflugzeug und wandte sich ausschließlich der Raketen- und Raumfahrttechnik zu.

Lawotschkin La-350

Auf Grund der Tatsache, dass das OKB von Sergej Koroljow mit den Arbeiten an der ballistischen Interkontinentalrakete R-7 voll ausgelastet war, wurde am 20. Mai 1954 beim OKB Lawotschkin angefragt, einen interkontinentalen Marschflugkörper mit Überschallgeschwindigkeit zu entwerfen. Ähnlich wie die R-7 sollte er, Projektname Burja, Ziele in den USA erreichen können, auch mit atomaren Sprengköpfen, allerdings in einer Flughöhe von 18.000 m und mit 3-facher Schallgeschwindigkeit. Zum Projektleiter wurde Naum Tschernjakow (1914-1998) bestimmt, er wechselte 1961 zu Suchoi und war an der Entwicklung der T-4 (Erstflug 22. August 1972) beteiligt. Für die Steuerung wurde ein Astronavigationssystem im KB von Ruben Tschatschjan entwickelt, das System befand sich auf dem Marschflugkörper und erinnert auf den ersten Blick an ein Cockpit. Zum ersten Mal wurde in der Sowjetunion der Werkstoff Titan verwendet, er erwies sich bei längeren Flügen mit hoher Überschallgeschwindigkeit als unverzichtbar. Das Projekt stellte den ersten Marschflugkörper der Welt dar, der über zwei Stunden mit Mach 3 fliegen konnte. Und Semjon Lawotschkin war auch der erste Konstrukteur in der Sowjetunion, der eine Schweißtechnologie für Titan sowie verschiedene Arten der mechanischen Bearbeitung

Flugzeugtyp:	**La-350**
Verwendungszweck:	Marschflugkörper
Antrieb:	2 x C2.1150 mit 68.400 kp (671 kN), 1 x RD-012U mit 7.650 kp (75 kN)
Länge:	19.88 m
Spannweite:	7,75 m
Höhe:	6,64 m
Flügelfläche:	44,6 m²
Leermasse:	21.000 kg
Startmasse:	94.020 kg
max. Geschwindigkeit:	3.500 km/h
prakt. Gipfelhöhe:	18.000 m
Reichweite:	6.500 km
Flugzeit:	2 Stunden
Bewaffnung:	Atomarer Sprengkopf 3 Mt
Erstflug:	1. September 1957
Auflage:	18

Die Startmasse der La-350 betrug 94.020 kg, die Abweichung vom Ziel sollte nicht mehr als 10 km betragen.

Der Start erfolgte senkrecht mit Steuerdüsen, nach dem Übergang in den Horizontalflug übernahmen die Ruder an den Tragflächen die Steuerung.

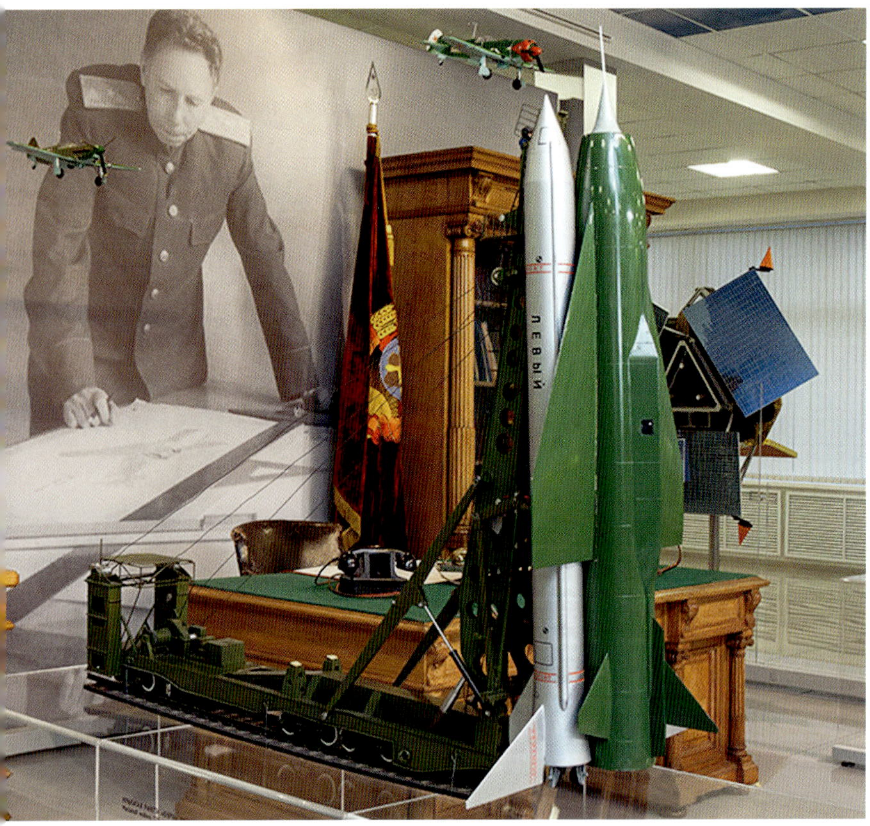

Semjon Lawotschkin starb unerwartet am 9. Juni 1960 mit nur 60 Jahren, am Firmensitz des NPO Lawotschkin entstand 1965 ein großzügiges Museum (Foto: Denis Mordwinzew).

dieses Materials entwickelte und implementierte. Im August 1954 wurde die Projektierung abgeschlossen. Der Auftraggeber veränderte das Gewicht des Gefechtskopfes von 2,1 auf 2,35 Tonnen (thermonuklearer Sprengkopf RDS-37 mit einer Sprengkraft von 3 Megatonnen), was die Startmasse auf 94.020 kg erhöhte (53.160 Booster, 40.860 Marschflugkörper). Das Leergewicht betrug 21.000 kg (Booster je 4.000 kg, Marschflugkörper 13.000 kg), der Rumpfdurchmesser betrug 2,21 m. Für die aerodynamischen Untersuchungen wurde ein 2 Meter langes Modell gebaut, das im Windkanal erprobt wurde. Der Start sollte senkrecht erfolgen mit Steuerdüsen, nach dem Übergang in den Horizontalflug übernahmen die Ruder an den Tragflächen die Steuerung. Das gesamte System war für eine Reichweite von 8.000 km ausgelegt. Die Abweichung vom Ziel sollte nicht mehr als 10 km betragen. Mitte 1957 war die Konstruktion abgeschlossen und der Bau des Prototyps begann in Kuibyschew. Für die Erprobung wurde das abgelegene Militärgelände in Kapustin Jar (Oblast Astrachan, 100 km östlich von Stalingrad, seit 7. November 1961 Wolgograd) gewählt. Der Startplatz entstand 1947 und war bis zur Fertigstellung des Raketenversuchsgeländes in Tjuratam 1957 (später Kosmodrom Baikonur genannt) das einzige sowjetische Testgelände für ballistische Raketen (u.a. R-2, R-12). Siehe auch: Erstflug der ersten „sowjetischen“ A4 (R-1) am 18. Oktober 1947 und der „amerikanischen“ am 20. Februar 1947 in White Sands Missile Range in New Mexico. Mit der R-1 flogen am 15. August 1951 erstmals zwei Hunde (Djesik und Zygan) in das Weltall (maximale Flughöhe 110 km) und landeten sicher.
Der erste Start des nun La-350 genannten Flugkörpers fand am 1. September 1957 von einer Eisenbahnplattform statt. Aber die Steuerdüsen ließen sich nicht kontrollieren und die Rakete stürzte ab. Beim zweiten Start explodierte die Rakete im Flug nach 31 Sekunden, im dritten nach 63 Sekunden und im vierten nach 81 Sekunden. Erst bei einer zweiten Startserie ab dem 28. Dezember 1958 zeigten sich Fortschritte, d.h. beim 12. Flug wurde eine Reichweite von 1.760 km erreicht mit einer maximalen Geschwindigkeit von 3.500 km/h. Eine derartige Geschwindigkeit war zuvor in der Sowjetunion noch nicht erzielt worden. Der Erfolg hing in erster Linie vom reibungslosen Zusammenspiel der zwei Antriebsstufen ab. Die erste Stufe bildeten zwei Booster S2.1150 mit Flüssigkeitsraketentriebwerken (versehen mit der Aufschrift Links bzw. Rechts), die für etwa 60 Sekunden gezündet wurden mit dem Ziel, 18.000 m und Mach 2,85 zu erreichen. Dann wurden die Booster abgeworfen, und die zweite Stufe nahm den Betrieb auf, das RD-012U (Staustrahltriebwerk) als Marschtriebwerk. Die Deltaflügel hatten eine Spannweite von 7,75 m.
Die Aktivitäten in Kapustin Jar blieben auch der CIA nicht verborgen, die von türkischen Stützpunkten aus versuchte, die ballistische Flugkurve der La-350 zu verfolgen bzw. zu berechnen. Aber die „Burja“ war keine ballistische Rakete. Weitere

Die radargelenkte S-75 Dwina (SA-2) wurde 1957 in Dienst gestellt und wird heute noch in 20 Ländern als Boden-Luft-Rakete eingesetzt, siehe Abschuss U-2 am 1. Mai 1960.

Testflüge erfolgten mit dem Zielgebiet Kamtschatka, Zielabweichung 5 km.

Danach sollte der Serienbau vorbereitet werden, verbunden mit der Vorgabe, die gewünschte Reichweite zu ermöglichen. Aber inzwischen waren sechs Jahre vergangen und der neue Regierungschef Chruschtschow favorisierte ballistische Flugkörper wie die R-7 von Sergej Koroljow und die R-16 von Michail Jangel (1911-1971). Bevor Jangel zur Raketentechnik kam, arbeitete er als Luftfahrtingenieur bei Polikarpow und Mikojan.

Lawotschkin versuchte sein Projekt 350 zu retten, indem er den Marschflugkörper auch für die Fotoaufklärung (351) anbot. In der Tat wurden die fünf restlichen Exemplare mit einer derartigen Ausrüstung verschossen. Der letzte, 18. Start fand am 16. Dezember 1960 statt mit einer Reichweite von 6.500 km. In dieser Zeit lief in den USA das vergleichbare Projekt North American SM-64 (1950-58). Nach fünf Fehlstarts wurde das Programm eingestellt. Etwas erfolgreicher wurde die Northrop SM-62 Snark, sie hatte aber auch nur eine kurze Dienstzeit, da Präsident John F. Kennedy 1960 ebenfalls gedrängt wurde, die Rüstung auf ballistische Raketen (Atlas, Titan) umzustellen.

Bereits im Februar 1949 hatte Stalin einen Wettbewerb ausgelobt für ein wirksames Luftabwehrsystem für Moskau – mit Raketen. Für dieses Projekt, genannt Berkut, wurde Alexander Raspletin (1908-1967) zum Leiter bestimmt, der zum OKB Lawotschkin gehörte. Bis Mitte 1951 wurden für den Umkreis von 350 km um das Zentrum der Stadt drei Verteidigungsringe bestimmt mit gestaffelten Radarstationen. Aus den zahlreichen Entwürfen für die eigentliche Rakete, das würde hier zu weit führen, wurde 1955 die S-25 ausgewählt (SA-1) auf 60 Startrampen. Wesentlich bekannter wurde die S-75 (SA-2), siehe Abschuss U-2 am 1. Mai 1960 (Gary Powers), die ab Dezember 1953 als mobiles Abfangsystem entwickelt wurde, Typenleiter Pjotr Gruschin (1906-1993). Seit Juni 1951 war er erster Stellvertreter von Lawotschkin und zuvor wesentlich beteiligt an der Konstruktion der La-5 und La-7. Die S-75 gehört bis heute zu den besten Boden-Luft-Raketen und wurde in zahlreichen Ländern in Osteuropa (z.B. Polen 700, Ungarn 120), im Mittleren Osten (Syrien 320, Iran 125), in Afrika (Ägypten 360, Sudan 90), in Kuba, Vietnam, Pakistan und u.a auch in der DDR stationiert.

Semjon Lawotschkin starb unerwartet am 9. Juni 1960 mit nur

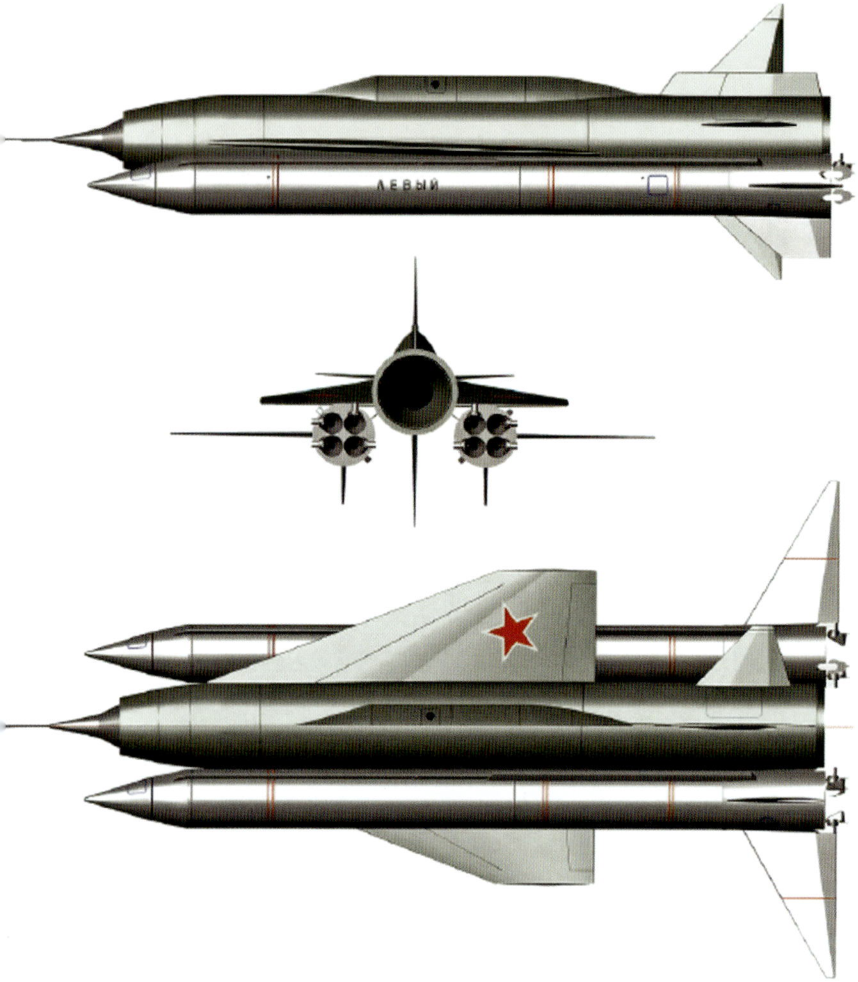

18 Starts der La-350 erfolgten bis zum 16. Dezember 1960, die letzten fünf als Fotoaufklärer (La-351), Reichweite 6.500 km (Grafik: Ugolok Neba).

60 Jahren durch Herzinsuffizienz auf dem militärischen Testgelände von Sary-Shagan in Kasachstan. An diesem Tag wurde das neue Flugabwehrsystem S-200 (SA-5) getestet als Nachfolgemodell der SA-2. Aus dem, was bisher beschrieben wurde, lässt sich unschwer erkennen, dass die Anforderungen der 1950er Jahre für seinen Körper zu viel waren. Auch Artjom Mikojan entging am 16. Juni 1951 (Erstflug der I-360) nur knapp einem Herzinfarkt, er wurde von den Ärzten nach Hause geschickt. Die Chefkonstrukteure der sowjetischen Luftfahrttechnik standen immer unter einem persönlichen Druck. Sie hatten keine eigenen Werke, waren (nur) die Leiter z.T. gigantischer Ingenieurbüros und ihr berufliches Überleben hing von vielen Faktoren ab, die sie nicht beeinflussen konnten.
Semjon Lawotschkin erhielt im Jahr 1944 den Titel Generalkonstrukteur im flugtechnischen Dienst, zwei Mal den höchsten sowjetischen Orden „Held der sozialistischen Arbeit“ (1943, 1956) und war Dozent am Moskauer Luftfahrtinstitut MAI. Er brachte sieben Flugzeuge in den Massenbau, Auflage (einschließlich La-17) 29.343.
Das OKB Lawotschkin hatte nach seinem Tod weiter Bestand, jedoch ausschließlich in der Raketentechnik und in der Raumfahrt – sehr erfolgreich: Luna-Programm, Programme Mars und Venera. Zeitgleich (!) zur Mondladung der NASA (Apollo 11, 20. Juli 1969) sollte Luna 15 auf dem Mond aufsetzen (Start am 13. Juli 1969) und Bodenproben zur Erde befördern, aber die Landung misslang. Erst Luna 16 konnte diesen Leistungsnachweis erbringen (Start am 12. September 1970). Am bekanntesten ist allerdings der Lunochod. Dieses Mondmobil (vergleichbar dem Kleinwagen „Smart“: 1,35 m hoch, 2,15 m breit und 2,21 m lang, 756 kg) landete am 17. November 1970 im Mare Imbrium. Die Sowjetunion hatte zwar den „Wettlauf zum Mond“ verloren, aber dann steuerte eine fünfköpfige Mannschaft (Kommandant, Fahrer, Betriebsingenieur, Navigator, Funker) von der Erde aus mit drei Sekunden Zeitverzögerung den „Mondgänger“. Missionsende war der 14. September 1971. Zurückgelegte Strecke in 322 Tagen 10,54 km, zahlreiche Bodenproben, zudem 20.000 Aufnahmen und 206 Panoramen. Am heutigen Firmensitz des NPO Lawotschkin (Wissenschaftlich-industrielle Vereinigung) in Chimki, Leningrader Chaussee 24, entstand ab dem 25. Juni 1965 auf 900 qm ein großzügiges Museum mit vielen Modellen und Originalen.

Mit unbemannten Sonden wollte die Sowjetunion noch vor den USA Mondgestein zur Erde befördern, was aber erst 1970 mit Luna 16 gelang, MAKS 1917.

Tupolew Tu-22 /-22M /-160

Nach der Serieneinführung eines neuen Kampfflugzeuges, sei es auch noch so erfolgreich, stellt sich sofort die Frage nach einem Nachfolger. Andrej Tupolew schlug im März 1953 als Ersatz für die Tu-16 ein Flugzeug vergleichbarer Konfiguration und Aufgaben vor – allerdings für den Überschallbereich. Dabei legte er dem Minister für Luftfahrtindustrie Michail Chrunitschew (1901-1961) gleich zwei Konzepte vor. Zum einen das Projekt 97 mit einem stärkeren Antrieb (Dobrynin WD-5, 13.000 kp NB) und einer Flügelpfeilung von 45 °, zum anderen die 98. Für die 98 erhielt Tupolew den Auftrag für einen Prototyp, Vorgabe: Bombenlast 3.000 kg, Reichweite 2.300 km, Höchstgeschwindigkeit 1.400 km/h. Im Juli 1955 wurde die Tu-98 aus der Montagehalle im Werk 156 gerollt, das Triebwerk AL-7F (9.200 kp NB) traf jedoch erst am 7. September des folgenden Jahres ein. Das Projekt stand unter keinem guten Stern und wurde nach 37 Testflügen am 26. November 1957 eingestellt, siehe auch Tu-28.

Nächster Anlauf war die 105 mit zwei starken Triebwerken Dobrynin WD-7M (16.000 kp NB), allerdings mit nur 50 Betriebsstunden, es folgte ein Auftrag für zwei Prototypen im Oktober 1955, auffallend war die ungewöhnliche Platzierung der Triebwerk am Heck. Pfeilung Tragwerk 52 °. Am 21. Juni 1958 erfolgte der Erstflug mit Juri Alaschejew (1923-1959). Er steuerte übrigens auch den ersten Flug der Tu-104 am 17. Juni 1955 und es war dann wirklich eine Sensation, als die Tu-104 am 22. März 1956 erstmals in London-Heathrow landete (in Vorbereitung des Staatsbesuchs von Nikita Chruschtschow). Alaschejew starb am 21. Dezember 1959 bei einem Testflug mit der 105. In einer Höhe von 10.000 m setzte ein massives Höhenruderflattern ein, die Maschine war nicht mehr zu halten und stürzte ab.

Trotz der Katastrophe wurde der Massenbau als Tu-22 beschlossen im Werk 22 in Kasan. Start der ersten Vorserienmaschine am 21. Juni 1960. Im Grunde war aber die staatliche Abnahme noch gar nicht abgeschlossen und am 17. November 1960 ging der zweite Prototyp verloren. Für 1961 waren jedoch schon 12 Tu-22 Bomber und 30 Tu-22R Aufklärer bestellt, öffentliche Vorstellung am 9. Juli 1961 bei der Luftparade über Tuschino. Sehr beeindruckend, aber die Luftstreitkräfte waren unzufrieden. Viele Bestandteile des Bombers funktionierten nicht: Triebwerkssystem, Radar, funktechnische Ausrüstung und die Flugleistungen entsprachen nicht den Vorgaben. In Kasan standen 20 Maschinen über Monate vor der Werkhalle und wurden nicht abgenommen. Am 8. Januar 1964 stürzte das vierte Serienflugzeug (Nr. 5029025) ab,

Flugzeugtyp:	**Tu-22**
Verwendungszweck:	Mittelstreckenbomber
Antrieb:	2 x Dobrynin WD-7M mit 10.500 / NB 16.000 kp (103 / 157 kN)
Besatzung:	3
Länge:	41,60 m
Spannweite:	23,17 m
Höhe:	10,13 m
Flügelfläche:	162,25 m^2
Leermasse:	37.200 kg
Startmasse:	85.000 kg
max. Geschwindigkeit:	1.550 km/h
prakt. Gipfelhöhe:	18.500 m
Reichweite:	4.800 km
Bewaffnung:	1 x 23-mm-MK NR-23, 9.000 kg Bomben (Raduga Ch-22)
Erstflug:	21. Juni 1958
Auflage:	299 (Tu-22), 497 (Tu-22M)

Der Prototyp 105 der Tu-22 flog erstmals am 21. Juni 1958 und wurde 1961 bei der Luftparade über Tuschino präsentiert.

Im Einsatz bewährte sich die Tu-22 nicht, hier die Version KD mit Radarsystem für die Luft-Boden-Lenkwaffe Ch-22 und Luftbetankungsvorrichtung (Foto: Oleg Beljakow).

Anfang April 2019 verließ eine weitere modernisierte Tu-22M3M die Werkhalle in Kasan, z.B. Radarsystem NW-45, um moderne Lenkwaffen einzusetzen (Foto: mil.ru).

die dreiköpfige Besatzung starb. Es wurde offenkundig, dass die exponierte Anordnung der Triebwerke oft zu einem schwer beherrschbaren Sinkflug führte, wenn sie plötzlich auf Volllast gestellt wurden. Tupolew wurde persönlich massiv angegriffen durch die Testpiloten des LII. Der Einsatz erfolgte schließlich nur mit einem stringenten Handbuch, d.h. was die Tu-22 alles nicht aushalten konnte. Alles war begrenzt. Und bei den Einsatzflugplätzen musste die Startbahn auf 3.000 m verlängert werden. Für die Landung verfügte die Tu-22 über zwei Bremsschirme am Heck. Die Schleudersitze der dreiköpfigen Besatzung schossen nach unten aus. Um die kritische Startmasse von 85.000 kg nicht zu überschreiten, wurde schon 1965 ein System der Luftbetankungen (Tu-16, Tu-22B) erprobt und eingeführt. Der lakonische Satz der Luftstreitkräfte in dieser Zeit lautete: „Die Tu-22 ist im Einsatz, aber sie ist auch nicht im Einsatz.“ Die Auflage erreichte trotzdem 299 Flugzeuge, letzte Exemplare wurden bis 1995 bei den Seefliegerkräften als Aufklärer genutzt. Libyen kaufte in den 1970er Jahren 24 Flugzeuge dieser Konfiguration, zwei Flugzeuge gingen an Uganda, an den Irak wurden 1974 zudem 12 Bomber geliefert.

Interessanter Vergleich zwischen Tu-160, Tu-22M und Jak-130 auf der MAKS 2013 (Foto: Fedor Borisow).

Nach dem unerwarteten Misserfolg der Tu-22 war das Interesse an einer weiteren Entwicklung des Typs bei den sowjetischen Luftstreitkräften gering. Für eine Fortsetzung des Programms wurden keine Gelder genehmigt und so versuchte der frustrierte Andrej Tupolew 1965 auf Eigeninitiative (und mit eigenen Mitteln) seine Rehabilitierung mit der Bezeichnung Tu-22M (intern 145). Dieses Flugzeug hatte eigentlich nichts mehr mit der Tu-22 zu tun. Augenfällig die variable Pfeilung des Tragwerks: 20°, 30°, 50° und 60°. Der Antrieb erfolgte durch das kraftvolle Zweistrom-Turbinen-Luftstrahltriebwerk Kusnezow NK-25 (14.500 / 25.000 kp). Erstflug 30. August 1969, Auflage 497. Damit war endlich ein adäquater Nachfolger für die Tu-16 gefunden, der Einsatz erfolgte auch in den Sowjetrepubliken Ukraine (29) und Weißrussland (52). Die Tu-22M erwies sich als sicher, abgesehen vom Absturz einer Tu-22M3 am 22. Januar 2019 auf dem Fluglatz Olenya bei Murmansk im Schneesturm. Aktuell sind in Russland etwa 80 Maschinen des Typs Tu-22M3 im Einsatz, 30 sollen schrittweise in Kasan modernisiert werden (M3M). Zu den Waffen gegen Boden- und Schiffziele sollen neue Lenkflugkörper und Präzisionsbomben gehören, der Einsatz der Luft-Boden-Rakete Ch-47M2 Kinschal soll ab 2020 erfolgen.

Zu neuem Glanz kam das OKB Tupolew mit der Tu-160 (Typenleiter Walentin Blisnjuk), einem strategischen Bomber als Ersatz/Ergänzung zur Tu-95. Dieser Schwenkflügel-Überschall-Bomber (Erstflug 18. Dezember 1981) setzte sich 1974 gegen die Suchoi T-4MS und die Mjassischtschew M-18

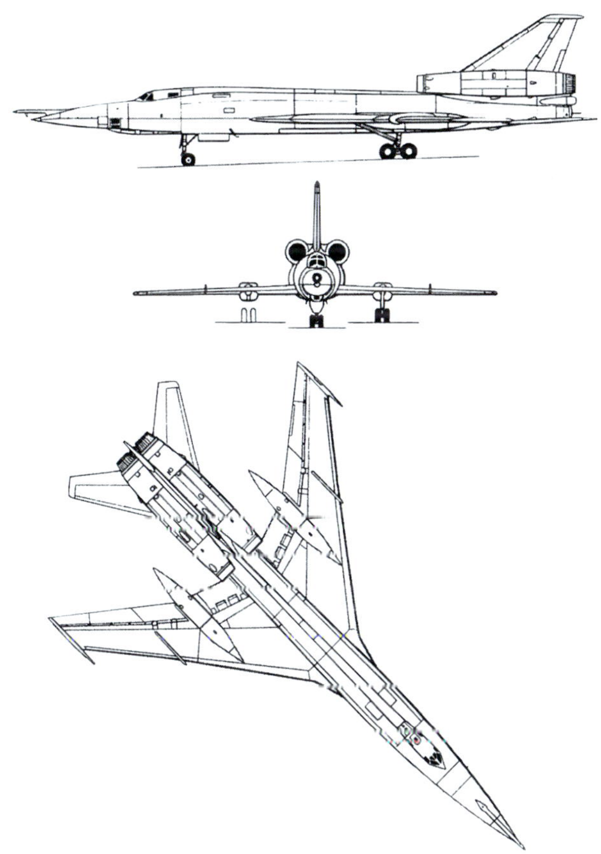

Tupolew Tu-22 (Ugolok Neba)

Am 18. Dezember 1981 flog erstmals die Tu-160, sie ist mit einer Startmasse von 267.000 kg das größte Kampfflugzeug der Welt (Foto: Dmitri Terechow).

durch und ist heute das größte Kampfflugzeug der Welt (Länge 54,10 m, Spannweite zwischen 35,60 und 55,70 m, Leermasse 110.000 kg, Startmasse 267.000 kg) – siehe Rockwell B-1, Erstflug 23. Dezember 1974 (B-1A). Bei der Auflösung der Sowjetunion bestand die Flotte aus 19 Tu-160, acht Maschinen wurden später von der Ukraine übernommen. Aktuell ist die Tu-160 (14 Maschinen) auf dem Flugplatz Engels im Oblast Saratow stationiert und wird schrittweise modernisiert. Der Einsatz soll bis 2032 erfolgen. Die Streitkräfte wünschen sich neue Exemplare der Tu-160M2, aber ob die zuletzt sinkenden russischen Militärausgaben (2018: 61,39 US-Dollar) das hergeben, ist offen. Zwei interessante Zahlen zum Vergleich: Militärausgaben 2018 Frankreich 63,8 / USA 649 Mrd. US-Dollar.

Zybin NM-1 (RSR)

Anfang der 50er Jahre standen die arrivierten OKBs in einem heftigen Wettstreit um das erste sowjetische Jagdflugzeug mit Überschallgeschwindigkeit: Mikojan/Gurewitsch (I-360), Lawotschkin (La-176) und Jakowlew (Jak-50). Stalin befeuerte diese Konkurrenz noch mit seiner Forderung nach einem Jäger, der „schneller fliegen kann, als alle anderen und darüber hinaus.“ Und das galt auch nach seinem Tod im März 1953. Zwei interessante Ansätze waren die Jak-1000 (1951, nicht zum Erstflug zugelassen) und besonders die Su-17 (R), aber das OKB Suchoi wurde am 14. November 1949 aufgelöst – siehe Su-7. Um als Mitbewerber überhaupt zum Zuge zu kommen, bedurfte es schon einer viel größeren Verheißung. Pawel Zybin (1905-1992) ging diesen Weg und versprach ein leichtes Bombenflugzeug mit unglaublichen Leistungen: 3.000 km/h, 30.000 m Gipfelhöhe, 14.000 km Reichweite. Am 4. März 1954 schickte er einen Brief mit diesem Angebot an das Ministerium für Flugzeugindustrie (MAP). Zybin war durchaus kein „Seiteneinsteiger“. Ausgebildet als Jagdflieger und Techniker übernahm er während des Zweiten Weltkriegs die Leitung des Konstruktionsbüros im Segelflugzeugwerk Beskudnikowo (seit 1960 Stadtteil von Moskau). Unter seiner Leitung entstanden

Flugzeugtyp:	**NM-1**
Verwendungszweck:	Testflugzeug
Antrieb:	2 x Mikulin AM-5 (RD-5) mit 2.150 kp (21,08 kN)
Besatzung:	1
Länge:	26,57 m
Spannweite:	10,48 m
Höhe:	4,75 m
Flügelfläche:	64,00 m^2
Leermasse:	6.355 kg
Startmasse:	9.200 kg
max. Geschwindigkeit:	490 km/h
prakt. Gipfelhöhe:	4.000 m
Reichweite:	500 km
Erstflug:	7. April 1959
Auflage:	5

Die Entwicklung der NM-1 als schneller, hochfliegender Bomber (Erstflug 7. April 1959) war ständig vom fehlenden Antrieb überschattet (Foto via Gennadi Petrow).

Das Tragwerk hatte eine Pfeilung von 58 °, der notwendige Schub der Triebwerke sollte mindestens 5.000 kp betragen.

die Lastensegler Kolesnikow-Zybin KZ-20 (1941, 20 Soldaten oder 2.200 kg, Gleitzahl 16, Auflage 68) und 1948 die Z-25 (25 Soldaten, Auflage 251). Nach dem Krieg entstand im Auftrag des LII ein leichtes Forschungsflugzeug Z-1 (drei Prototypen) mit Raketenantrieb, um an einem negativ gepfeilten Tragwerk die transsonische Strömung zu erforschen.

Von 1948-1951 arbeitete er als Stellvertreter von Sergej Koroljow (1907-1966) an einem Projekt für die wiederverwendbare Raumfähre „Lapotok“ an der Spitze einer Wostok-Rakete – Fortsetzung der Arbeit 1961-1992 (Themen Molnija, Zenit, Sojus).

In den zehn Jahren dazwischen war Zybin Leiter eines kleinen Büros, um seine unvorstellbare Ankündigung vom „Super-Bomber“ umsetzen zu können. Der Name NM bedeutet Forschungsmodell. Der pfeilförmige Rumpf mit einem kreisrunden Querschnitt sollte das Cockpit, den Bombenschacht und die Treibstofftanks aufnehmen, Stahlrohr-Rumpf mit Duraluminiumverkleidung. An den Enden des Tragwerks (Pfeilung Vorderkante 58 °) waren zwei starke Triebwerke (5.000 kp) geplant. Das vorgestellte Modell steigerte noch die Euphorie im MAP und bei den Luftstreitkräften. Die komplette sowjetische Führung unterzeichnete das Dekret, von Malenkow über Bulganin bis Schukow. Die Finanzierung war gesichert, verbunden mit dem Ziel, bis zum 1. April 1957 einen ersten Prototyp fertigzustellen. Eine enge Frist. Zunächst wurde ein Modell im Maßstab 1:5 gebaut und im Windkanal erprobt. Die Ergebnisse zeigten, dass nur eine maximale Reichweite von 7.000 km mit dem schlanken Rumpf möglich war. Daraus entwickelte sich der Vorschlag, die NM-1 mit einer Tupolew Tu-95N in eine Höhe von 4.000 m zu befördern und dort zu starten (mit zwei zusätzlichen Boostern), Projektname RS. Das war der Stand am 31. Januar 1956. Parallel wurde das OKB-670 von Michail Bondarjuk (1908-1969) beauftragt, die offene Frage des Antriebs zu lösen. Das neue TL-Triebwerk erhielt die Bezeichnung RD-013 und sollte 4.500 kp Schub leisten, Gesamtlänge 5,50 m. Aber das RD-013 verzögerte sich und so verstrich die Zeit. Am 15. Mai 1957 startete die R-7 als weltweit erste interkontinentale ballistische Rakete (siehe auch Wostok-Trägerrakete) und Lawotschkin brachte seine unbemannte, ferngesteuerte La-350 an den Start (Erstflug 1. September 1957). Diese Konstrukteure machten auch große Versprechungen, und die Meinung in der sowjetischen Führung änderte sich abrupt, Nikita Chruschtschow: „Die Raketen werden die Flugzeuge ersetzen.“ Siehe La-350.

Ganz unerwartet setzte eine gewaltige Umstrukturierung der sowjetischen militärischen Luftfahrtindustrie ein. Betriebe mussten schließen, besonders für Flugzeugzubehör, und Werkzeugmaschinen – technologische Ausrüstung wurde verschrottet. Auch Testpiloten und die Flugerprobungszentren waren betroffen. Die Flaggschiffe des Flugzeugbaus, die Werke 1 und 23 in Moskau, wurden auf die Raketenproduktion umgestellt. Wiktor Litwinow (1910-1983), zwanzig Jahre Werksdirektor im Werk 1, wird zitiert mit dem Satz „Wir mussten dem Befehl aus dem Kreml gehorchen, es war eine schreckliche Zeit.“ Damit schwanden auch die Chancen für Zybin und seine NM-1. Andrej Tupolew hintertrieb die Umbau-

Das OKB Zybin wurde am 1. Oktober 1959 dem Büro von Mjassischtschew zugeteilt, der an der wesentlich größeren M-50 arbeitete (Erstflug 27. Oktober 1959).

Von der Mjassischtschew 3M wurden 93 Exemplare gebaut, hier Bomber 3MS-1 (vorn) und Tanker 3MS-2 auf dem Flugplatz in Engels 1992.

arbeiten an der Tu-95N (als Trägerflugzeug), was dazu führte, dass Zybin sein Muster jetzt als Aufklärer mit Bodenstart anbot als RSR (Strategischer Turbinenaufklärer). Am 31. August 1956 wurde dieser Vorschlag von der Regierung bestätigt: Ablieferung Prototyp im ersten Quartal 1958. Und die Wünsche des Auftragebers schienen durchaus realistisch: Steiggeschwindigkeit auf 20.000 m in 15 Minuten, 2.800 km/h in 25.000 m, Reichweite 1.700 km – siehe auch Bristol 188 (Erstflug 14. April 1962) und Lockheed A-12 (25. April 1962) aus dieser Zeit. Der Pilot saß in einem „Raumanzug" in einer hermetischen Kabine, für die Flugerprobung wurde auf das schwache, aber verfügbare Mikulin AM-5 umgestellt. Durch den kleinen Rumpf musste das Fahrwerk leicht und einfach konstruiert werden. Vor dem Schwerpunkt wurde eine 2,10 m lange Kufe installiert, beim Start mit einem zweirädrigen Wagen versehen, der nach dem Abheben abgeworfen wurde. Kufe und Heckrad

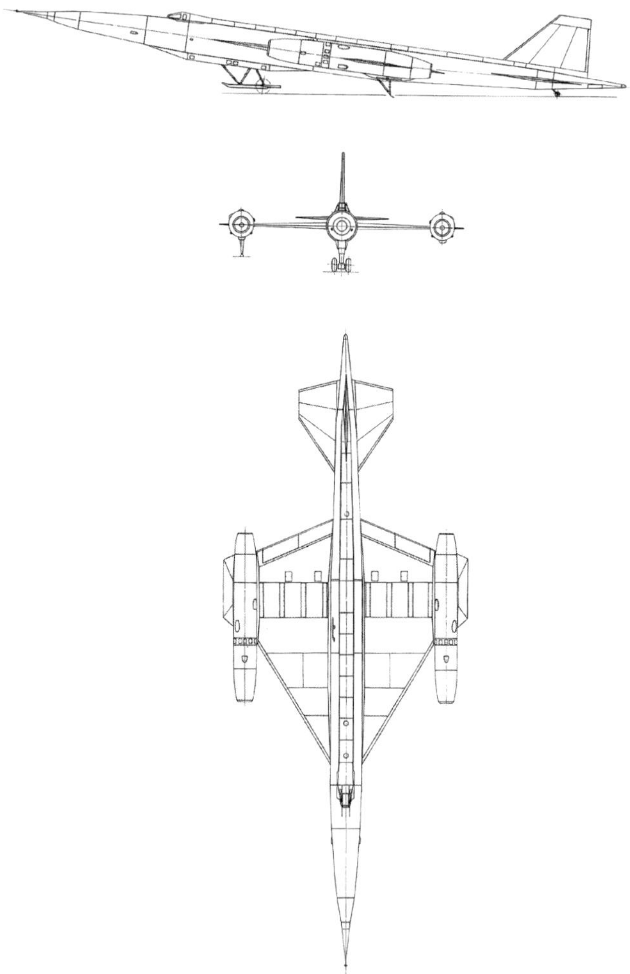

Zybin NM-1 (Ugolok Neba)

waren einziehbar, und unter den Triebwerken befanden sich zwei Stützen, die ebenfalls eingeklappt werden konnten. Hallenfertig war die RSR im Oktober 1958, aber durch zahlreiche Nacharbeiten (zwei Flossen außen an den Triebwerken) fand der Erstflug erst am 7. April 1959 statt, Testpilot Amet-Chan Sultan (1920-1971). Er war Krimtatar und brachte es im Zweiten Weltkrieg auf 49 Abschüsse, zweifacher Held der Sowjetunion. Nach dem Krieg war er Testpilot, er starb am 1. Februar 1971 beim Absturz einer Tu-16LL (Erprobung eines neuen Triebwerks).

Der erste Flug begann auf dem Flugplatz des LII in Schukowski kurz vor 11 Uhr und dauerte 12 Minuten. Mit 325 km/h hob das Flugzeug ab, und der Startwagen löste sich wie geplant in 40 m Höhe. Über dem Flugplatz stieg der Prototyp auf 1.500 m und erreichte 500 km/h. Vier Sekunden nach dem Aufsetzen wurde der Bremsschirm automatisch ausgelöst. Weitere Flüge erfolgten am 3. und 9. Juni 1959 – insgesamt gab es bis Ende 1960 noch 32 Starts, wobei zehn Testpiloten beteiligt waren. Zwar wurden die großen Steuerkräfte moniert, die Spurtreue beim Start aber gelobt, auch das gute Ansprechen der Ruder und die einfache Landung. Als zu schwach wurde der Antrieb bewertet, aber Pawel Solowjow (1917-1996, siehe Awiadwigatel Perm) konnte das neue D-21 (D-20 mit Nachbrenner, Zweiwellen-Turbofan-Triebwerk, 5.400 kp) nicht liefern, da er mit dem Bau des D-20 für die Tu-124 ganz ausgelastet war, und Tupolew bestand auf „seinem Triebwerk“. Letzte Hoffnung war das R-11F-300 von Sergej Tumanski (1901-1973) mit 5.740 kp NB, aber Mikojan gab das Triebwerk nicht frei (MiG-21). Und darüber hinaus übernahm Artjom Mikojan wenig später sogar das komplette Werk 256 (mit Hilfe seines Bruders Anastas), um dort seinen Marschflugkörper Ch-20 produzieren zu lassen, siehe auch Raduga Ch-22.

Kurz nachdem der Bau des zweiten Prototyps der NM-1 (Fotoaufklärer RSR-2) im Werk 256 begonnen hatte, erging am 1. Oktober 1959 diese einschneidende Wende. Das komplette Team und das Thema wurden aus dem Werk verbannt und dem OKB-23 von Wladimir Mjassischtschew (1902-1978) in Fili zugeschlagen, aber Mjassischtschew war vollauf mit seinem vierstrahligen Bomber M-50 beschäftigt (Erstflug 27. Oktober 1959). Man ließ Zybin weiter arbeiten – ungestört, aber auch ohne Unterstützung. Inzwischen war die Fotoausrüstung komplett, d.h. in einem hermetischen Raum hinter dem Cockpit (3,5 m lang) wurden Luftbildkameras AFA-33, AFA-34 und AFA-40 eingebaut. Die Triebwerksgondeln mussten an das R-11F-300 angepasst werden. Zwei Triebwerke hatte Zybin endlich erhalten, aber der für den 29. September 1960 in Schukowski geplante Erstflug der RSR-2 fand nicht statt. Denn dem „Raketenwahn“ fiel dann auch das OKB von Mjassischtschew zum Opfer. Von seiner M-4 (3M), Erstflug 20. Januar 1953 und erster vierstrahliger Langstreckenbomber der Sowjetunion, wurden noch 93 Muster bestellt, das Projekt M-50 musste er aufgeben (zwei Prototypen).

Für Zybin gab es noch einen Funken Hoffnung. Der Bau von zehn Vorserienflugzeugen als R-020 wurde angeordnet, im Werk 99 in Ulan-Ude (150 km entfernt vom Baikalsee), aber nach drei Maschinen abgebrochen, da keine Triebwerke zur Verfügung standen. Diese Vorserie unterschied sich augenfällig durch das neue Tandemfahrwerk. Die Belegschaft war sehr stolz auf „ihr“ Flugzeug (im Krieg hatte man La-5 gebaut), musste die Arbeiten aber Mitte 1961 einstellen. Die drei Maschinen wurden zunächst eingelagert, nach fünf Jahren dann verschrottet, einige Bauteile gingen an das MAI (Moskauer Luftfahrtinstitut). Pawel Zybin kehrte zu Koroljow zurück.

Artjom Mikojan stellte bereits Ende 1960 der Regierung sein Projekt 155 vor mit unglaublichen Leistungen: 3.000 km/h, 25.000 m Gipfelhöhe, 2.000 km Reichweite. Somit übernahm in den 1970er Jahren die MiG-25R die Aufgaben der RSK-2 von Pawel Zybin.

Tupolew Tu-28 (128)

Die Kraft und Schönheit dieses schweren Jägers zeigt erst das Flugbild, und als der erste Prototyp im August 1961 beim „Tag der Luftflotte" über Tuschino hinwegdonnerte, waren zehntausende Zuschauer begeistert und die westlichen Beobachter überrascht. In der damaligen Ausgabe der „Flugzeuge der Welt" (William Green) wurde die Konstruktion Jakowlew zugeschrieben, aber die typischen Fahrwerksgondeln am Tragwerk zeigten doch in eine andere Richtung: Tupolew. Typenleiter war Josif Neswal (1893-1987). Wohl einer der wichtigsten Ingenieure im sowjetischen Flugzeugbau – und wenig bekannt. Nach dem Studium begann er 1923 seine Arbeit im ZAGI und war an allen frühen Entwürfen von Tupolew beteiligt, für die ANT-20 (Maxim Gorki) schuf er das gewaltige Tragwerk – sechs Motoren, Spannweite 64 m. Nach der Verhaftung von Petljakow 1938 übernahm er das Thema Pe-8, und auch die Kopie der B-29 ging über seinen Schreibtisch, weitere Muster Tu-95, Tu-110, Tu-124 bis hin zur Tu-160. Er wurde mit dem Titel „Held der sozialistischen Arbeit" ausgezeichnet, der höchsten Auszeichnung in der UdSSR.

Nachdem der „Raketen-Wahn" der sowjetischen Führung Ende der 1950er Jahre langsam abgeklungen war (man wollte alle feindlichen Bomber nur mit Raketen bekämpfen), konnten die Luftstreitkräfte das Augenmerk wieder auf einen klassischen Abfangjäger lenken, der mit Überschall den Angreifern entgegenfliegen sollte, bewaffnet mit Luft-Luft-Raketen. Ein entsprechendes Angebot lag 1958 mit der radargelenkten Bisnowat K-8 vor, und da man die Su-11 (Erstflug 25.12.1958) nur als Interimslösung ansah, wurde ein Trägerflugzeug dringend gesucht. Anfang 1959 wurde Tupolew von den Luftstreitkräften persönlich durch Marschall Jewgeni Sawitschki (1910-1990, 22 Abschüsse im Zweiten Weltkrieg) angesprochen, ob man nicht aus der Tu-98 (erster Überschallbomber des OKB, ein Prototyp) kurzfristig ein Jagdflugzeug ableiten könnte. Die interessante Konstruktion zeichnete sich durch ein extrem

Flugzeugtyp:	**Tu-28**
Verwendungszweck:	Schweres Jagdflugzeug
Antrieb:	2 x Ljulka AL-7F-2 mit 6.900 / NB 10.200 kp (67,6 / 100 kN)
Besatzung:	2
Länge:	30,06 m
Spannweite:	17,53 m
Höhe:	7,15 m
Flügelfläche:	96,94 m²
Leermasse:	24.500 kg
Startmasse:	39.850 kg
max. Geschwindigkeit:	1.665 km/h
prakt. Gipfelhöhe:	15.600 m
Reichweite:	2.565 km
Bewaffnung:	4 x Bisnowat Luft-Luft-Raketen, R-4R und R-4T
Erstflug:	18. März 1961
Auflage:	198

Ursprünglich als Bombenflugzeug konzipiert, wurde die Tu-98 (Erstflug 7. September 1956) zum Ausgangspunkt für die Tu-28.

Die Tu-28 (Erstflug 18. März 1961) auf ihrem Ruheplatz in Monino, im Einsatz mit vier Bisnowat Luft-Luft-Raketen R-4 mit Radar- (R) bzw. Infrarotsuchkopf (T).

Die Tu-28 beeindruckte durch ihre Größe und Kampfkraft, allerdings wurden nur 188 Exemplare gebaut und bald durch die effektivere Su-15 ersetzt.

dünnes Profil (55 °, ZAGI) aus. Da die Aerodynamik durch das Fahrwerk nicht verschlechtert werden sollte, entfiel das Gondelfahrwerk und die Räder mussten mit geringer Spurbreite in den Rumpf eingefahren werden. Typenleiter war Dimitri Markow (1905–1992, siehe Tu-144). Die Flugerprobung wurde durch die verzögerte Lieferung der Triebwerke (Ljulka AL-7F-2) aufgehalten und begann am 7. September 1956, wobei maximal 1.238 km/h erreicht wurden. Schon im Juni 1956 präsentierte Nikita Chruschtschow auf dem Militärflugplatz Kubinka bei Moskau einer Militärdelegation aus den USA (General Nathan F. Twining) stolz die Tu-98, die beeindruckte. Ohne Ross und Reiter zu nennen. Aber die weiteren Testflüge (37 insgesamt) waren durch zahlreiche Nacharbeiten belastet und eigentlich schien das Projekt kurz vor dem Abbruch, bis der Marschall kam. Am 28. August 1959 erließ die Regierung den Beschluss, das System Tu-28 zu entwickeln. Tupolew sollte den Träger bauen und Bisnowat die Luft-Luft-Rakete R-4 (K-80), Bewaffnung mit je zwei Exemplaren mit Radarsuchkopf (R) und zwei mit Infrarotsuchkopf (T). Matus Bisnowat (1905-1977) war Absolvent des MAI in Moskau, arbeitete im ZAGI (siehe SK-2), war an der Serieneinführung der LaGG-3 beteiligt und leitete die Flugerprobung der DFS 346, siehe Seite 52. Nach 1948 wandte er sich dem Thema Luft-Luft-Raketen zu im OKB-293 in Chimki.

Die Arbeit an der Tu-28 im OKB oblag zunächst Dimitri Markow, der allerdings mit der Tu-22M voll ausgelastet war, und so übernahm Josif Neswal das Thema. Auslegung als Tiefdecker. Das Radarsystem (RP-S Smerch, 50 km Reichweite) wurde mit einer Tu-98 und der Tu-104LL erprobt. Der erste Prototyp der 28 war am 23. Januar 1961 hallenfertig und nach Rollversuchen im LII Schukowski gelang der Erstflug am 18. März mit Testpilot Michail Koslow (1928-1973). Er erprobte 50 Flugzeugmuster, auch die Tu-144, die sein Schicksal wurde. Im ehrgeizigen Vergleichsfliegen mit der Concorde am 3. Juni 1973 bei der Flugschau in Le Bourget wurde die Maschine mit der Bordnummer 77102 durch ein waghalsiges Flugmanöver (Strömungsabriss in 1.200 m im Steigflug) mit einer Belastung von 5g förmlich in der Luft zerrissen, die Besatzung starb und acht Menschen am Boden. Koslow hatte sich gegen diesen Flugauftrag gewehrt, sich dann aber überreden lassen.
Die Tu-28 erreichte bei ihrem 18. Testflug am 24. April 1961 erstmals Mach 1,06. Dem Zeitdruck geschuldet, begannen bereits Ende 1960 die Vorbereitungen für den Massenbau im Flugzeugwerk Nr. 64 in Woronesch, noch vor Abschluss der staatlichen Erprobung. Vier Maschinen wurden bestellt (0201, 0202, 0301, 0401). Die 28 wurde in Halbschalenbauweise gefertigt, Druckkabine mit zwei KT-1-Schleudersitze n, Treibstofftanks für 16.000 l, Sollbetriebszeit des Triebwerks 300 Stunden, Allwettereinsatz, Autopiloten AP-7P. Die Flugerprobung erbrachte eine maximale Geschwindigkeit ohne Bewaffnung von 1.920 km/h, mit vier Raketenattrappen noch 1.665 km/h. Die Erprobung endete mit einem Plus und mit einem großen Minus (Größe, Kosten, Start- und Landeeigenschaften).
Der Auftraggeber honorierte letztlich, dass die Tu-28 einen beachtlichen Leistungssprung im Vergleich zur Jak-25 (Erstflug 19. Juni 1952) darstellte. Und die Jak-28P (Erstflug 5. März 1958) wurde als unsicher eingestuft und hatte nur einen Einsatzradius von 600 km. Außerdem sollte der „Objektschutz" durch eine in Höhe und Tiefe gestaffelte Luftraumverteidigung ersetzt werden, besonders an der langen Nordflanke. Die La-250 (Erstflug 16. Juli 1956) konnte sich nicht durchsetzen und die Su-15 (30. Mai 1962) ließ auf sich warten. Die Strategie für die Zukunft enthielt drei neue Schwerpunkte: Patrouillenzeit, effektives Radar, weit fliegende Luft-Luft-Raketen.
Die Einsatzzeit der Tu-28, ab 1963 Tu-128 genannt, war kurz. Die Produktion endete 1970 nach 188 Ausgaben. Die Besatzung bestand aus dem Piloten und einem Operateur für die Bewaffnung. Gebaut wurden auch zehn Schulflugzeuge Tu-128UT, wobei der Fluglehrer im umgestalteten Bug saß (kein Radar). Tupolew versuchte noch alles, um die 128 attraktiv zu halten. Bemerkenswert sind die beiden Projekte Tu-138 (ähnliche Auslegung wie die MiG-25, Erstflug 6. März 1964) und Tu-148 mit variabler Flügelgeometrie. Aber die Luftstreitkräfte hatten endlich einen passenden Jäger für die neue Aufgabe erhalten, die Su-15 (Auflage 1.290).

Die Flugerprobung erbrachte eine maximale Geschwindigkeit ohne Bewaffnung von 1.920 km/h, mit vier Raketen noch 1.665 km/h.

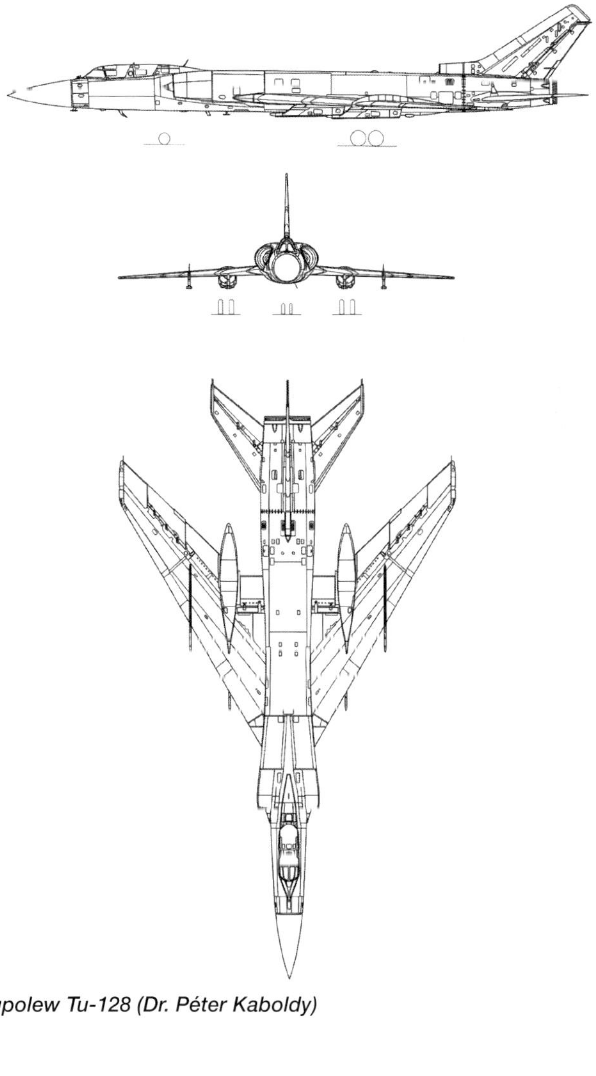

Tupolew Tu-128 (Dr. Péter Kaboldy)

Suchoi Su-15 (T-49, T-5-8)

Die Su-15 ist unbestritten der beste sowjetische Abfangjäger der 70er und frühen 80er Jahre. Sie wurde einer breiten Öffentlichkeit bekannt durch den tragischen Abschuss einer Boeing 747 (Korean-Air-Lines-Flug 007) am 1. September 1983, wobei alle 269 Insassen ums Leben kamen. Die militärische Konfrontation zwischen der Sowjetunion und den USA war in diesem Jahr besonders angespannt (siehe NATO-Manöver Able Archer 83 bzw. FleetEx 83), und an diesem 1. September flog ein US-Spionageflugzeug Boeing RC-135 (Derivat 707) seine Kreise über der Halbinsel Kamtschatka (militärisches Sperrgebiet). Vier MiG-23 stiegen auf, konnten das Flugzeug aber mangels Reichweite nicht ausmachen. Zu diesem Zeitpunkt (18:00 UTC, 5:00 LT) befand sich der ebenfalls vierstrahlige südkoreanische Jumbo in demselben Areal, d.h. wegen eines Pilotenfehlers (Autopilot auf HEADING statt INS) auch im sowjetischen Luftraum. Zwei Abfangjäger Su-15 erreichten die Maschine in 10.000 m Höhe, zeigten sich und forderten zur Landung auf (Wackeln mit den Tragflächen). Dann erfolgte der Einsatz der Luft-Luft-Rakete R-98MR. Die politischen Reaktionen waren damals dementsprechend und wirken bis heute nach, siehe auch Zeit Online vom 4. Oktober 1996, Alvin A. Snyder: Die Wahrheit über Flug 007.

Ähnlich wie ihre Vorgänger entstand die Su-15 aus einem Gewirr von sehr unterschiedlichen Prototypen. Ausgangspunkt war 1958 die Entwicklung des hochmodernen und weitreichenden Radarsystems Orjol-2 (Georgi Kunjawski), das allerdings nicht in den engen Konus der Su-11 passte. Der erste Prototyp erhielt den Namen T-49 (Erstflug 10. Juli 1960). Während der Flugerprobung ging die Maschine verloren und wurde durch die P-1 ersetzt, die parallel in einer anderen Ar-

Flugzeugtyp:	**Su-15TM**
Verwendungszweck:	Abfangjäger
Antrieb:	1 x Tumanski R-13F2-300 mit 4.070 / NB 6.600 kp (39,91 / 64,72 kN)
Besatzung:	1
Länge:	22,03 m
Spannweite:	9,43 m
Höhe:	4,84 m
Flügelfläche:	36,60 m²
Leermasse:	10.780 kg
Startmasse:	17.600 kg
max. Geschwindigkeit:	2.230 km/h
prakt. Gipfelhöhe:	18.100 m
Reichweite:	1.210 km
Bewaffnung:	2 x Luft-Luft-Raketen Bisnowat K-8MR, R-98 (Reichweite 20 km), 2 x Nahkampf-Raketen Molnija R-60, Kaliningrad K-5, ungelenkte Luft-Boden-Raketen S-5, alternativ 2 x Container mit doppelläufigem 23-mm-MG GSch-23L (je 250 Patronen), 2 x abwerfbarer Zusatztank ZB-350
Erstflug:	30. Mai 1962
Auflage:	1290

Prototyp T-49: Zur Aufnahme des größeren Radars Orjol-2 musste der Bug der Su-11 umgestaltet werden, Erstflug 10. Juli 1960 (Foto via Igor Michelewitsch).

Der erste Prototyp der Su-15 hob am 30. Mai 1962 erstmals ab mit zwei Tumanski-Turbinen, das Foto zeigt den dritten Prototyp mit R-98T Attrappen.

Die „Suchoi-Straße" in Monino, im Bild Su-15, Su-11, Su-9. Die Su-15 war die fünfte Serienmaschine seit Neugründung des Büros 1953.

beitsgruppe entwickelt worden war. Sie hatte deutlich an der Seite angebrachte runde Lufteinläufe, die mit einem regelbaren Konus versehen waren, sie flog bereits am 12. Juli 1959 unter Nikolai Korowuschkin. Aber in der Führung der Luftstreitkräfte hatte sich die Meinung durchgesetzt, künftig mit zweistrahligen Jägern zu operieren. In den neuen Prototyp wurden zwei ausreichend entwickelte Tumanski-Turbinen (R-11F-300, 3.950 / 5.740 kp) installiert und die T-5-8M genannte Maschine erhielt das Orjol-2-Radar und das Lenkflugkörpersystem R-8MR. Diese Maschine erhielt seitliche Lufteinläufe mit rechteckigem Querschnitt, das Tragwerk der Su-11 und war einsitzig – als Tarnung erhielt sie die Bezeichnung Su-11M. Erst am 5. Februar 1962 erging der notwendige Regierungserlass, und schon am 13. Mai (!) konnte der Prototyp dem LII übergeben werden, am 30. Mai hob Wladimir Iljuschin (1927-2010) ab, Sohn des bekannten Konstrukteurs. Nach 56 Testflügen war das Urteil klar: richtige Triebwerke, gutes Flugzeug. Es folgten weitere Prototypen und die Erprobung verlief, anders als bei der Su-9/11, überraschend reibungslos. Am 30. April 1965 wurde die Su-15, jetzt unter diesem Namen, bestellt und der Serienbau in Nowosibirsk 1966 begonnen, mittlerweile versehen mit dem Radarkomplex Orjol-D58M. Der Stern der Jak-28P war schnell verblasst und die Piloten liebten ihre Su-15. Im Zuge der Herstellung des Flugzeugs wurden zahlreiche Systeme schrittweise verbessert, unter dem wachen Auge von Suchois Stellvertreter Jewgeni Iwanow. Suchoi war in dieser Zeit bereits 70 Jahre alt. Er lieferte die Inspiration (was nicht zu unterschätzen ist), sicherte die Kooperation zwischen den Abteilungen – für die Praxis war Iwanow zuständig. Und das OKB Suchoi arbeitete effizient wie noch nie. Die Su-15 wurde das fünfte Modell seit der Neugründung 1953, das in den Serienbau ging (Auflage 1.290 Exemplare). Erstmals offiziell vor-

Die Su-15 im Einsatz (Auflage 1.290), spätere Ausführungen erhielten ein modifiziertes Tragwerk, Außenpfeilung nur 47 ° (Foto: Krasnaja Swesda).

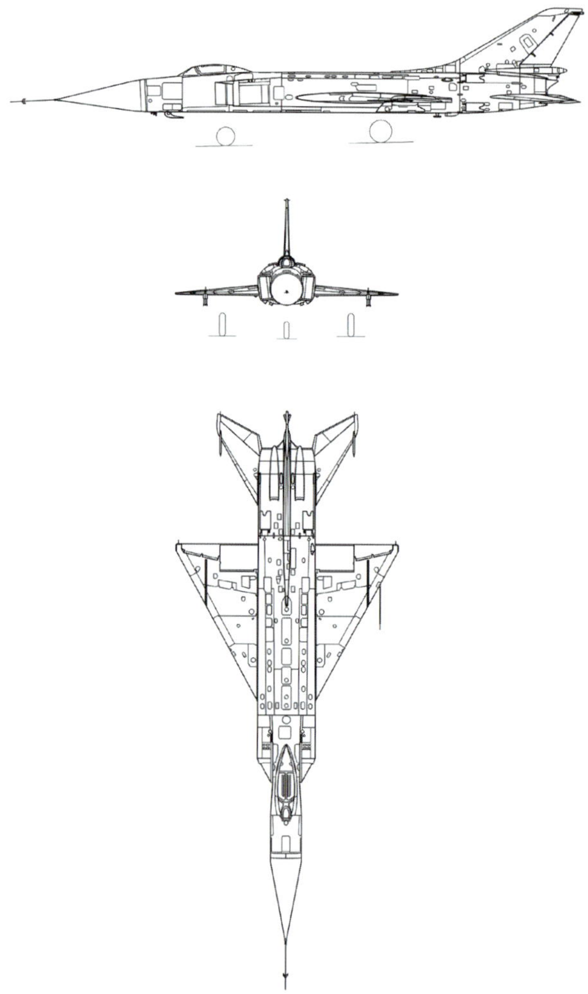

Suchoi Su-15 (Dr. Péter Kaboldy)

geführt wurde die Su-15 bei der Luftparade in Tuschino 1967, dabei handelte es sich um die zehn Flugzeuge einer Vorserie, die für die Truppenerprobung produziert worden waren. Im Verlauf der Serie wurde das Tragwerk modifiziert (Außenpfeilung nur 47 °), das Radar Orjol wurde durch das System Taifun ersetzt, die Schubleistung der Triebwerke schrittweise erhöht (R-13F2-300). Installiert wurden auch das Steuerungs- und Navigationsgerät SAU-58 und das Radarwarngerät RLS SPO-10, hinzu kam ein zwillingsbereiftes Bugrad. Die letzte Ausführung war die TM (Erstflug 03.09.1970, Radar Taifun-2 mit R-60/R-98 an vier Pylonen), deutlich zu erkennen am runden Radom (früher oft als Su-21 bezeichnet), die ab 1975 hergestellt wurde. Erst 1993 wurden die letzten Muster eines der besten Nachkriegsjäger durch die Su-27 und MiG-31 ersetzt. Neben der Schulversion Su-15UM (148 Maschinen) sollte eine weitere Version noch kurz erwähnt werden, die T-58WD (WD für Hubtriebwerk). Im Schwerpunkt einer Su-15TM wurden drei Triebwerke Kolessow RD-36-35 (2.350 kp) installiert, Erstflug am 6. Juli 1966. Wie erwartet konnte der Start deutlich verbessert werden, der Anlauf sank von 1.250 m auf 500 m. Aber der Kraftstoffverbrauch war enorm hoch. Die Experimente wurden unmittelbar mit der T-6-1 (Su-24) fortgesetzt.

Jakowlew Jak-36 /-38 /-41

Nach der Vorführung der Jak-36 (Bordnummer 38) am 9. Juli 1967 in Domodedowo entstand beim Militär der Wunsch, auch eine „Harrier" zu besitzen und so erging an die Arbeitsgruppe Mordowin der Auftrag, eine kampffähige Weiterentwicklung zu schaffen, Projektname Jak-36M. Die Vielseitigkeit des OKB Jakowlew ist wirklich erstaunlich. Für das neue Modell wurde das Antriebssystem komplett überarbeitet. Es bestand aus zwei Vektortriebwerken und zwei Hubtriebwerken hinter dem Cockpit. Das war technisch sinnvoll, aber mit einem erheblichen Verbrauch an Kraftstoff verbunden im VTOL-Betrieb. Schon am 25. Januar 1969 wurde der neue Jet bestellt. Man dachte dabei an den operativen Einsatz in unmittelbarer Frontnähe (Radius 150 km) und bei der Marine als Aufklärer und Jagdflugzeug. Am 15. April 1970 konnte der Auftraggeber den ersten Prototyp in Augenschein nehmen, wobei der Einbau des bereits erprobten Schleudersitzes KJa-1M gefordert wurde. Im Einsatz sollte sich später zeigen, dass mehr als 80 Prozent der Jak-Piloten Abstürze überlebten (31 Verluste), bei den Piloten der „Harrier" waren es nur 50 Prozent.

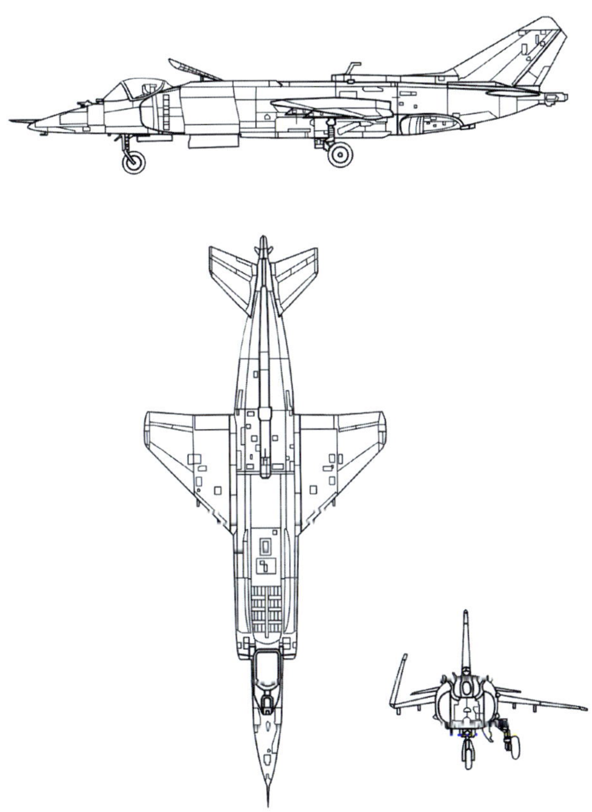

Jakowlew Jak-38 (Jack Roberts)

Flugzeugtyp:	**Jak-38M**
Verwendungszweck:	VTOL-Jagdflugzeug
Antrieb:	2 x R-27B-300 mit 6.100 kp (59,8 kN) und 2 x RD-36 3.050 kp (29,9 kN)
Besatzung:	1
Länge:	16,37 m
Spannweite:	7,02 m
Höhe:	4,25 m
Flügelfläche:	18,69 m²
Leermasse:	7.020 kg
Startmasse:	10.300 kg
max. Geschwindigkeit:	1.210 km/h
prakt. Gipfelhöhe:	12.000 m
Reichweite:	850 km
Bewaffnung:	1 x 23-mm-Zwillingskanone GSch-23L, Kampflast 1.500 kg (2 x Wympel R-60, Swesda Ch-23M, Rohrstartbehälter mit je 32 ungelenkten S-5-Luft-Boden-Raketen Kaliber 57 mm, Ungelenkte Freifallbomben u.a. 2 x Basalt FAB-500).
Erstflug:	24. November 1970
Auflage:	231

Die Jak-38 war ein Mitteldecker in Metallkonstruktion, das Tragwerk hatte eine Pfeilung von 45 ° und eine negative V-Stellung von 10 °. Das Dreibein-Fahrwerk wurde in den Rumpf eingefahren, der neben den Triebwerken die Druckkabine und zwei Treibstofftanks (2.750 Liter) aufnahm. Zuerst erfolgte die Erprobung des Schwebeflugs (Bordnummer 05) an Halteseilen (maximale Höhe 5 Meter). Es erwies sich als äußerst kompliziert, das Zusammenspiel der vier Triebwerke zu koordinieren, inklusive der Steuerdüsen an den Flügelspitzen und im Heck. Am 24. November 1970 hob der zweite Prototyp (Bordnummer 25) im konventionellen Start ab, Testpilot Valentin Muchin. Weitere Prototypen waren die Nr. 45, 55 und 15. Und dann war es endlich soweit: Am 21. Februar 1972 konnte das erste Mal ein senkrechter Start, der Übergang zum Horizontalflug und die anschließende senkrechte Landung vollzogen werden.
Danach folgte die Erprobung bei der Marine, zuerst auf dem Kreuzer „Moskwa" (erste Landung 18. November 1972), spä-

Die Jak-36 (vierter Prototyp BN 38) war ein reines Testflugzeug (erster Senkrechtstart 7. Februar 1966), beachte den Bugausleger für die Steuerdüse.

Von der Jak-38 (Erstflug 24. November 1970) wurden 231 Exemplare bestellt, Einsatz bis 1992 u.a. auf dem Flugdeckkreuzer „Kiew“ (Foto: Krasnaja Swesda)

ter auf dem Flugdeckkreuzer „Kiew“ – wobei hervorzuheben ist, dass in dieser Zeit keiner der Prototypen verloren ging. Nach dem Einsatz einer Erprobungsstaffel von zwölf Jägern und zwei Doppelsitzern U wurde 1976 eine Serie von 231 Flugzeugen aufgelegt, davon 38 Schulflugzeuge (bis 1987). Neben der zweiläufigen Kanone GSch-23L konnte der Jäger Luft-Luft-Raketen R-60 an vier Pylonen unter dem Tragwerk, Raketenwerfer UB-16-57 oder maximal 1.500 kg Bomben einsetzen. Mit dem Zusammenbruch der Sowjetunion 1992 wurden alle Senkrechtstarter stillgelegt und auf dem Ausbildungszentrum der Marine am Flugplatz Saki (Krim) abgestellt.

Kurz erwähnen möchte ich noch das Nachfolgemodell Jak-41 (später 141 genannt) für den Überschalleinsatz, der beste VTOL-Jäger der Welt Ende der 80er Jahre (11 FAI-Rekorde). Gebaut wurden eine Bruchzelle und drei Erprobungsmaschinen (Bordnummer 48, 75 und 77) – Erstflug der 75 am 9. März 1987 unter Andrej Sinizin. Die erste vollständige Transition erfolgte am 13. Juni 1990. Das Konzept entsprach später genau der Lockheed Martin F-35 (Erstflug 15. Dezember 2006) und nicht ohne Stolz berichtet man im Hause Jakowlew, dass Anfang der 90er Jahre amerikanische Ingenieure die Jak-41 in Moskau inspiziert haben – offizielle wurde dies erst 1994 bekannt.

Alexander Jakowlew starb am 22. August 1989 nach einem schöpferischen Leben – als Konstrukteur, Manager und Funktionär, 200 Entwürfe verließen seinen Schreibtisch und über 70.000 Flugzeuge mit dem Namen „Jak“ verließen die Werkhallen.

Die Jak-41 als Nachfolger sollte im Überschallbereich operieren (Erstflug 9. März 1987), drei Prototypen, die russische Marine entschied sich 1992 jedoch für die MiG 29K.

Suchoi Su-24 (T-6) / Su-34

Am 30. September 2015 griffen die russischen Luftstreitkräfte überraschend in den Konflikt in Syrien ein, auf Seiten des syrischen Präsidenten Baschar al-Assad. Auf dem Militärflugplatz Hmeimim südlich von Latakia am Mittelmeer wurden 34 Kampfflugzeuge stationiert: 12 Su-24M2 (Baujahr 1993), 12 Su-25M3 (Baujahr 2014), 4 Su-30SM und 6 Su-34 – alle Maschinen stammten also aus dem Hause Suchoi. Die Su-24 hatte ihren Ursprung in den 1960er Jahren. Gedacht war sie als Nachfolger der Su-17M2, allerdings mit zwei Triebwerken. Damals standen die Konstrukteure der Welt vor der gleichen Aufgabe: Jagdbomber mussten sich an den Erdboden schmiegen, um perfekte Radarsysteme zu überlisten. Als

Flugzeugtyp:	**Su-24M2**
Verwendungszweck:	Jagdbomber
Antrieb:	2 x Ljulka AL-21F-3 mit 7.800 / NB 11.200 kp (76,49 / 109,83 kN)
Besatzung:	2
Länge:	24,59 m
Spannweite:	17,64 (16 °) / 10,37 (69 °) m
Höhe:	6,19 m
Flügelfläche:	55,16 / 51,02 m²
Leermasse:	21.550 kg
Startmasse:	36.500 kg
max. Geschwindigkeit:	2.320 km/h
prakt. Gipfelhöhe:	12.500 m
Reichweite:	1.150 km
Bewaffnung:	1 x 23-mm-MK GSch-6-23 (sechsläufig, 500 Patronen), Kampflast 6.000 kg: Luft-Luft- (R-60MK / R-73M) und Luft-Boden-Raketen (Ch-25M / Ch-29T), Marschflugkörper (Ch-59MK), gelenkte und ungelenkte Bomben, taktische Atombomben
Erstflug:	17. Januar 1970
Auflage:	1.080 (Su-24), 128 (Su-34)

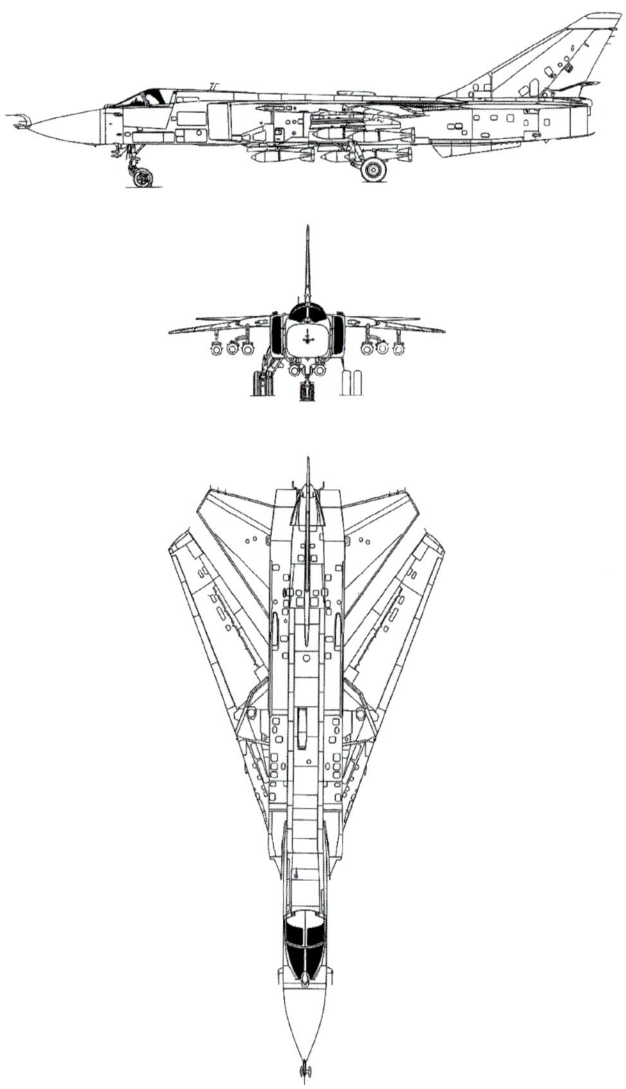

Suchoi Su-24 (Ugolok Neba)

Orientierung dienten der sowjetischen Regierung zwei Flugzeuge bzw. Konzeptionen. Zum einen die General Dynamics F-111 (Erstflug 21.12.1964) und die BAC TSR-2 aus England (Erstflug 27.09.1964). Die 1965 an Suchoi gestellten Anforderungen waren äußerst anspruchsvoll: Überschallgeschwindigkeit (auch im Tiefflug), Tag- und Nachteinsätze bei jedem Wetter. Erste Überlegungen gingen in Richtung eines zweisitzigen Upgrades der Su-15 als S-6 mit Pfeilflügeln, was sich als Sackgasse erwies. Danach orientierte sich Typenleiter Jewgeni Felsner an der TSR-2, Auslegung als Schulterdecker mit einem 60 °-Deltaflügel und abgewinkelten Flügelenden. Zudem wurden vier Hubtriebwerke Kolessow RD-36-35 (2.350 kp) hintereinander im Schwerpunkt eingebaut, was schon bei der T-58WD erprobt worden war. Marschtriebwerke zwei Tumanski R-27F2-300 (6.700 / 10.000 kp). Die Maschine mit dem Namen T-6-1 hob erstmals am 2. Juli 1967 ab. Sie sollte schon wenige Wochen später auf der Flugschau in Domodedowo vorgeflogen werden, aber zahlreiche Probleme (unerprobtes Flugverhalten, Wartung von sechs Triebwerken) ließen das nicht zu. Und im Grunde sprachen viele Argumente für ein flexibles Tragwerk – der Verzicht auf Hubtriebwerke versprach mehr Spielraum für Treibstoff und Bewaffnung. In der Folge beauftragte Suchoi die Arbeitsgruppe von Oleg Samoilowitsch mit dem Bau eines neuen Prototyps T-6-2 mit Schwenkflügeln (16°/ 35°/ 45°/ 69°). Wie aufwendig die konstruktive Bewältigung in Kooperation mit dem ZAGI war, zeigt der mehrfach verschobene Erstflug am 17. Januar 1970, Testpilot Wladimir Iljuschin. Die Flugerprobung zog sich vier Jahre hin, zehn Maschinen gingen verloren, 13 Testpiloten starben. Erst am 4. Februar 1975 erging der Beschluss, die Maschine unter dem Namen Su-24 in die Streitkräfte aufzunehmen. Aber sie entsprach dann den Erwartungen des Auftraggebers, die Avionik war auf dem neuesten Stand (Ziel- und Navigationssystem PNS-24, Laser-System Kaira-24), Geschwindigkeit und Reichweite glichen der westlichen Konkurrenz, zudem war die Bewaffnung äußerst variabel. An acht Aufhängepunkten (vier Unterrumpf- und vier Unterflügelstationen) konnten Luft-Luft-Lenkflugkörper (Wympel R-60M), Marschflugkörper (Raduga Ch-59KM), Luft-Boden-Lenkflugkörper (Swesda Ch-31P) mitgeführt werden. Hinzu kamen noch gelenkte, ungelenkte Bomben und taktische nukleare Freifallbomben (TN-1000, 30 kT). Das ist nur eine kurze Auswahl. Extern konnten bis zu 6.000 l Kraftstoff (2 PTB) mitgeführt werden (intern: 9.800 l). Erstmals bei Suchoi saßen Pilot und Waffensystemoffizier nebeneinander (wegen der Größe des Radars Orion), was auch die Kommunikation verbesserte. Von den zahlreichen im Flugzeugwerk Nr. 153 in Nowosibirsk gebauten Versionen seien an dieser Stelle nur drei genannt: Die Su-24M erhielt eine Luftbetankungsanlage, die Su-24MR wird als Aufklärer eingesetzt (Seitensichtradar, Kameras), die modernste Version ist die Su-24M2 (GLONASS, Blickfelddarstellung HUD, Helmvisier). Als Antrieb wurde das Ljulka AL-21F-3 gewählt, ein Einwellen-Strahltriebwerk mit einem 14-stufigen Axialverdichter. Es entstand nach Analyse des General Electric J79, das nach dem Abschuss einer F-4 Phantom II in Vietnam geborgen worden war. Das AL-21F-3 wurde, nach den üblichen Kinderkrankheiten, zum sowjetischen Top-Modell: MiG-23B und T-10 (Su-27).

Die Exportversion Su-24MK (ohne atomare Waffen) ging ab 1987 an zehn Länder: Algerien, Libyen, Syrien, Irak u.a. Auf dem Gebiet der DDR begann der sowjetische Einsatz der Su-24 im Januar 1982 auf dem Flugplatz Brand (halbe Strecke zwischen Berlin und Cottbus) im 116. Garde-Bombenfliegerregiment. Von amerikanischen Militärs wurde sie dort erstmals fotografiert und erhielt die Bezeichnung Su-19 (NATO-Code Fencer). Besonders durch die riesigen Außentanks PTB-3000 wurde die Maschine als „massive Bedrohung" Westeuropas eingestuft. Die Unsicherheit bestand auf beiden Seiten. Auf dem Höhepunkt des Kalten Krieges erwartete die sowjetische Führung einen atomaren Erstschlag der NATO (Manöver Able Archer 83). Am 10. November 1983 standen vier Maschinen des Typs Su-24 mit laufenden Triebwerken und untergeschnallten Atombomben auf dem Flugplatz Brand. Erst als der US-Präsident Ronald Reagan vorzeitig aus seinem Atombunker stieg und sich demonstrativ auf einem Pferd sitzend in Camp David ablichten ließ, war die Krise überstanden: Wer so fröhlich reitet, plant keinen atomaren Angriff. Die Produktion

Der Prototyp T-6-1 (Erstflug 2. Juli 1967) wurde mit vier Hubtriebwerken ausgerüstet, danach begann die schwierige Flugerprobung der T-6-2 mit Schwenkflügeln.

Die T-6-2 (links) flog erstmals am 17. Januar 1970, bei der Flugerprobung gingen zehn Maschinen verloren, 13 Testpiloten starben – hier beide Varianten in Monino.

Die Su-24M mit zwei Kraftstoffbehältern mit je 3.000 l, die restlichen Bestände sollen bis 2020 durch die Su-34 (Erstflug 13. April 1990) ersetzt werden (Foto: RAI Nowosti).

der Su-24 wurde mit der Auslieferung der letzten 26 Flugzeuge der 27. Serie (Su-24M2) im Jahr 1993 abgeschlossen, insgesamt wurden 1.080 Flugzeuge übergeben. Die Ausmusterung wurde wiederholt beschlossen (zunehmende Defekte) und ist jetzt bis 2020 geplant. Aktueller Bestand: 86 Jagdbomber, 74 Aufklärer. Die lange Einsatzzeit des Jagdbombers resultiert aus der zögerlichen Einführung der Su-34 (Su-27IB, Erstflug 13. April 1990), die erst Mitte 2007 begann. Einen festlichen Akt gab es am 19. August 2016, da feierte das Flugzeugwerk Nowosibirsk seinen 85. Jahrestag und lieferte zugleich die 100. Maschine des Typs Su-34 aus, bis 2020 sollen insgesamt 135 Maschinen beschafft werden.

Erst im Vergleich mit Personen wird die wahre Größe der Su-34 deutlich, Montage von Freifallbomben auf dem syrischen Militärflugplatz Hmeimim 2016 (Foto: Mil.ru).

Landung einer Su-34 im April 2017 im Westlichen Militärbezirk Russlands, bis 2020 sollen 135 Maschinen beschafft werden (Foto: Mil.ru).

Suchoi Su-25 (T-8) / Su-39

Flugzeugtyp:	Su-25M3
Verwendungszweck:	Erdkampfflugzeug
Antrieb:	2 x Tumanski R-195 mit 4.300 kp (42,17 kN)
Besatzung:	1
Länge:	15,33
Spannweite:	14,52 m
Höhe:	4,80 m
Flügelfläche:	31,10 m^2
Leermasse:	9.500 kg
Startmasse:	18.200 kg
max. Geschwindigkeit:	975 km/h
prakt. Gipfelhöhe:	8.000 m
Reichweite:	1.850 km
Bewaffnung:	1 x 30-mm-MK GSch-30-2 (250 Patronen), max. Kampflast 6.000 kg, Luft-Luft-Raketen (R-3S, R-60M), Luft-Boden-Raketen (Ch-25ML, Ch-23M), ungelenkte Raketenwerfer PU-O-25, freifallende Bomben (6 x FAB-500)
Erstflug:	22. Februar 1975
Auflage:	1.039

Die Klassifizierung der Su-25 lautete zunächst Schlachtflugzeug. Eine relativ langsam fliegende Plattform, die universell bewaffnet zur Unterstützung der Bodentruppen in eine „Schlacht" eingreift. Für die Bekämpfung kleinflächiger Landziele waren die Su-7B und Jak-28 zu schnell und zu unbeweglich. Beim Manöver „Dnjepr" 1967 erreichte die veraltete MiG-17 die besten Ergebnisse in dieser Kategorie. Einen ersten Vorschlag zu diesem Thema machte Suchoi bereits 1948 mit der einstrahligen Su-14, aber erst zehn Jahre später und nach den Erfahrungen des Vietnamkrieges wurde der Bedarf erkannt. Beteiligt an der Ausschreibung 1969 war die Il-102 von Iljuschin, die sich an der Il-40 orientierte und als veraltet eingestuft wurde. Pawel Suchoi gewann. Für die Gestaltung des Entwurfes der T-8-1 (verantwortlich Juri Iwaschetschkin) gab es klare Vorgaben: Gute Sicht des Piloten nach unten, starke Panzerung aus Titan und Ausrüstung mit zwei Triebwerken. Der stabile Trapezflügel wies eine Pfeilung von 20 ° auf. Seine aerodynamische Qualität gaben dem Flugzeug gute Manövrierfähigkeit, beste Start- und Landeeigenschaften sowie ein sicheres Trudelverhalten. Am 22. Februar 1975 flog der Prototyp das erste Mal (Wladimir Iljuschin) mit Triebwerken Tumanski RD-9B mit 2.600 kp. Als die Produktion der veralteten Turbine wenig später eingestellt wurde, kam das R-95Sch zum Einbau, Version des R-13F-300 ohne NB (4.100 kp). Als Bewaffnung wurde eine zweiläufige 23-mm-Kanone im unteren linken Teils des Bugs gewählt, und an zehn Pylonen war eine vielfältige Bewaffnung möglich: Luft-Luft-Raketen (Wym-

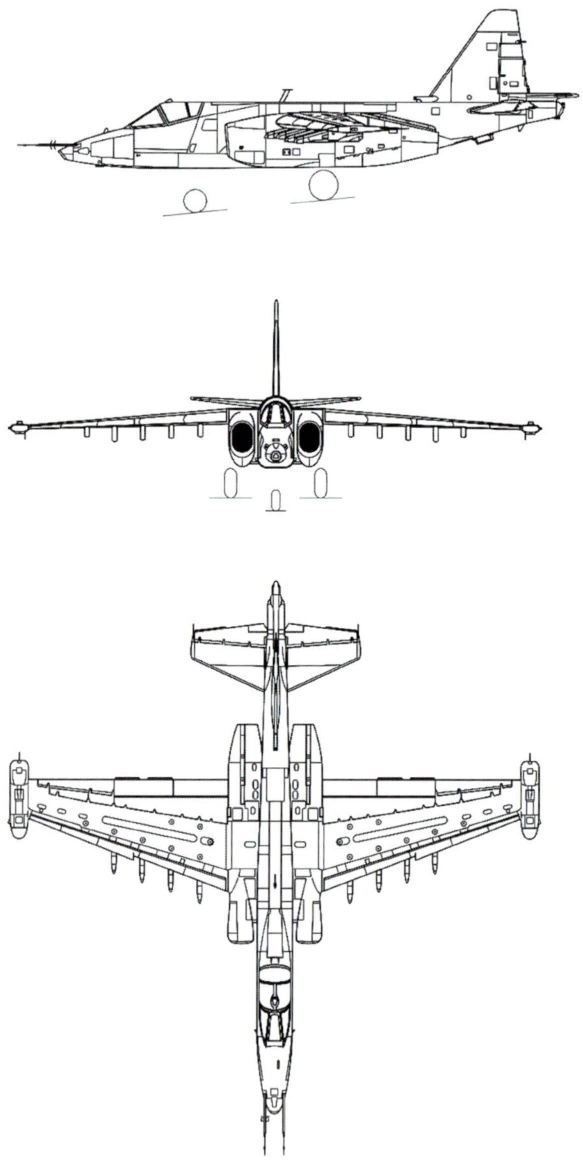

Suchoi Su-25 (Dr. Péter Kaboldy)

Mitte 1993 wurden die sowjetischen Bestände der Su-25 in der ehemaligen DDR, hier Flugplatz Groß Dölln am 15. Juni 1993, aus Deutschland abgezogen, siehe Zwei-plus-Vier-Vertrag vom 12. September 1990 (Foto: Rob Schleiffert).

pel R-3 und R-60M), Luft-Boden-Lenkflugkörper (Swesda Ch-25ML, Raduga Ch-58), ungelenkte Luft-Boden-Raketen (UB-32-A73, Rohrstartbehälter für 32 ungelenkte S5-Raketen 57 mm) und freifallende Bomben (Brand-, Spreng-, Streubomben) – maximal 4.000 kg. Mitgeführt werden konnten auch Waffenbehälter für eine weitere MK (GSch-23L), Stör-/Täuschbehälter (ASO 2W mit je 32 Täuschkörpern), sowie Zusatztanks für maximal 1.800 l – interne Tanks 2.386 l. Das waren überzeugende Argumente. Zudem war das Muster von Anfang an ein leicht zu fliegendes und einfach herzustellendes, unprätentiöses Kampfflugzeug. Die T-8-2 wurde mit dem Navigationskomplex der Su-17M3 ausgestattet (Doppler-Messgerät DISS-7, Navigationskomplex KN-23, Visier ASP 17DTS-8), der es ermöglichen sollte, die große Vielfalt von Kampfmitteln effektiv einzusetzen. Mit dem Visier „Schkwal" war es möglich, Panzer in einer Entfernung von 8-10 km zu fixieren. Probleme bei der Flugerprobung gab es nur bei der Aufhängung der Triebwerke und der Belüftung der Kabine. Damit war der Serienbau beschlossene Sache. Da das Flugzeugwerk Nr. 153 in Nowosibirsk mit der Su-24 ausgelastet war, erging der Auftrag am 7. Juni 1976 an das Flugzeugwerk Nr. 31 in Tiblissi (Georgien). Nach dem zögerlichen Start mit sieben Vorserienmaschinen gelang der Serienbau störungsfrei und ergab 1.039 Exemplare bis 2014, davon 195 doppelsitzige Schulflugzeuge. Ab Juni 1981 begann der Einsatz serieller Flugzeuge in Afghanistan. Die Operationen gegen afghanische Widerstandstruppen erwiesen sich als äußerst effektiv. Bis 1989 gingen nur 23 Maschinen verloren in 60.000 Einsätzen und einige Änderungen wurden eingeführt: Verstärkung der Bremsklappen an den Flügelenden, bessere Abwehr gegen FIM-92 Stinger (Täuschflugkörper alle 2 Sekunden) und eine stärkere Panzerung unter dem Pilotensitz. Als Antrieb wurde ab 1983 das R-195 verwendet – eine Modifikation des R-95Sch mit reduzierter thermischer Sichtbarkeit. Mit dem Export in 23 Länder

Von der Su-25 wurden 1.039 Exemplare bis 2014 gebaut, davon 195 Schulflugzeuge, ein Auftrag für die Su-39 erfolgte bisher nicht (Foto: OAO Suchoi).

Artjom Mikojan, Alexander Jakowlew und Pawel Suchoi 1970 – sie waren Kollegen, Weggefährten, aber auch immer im Wettstreit um das beste Flugzeug.

(Peru, Bulgarien, Sudan, Nordkorea, Äthiopien, Irak u.a.) kam es auch zu Einsätzen im Krieg des Irak gegen den Iran (1980-88) und bei zahlreichen regionalen Konflikten, z.B. in Eritrea, Dafur, Angola. Generell erwies sich der Flugbetrieb mit der Su-25 als problemlos und sicher. Unter den zahlreichen Modifikationen treten besonders hervor das Upgrade SM (Waffenlast 5.000 kg, sechs Maschinen 2007) und die modernste Version M3 (aktuelle Avionik und GLONASS, zwölf Maschinen 2014, Einsatz in Syrien). Zur Vervollständigung sei noch die Su-39 genannt (Su-25TM, Erstflug 15. August 1995), die ausgehend vom Doppelsitzer UT (Su-28) einsitzig mit einem vergrößerten internen Tank (Rückenwulst) ausgerüstet und zudem für den Allwetterseinsatz (Radar PTURS „Wichr") optimiert wurde. Ein Serienauftrag erfolgte bisher nicht.

Suchoi Su-27 (T-10) /-30 /-33 /-35

Mit diesem außergewöhnlichen Jagdflugzeug der vierten Generation wurde der Name Pawel Suchoi weltweit bekannt (Le Bourget 1989), allerdings begann er sich ab 1972 (mit 77 Jahren) schrittweise aus seinem Büro zurückzuziehen, er starb am 15. September 1975. Das OKB Suchoi brachte ab 1953 zwölf erstklassige Kampfflugzeuge in den Massenbau, Auflage: 10.874.

Die Leitung des Büros ging an Jewgeni Iwanow über. Im Jahr 1971 beteiligten sich drei OKBs der Sowjetunion an der Ausschreibung für ein modernes Kampfflugzeug, das zum einen gegenüber der Grumman F-14 (Erstflug 21.12.1970) und McDonnell F-15 (27.7.1972) bestehen konnte, andererseits die MiG-23 und Su-15 ersetzen sollte. Es fällt auf, dass man im sogenannten Rüstungswettlauf immer nur notgedrungen auf amerikanische Vorgaben reagierte. Neben Mach 2 und flexibler Bewaffnung wurde großer Wert auf die Manövrierfähigkeit gelegt. Von den drei eingereichten Entwürfen wurde nur die Jak-45 abgelehnt, die MiG-29 (Erstflug 6.10.1977) wurde als reiner Abfangjäger zur Serie geführt, auch die deutlich größere T-10 (Projektleiter Wladimir Antonow) wurde akzeptiert. Nach aufwendigen Windkanaluntersuchungen, nur die Tu-144 wurde noch mehr getestet, fand der Erstflug der T-10-1 am 20. Mai 1977 statt, Pilot Wladimir Iljuschin. Das Tragwerk hatte noch eine gebogene Vorderkante, die später durch eine gerade ersetzt wurde, um die Fertigung zu vereinfachen (Pfeilung 42 °). Das doppelte Leitwerk war bei den ersten vier Prototypen zentral über den Triebwerksdüsen montiert. Generell brachte das aerodynamische Design eine Vielzahl von Problemen. Nach dem Absturz der T-10-2 am 7. Mai 1978, bei dem Testpilot Jewgeni Solowjew ums Leben kam, machte sich eine

Flugzeugtyp:	**Su-27P**
Verwendungszweck:	Jagdflugzeug
Antrieb:	2 x Saturn/Ljulka AL-31F-1 mit 7.600 / NB 12.500 kp (74,50 / 122,58 kN)
Besatzung:	1
Länge:	21,94
Spannweite:	14,70 m
Höhe:	5,93 m
Flügelfläche:	62,04 m^2
Leermasse:	16.550 kg
Startmasse:	24.200 kg
max. Geschwindigkeit:	2.494 km/h
prakt. Gipfelhöhe:	18.500 m
Reichweite:	1.300 km
Bewaffnung:	1 x 30-mm-MK GSch-301 (150 Patronen), Kampflast max. 6.000 kg an zehn Pylonen für radar- bzw. infrarotgelenkte Luft-Luft-Raketen, z.B. 6 x Mittelstrecken-Raketen R-27T (40 km) und 4 x Kurzstreckenraketen R-73E (20 km), Täuschkörperwerfer
Erstflug:	20. Mai 1977
Auflage:	807 (Su-27/33), 581 (Su-30), 98 (Su-35)

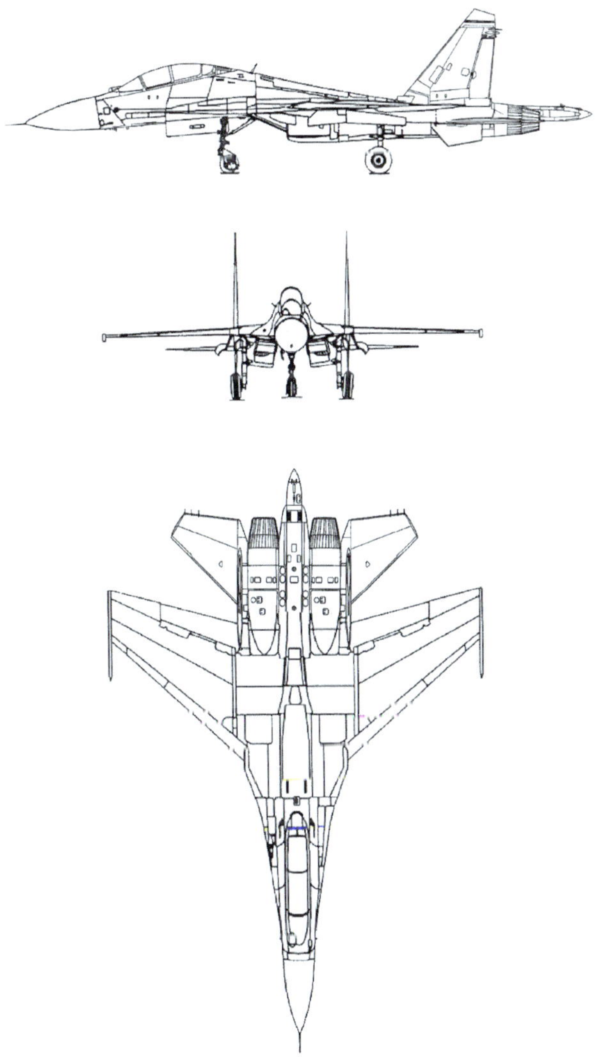

Suchoi Su-30 (Ugolok Neba)

Der erste Prototyp der Su-27 hatte den Projektnamen T-10-1 (BN 10) und flog erstmals am 20. Mai 1977 (Foto: OAO Suchoi).

Su-27SM (BN 305) mit Luft-Luft- und Luft-Boden-Lenkflugkörpern: R-27, R-77, R-73 bzw. Ch-31P (Foto: Pressedienst UAC).

Überarbeitung des Entwurfes erforderlich. Im Grunde wurde das Flugzeug neu konstruiert: Tragwerk, Triebwerksgondeln, Triebwerke (AL-31F statt AL-21F-3), Ruder, Cockpit, Rumpfquerschnitt, Fahrwerk, Lufteinläufe, außerdem musste die Leermasse deutlich reduziert werden (Einsatz von Verbundwerkstoffen auf der Basis von Kohlefasern) – verantwortlicher Typenleiter Michail Simonow. Die Treibstoffkapazität wurde auf 9.400 l erhöht. Bei den umfangreichen Änderungen sprach man intern scherzhaft „von einem Flugzeug variabler Konfiguration". Verfügbare Informationen zeigten zudem, dass das Projekt der amerikanischen Konkurrenz noch deutlich unterlegen war, vor allem bzgl. Radar und On-Board-Computer-Hard-

Anders als bei der US Navy erfolgte der Start der Su-33 nicht mit einem Katapult, sondern über eine erhöhte Rampe (Ski-Jump), Flugzeugträger Admiral Kusnezow (Mil.ru).

Neben dem russischen Einsatz findet die Su-35BM (BM – große Modernisierung) auch ausländische Interessenten: Ägypten, China, Indonesien (Foto: Irkut).

ware. Die F-15A verfügte über das erste Doppler-Impuls-Radar mit volldigitaler Verarbeitung. Das Ergebnis war die T-10S (auch T-10-7 genannt), die mit dem optisch-elektronischen Visiersystems OEPS-27 und dem digitalen Rechner Argon-15 ausgerüstet war, Erstflug nach vierjähriger Arbeit am 20. April 1981, wieder mit Wladimir Iljuschin. Aber die Flugerprobung verlief wenig erfolgreich. Am 3. September ging die T-10S verloren.

Der neue Chef des OKB, Jewgeni Iwanow, ging 1983 in Rente und Michail Simonow übernahm seinen Posten. Im Grun-

Die Su-30MKI wurde zusammen mit HAL für die indische Luftwaffe entwickelt (indische, französische und israelische Subsysteme), bisher 312 Maschinen (Foto: Irkut).

de war es sein Flugzeug, und er setzte beharrlich wesentliche Verbesserungen für den Massenbau durch. Er wollte das Beste aus der Konstruktion herausholen, was nach einem Jahr zur T-10-17 führte. Aber nur zögerlich lief dann eine Vorserie mit neun Flugzeugen im Flugzeugwerk Nr. 126 in Komsomolsk am Amur vom Band (T-10-18 bis 27). Die technologische Umstellung auf den Serienbau (vorher Su-17) unter Werkdirektor Wladimir Awramenko war höchst anspruchsvoll – Einführung als Su-27 in die Streitkräfte 1985. Schon ein Jahr später folgte der Doppelsitzer Su-27UB und im Jahr 1987 die Su-27K (Su-33, Erstflug 22.12.1987), die speziell für die Marine entwickelt worden war. Sie erhielt Canard-Flügel, eine verstärkte Struktur, klappbare Außenflügel, Fanghaken und Korrosionsschutz. Am 1. November 1989 wurde die erste Landung mit der T-10-K2 auf dem Flugzeugträger Tbilissi (heute: Admiral Kusnezow) realisiert (Testpilot Wiktor Pugatschow). Es wurde eine Versuchsstaffel mit 24 Flugzeugen ausgestattet, aber letztlich entschied sich die Marine für die MiG-29K. Um das Blatt zu wenden, schob das OKB Suchoi zehn Jahre später den Kampftrainer Su-33UB (T-10KM-2, Erstflug 12. April 1999) nach, was sinnvoll erschien, aber nicht goutiert wurde.

Mit Blick auf Exportkunden wurde die Su-27 bereits im Juni 1989 in Le Bourget vorgeflogen. Der Flug von Moskau nach Paris (2.487 km) wurde nonstop in drei Stunden absolviert. Bei der Flugshow beeindruckten die Maschinen durch spektakuläre Flugmanöver, etwa die Pugatschow-Kobra. Geordert wurden im Nachgang Flugzeuge durch Angola, China, Indonesien, Vietnam u.a. Zu Testzwecken erwarben die USA vier Maschinen über Weißrussland und die Ukraine. Hauptversionen wurden die 27P als reines Jagdflugzeug, die Exportversion 27SK und der doppelsitzige Trainer 27UB. Als Aufträge ausblieben, wurde die Werbetrommel gerührt. 1987/88 stellte die unbewaffnete T-10-15 (als P-42) zahlreiche Steigzeitweltrekorde auf (u.a. 9.000 m in 44 sec), die vorher die F-15 „Streak Eagle“ hielt. Die P-42 hatte keine Bewaffnung, reduzierte Avionik und ein verkleinertes Leitwerk.

Die Auflösung der Sowjetunion am 21. Dezember 1991 führte zum wirtschaftlichen Zusammenbruch und der Militäretat wurde drastisch gekürzt. 1991 entstanden 12 Maschinen als zweite „Vorserie“, 1993 drei weitere Muster, deklariert als Akquise. Denn nur die Exporte erbrachten noch Mittel, um an der Modernisierung festzuhalten. So entstand die Su-27SM (Erstflug 27.12.2002) in Kooperation mit China, das seine SK auf diese Weise modernisieren konnte (SKM). Die russischen Luftstreitkräfte erhielt bis 2008 in vier kleinen Serien 48 dieser neuen Maschinen. Die Ausstattung der SM mit einer auf 8 Tonnen erhöhten Waffenlast entsprach schon dem Übergang vom Jagdflugzeug zum Mehrzweckkampfflugzeug. Neben Luft-Luft-Raketen kurzer und mittlerer Reichweite (Wympel R-27T und R-73) konnten auch Luft-Boden-Lenkflugkörper (Raduga Ch-58U, Ch-31P) und lasergelenkte 500-kg-Bomben eingesetzt werden. Der Serienbau (einschließlich Vorserien und Export) erreichte 807 Exemplare. Alle Muster, einschließlich der Su-27PU (Su-30) und der Su-27M (Su-35) werden in meinem Typenkompass zu diesem Thema beschrieben. Die Su-35BM gilt heute als Favorit der Luftstreitkräfte und nicht die Su-57.

Mikojan/Gurewitsch MiG-29

Michail Gurewitsch zog sich 1964 aus dem OKB zurück (72-jährig) und Artjom Mikojan arbeitete bis 1969 aktiv weiter, bis er nach einem Herzinfarkt ausscheiden musste und wenig später starb. Die beiden Männer haben zusammen seit 1939 über 200 Flugzeuge entworfen, von denen 62 Versionen in die Massenfertigung kamen, über 60.000 Flugzeuge wurden gebaut, 11.000 in über 40 Länder geliefert.
Die Arbeiten an der MiG-31 setzte Rostislaw Bejakow (1919-2014) fort. Er absolvierte das Moskauer Luftfahrtinstitut (MAI) und kam 1941 in das OKB Mikojan/Gurewitsch, war maßgeblich an der Entwicklung des Autopiloten KAP-2 beteiligt und ab der MiG-21 an allen weiteren Typen. Die MiG-29, als Jagdflugzeug der 4. Generation, war das erste, das ganz die Handschrift Beljakows trägt. Anfang der 1970er Jahre hatten die Luftstreitkräfte der UdSSR eine Reaktion auf die General Dynamics F-16 gefordert. Das MiG-Projekt erhielt den Titel LFI (leichter Frontjäger), siehe Su-27. Das Tragwerk wurde so gestaltet, dass die nach vorn gezogenen Flügelwurzeln zum Auftrieb beitragen und bessere Langsamflugeigenschaften ermöglichen. Etwa 40 % des Auftriebs werden vom Flugzeugrumpf und 60 % vom Tragwerk erzeugt. Das weit oben aufgesetzte Cockpit bietet eine gute Rundumsicht, Zero-Zero-Schleudersitz K-36DM. Da auch der Einsatz auf unbefestigten Plätzen gefordert wurde, können die Luftschächte bei Start und Landung geschlossen werden, in diesem Regime erfolgt die Luftzufuhr über Lamellen oben auf den Flügelwurzeln. Ursprünglich war geplant, 10 % der Struktur mit Verbundwerkstoffen auszuführen, aber nach den Erfahrungen mit den ersten vier Prototypen blieb man bei den traditionellen Aluminiumlegierungen und Edelstahl.
Das Waffenkontrollsystem SAU-451-01 der MiG-29 besteht aus zwei Komplexen: einem Radarzielsystem mit mittlerer Reichweite RLPK-29 (N019) und einem optisch-elektronischen Visier- und Navigationssystem OEPS-29 mit kurzer Reichweite. Das System gewährleistet die Erkennung von Luftzielen bei Tag und Nacht, bei einfachen und ungünstigen Wetterbedingungen, Abfangen von Kampf- und Aufklärungsflugzeugen, Zerstörung von Bodenzielen. Der Pilot verfügte u.a. über ein

Flugzeugtyp:	**MiG-29SMT**
Verwendungszweck:	Mehrzweckkampfflugzeug
Antrieb:	2 x Klimow RD-33MK mit 5.400 kp / NB 9.000 kp (52,97 kN / 88,29 kN)
Besatzung:	1
Länge:	17,36 m
Spannweite:	11,36 m
Höhe:	4,73 m
Flügelfläche:	38,06 m^2
Leermasse:	11.600 kg
Startmasse:	17.600 kg
max. Geschwindigkeit:	2.442 km/h
prakt. Gipfelhöhe:	18.500 m
Reichweite:	2.200 km
Bewaffnung:	1 x sechsläufige 30-mm-MK GSch-301, Kampflast maximal 3.500 kg, Luft-Luft-Raketen (u.a. Wympel R-27R / R-77), Luft-Boden-Lenkkörper (2 x Wympel Ch-29ML, 4 x Ch-31P), gelenkte Bomben (4 x FAB-500Kr/L), 2 x Täuschkörperwerfer BWP-30-26M, 1 x Zusatztank PTB-1500
Erstflug:	6. Oktober 1977
Auflage:	1.552 (alle Versionen)

Mit den Projekten MiG 1.44 (Erstflug 29. Februar 2000) und dem Trainer MiG-AT (21. März 1996) hatte das RSK MiG keinen Erfolg.

Der Prototyp der MiG-29 (9-01) in Monino, beachte den Größenunterschied zwischen der MiG-25 (Auflage 1.185, rote 04) und der MiG-31 (425) davor (Foto: Alan Wilson).

Die DDR erwarb 20 MiG-29A und 4 MiG-29UB, hier die 677 (29+11) 1990 in Preschen, heute Ersatzteilspender im Flugzeugwerk WZL-2 Bydgoszcz (Foto: Rob Schleiffert).

Head up Dislay (Blickfelddarstellung), drei Panorama-Rückspiegel und ein Fly-by-Wire-System (Flugzeugsteuerung mit elektrischer Signalübertragung).

Es ist bemerkenswert, dass ein wesentlicher Teil der Arbeiten in den Händen des stellvertretenden Chefkonstrukteurs Wano Mikojan (1927-2016) gelegen hat, Sohn von Anastas Mikojan und seit 1953 in der Firma seines Onkels. Im Zweiten Weltkrieg war er Jagdpilot, wie sein Bruder Wladimir, der mit 18 Jahren in Stalingrad gefallen ist.

Im August 1976 wurde das Mock-up der MiG-29 (intern Projekt 9 genannt) von der Modellkommission der Luftstreitkräfte genehmigt und der Bau des ersten Prototyps umgehend im Werk Nr. 1 begonnen. Als 9-01 erhob sich diese Maschine erstmals am 6. Oktober 1977, Pilot Alexander Fedotow (1932-

Die MiG-29KUB (im Vordergrund Wympel R-27R und R-27T, Reichweite 80 km) wurde für den Einsatz von Trägerschiffen optimiert, Adressaten sind die russischen Marine und Indien.

1984). Er absolvierte 1954 die Flugschule für Militärpiloten in Stalingrad und kam 1958 als Testpilot zum OKB MiG, er starb am 4. April 1984 bei der Flugerprobung der MiG-31 (Kontrollverlust nach kritischem Anstellwinkel).

Der erste Prototyp der MiG-29 konnte alle Erwartungen erfüllen. Mit seiner Steiggeschwindigkeit (330 m/s), Wendigkeit und Geschwindigkeit stellte er eine ideale Plattform für eine variable Bewaffnung dar. Die Grundversion A konnte neben der sechsläufigen 30-mm-MK GSch-301 (150 Patronen) an sechs Aufhängepunkten Luft-Luft-Raketen aufnehmen. Für mittlere Luftziele waren zunächst die R-27R, R-27T (80 km) vorgesehen, im Nahbereich die R-73 (20 km). Kurze Anmerkung: die zahlreichen Lenkflugkörper und gelenkte Bomben sind (allerdings nicht durchgehend) mit einem Buchstaben versehen: Kr – fernsehgelenkt, L – lasergelenkt, R – radargelenkt, T – infrarotgelenkt, S – satellitennavigationsgelenkt.

Ursprünglich war geplant, 25 Maschinen für die Flugerprobung und die weitere Entwicklung zu bauen, letztlich entstanden 14 Maschinen (zuzüglich drei für statische Tests), wobei zwei (9-03 und 9-08) durch Triebwerksausfall verloren gingen, die Piloten Fedotow und Menitzki retteten sich mit dem Schleudersitz. Die Erprobungsmuster wurden in den Folgejahren für die Verbesserung der Serienausführungen genutzt, im Juli 1983 wurden die ersten 24 Maschinen dem 234. Gardejagdfliegerregiment auf dem Flugplatz Kubinka bei Moskau übergeben.

Auf die entfeinerte 29B für den Export folgte die S (9-13S), Erstflug 4. Mai 1984. Durch einen zusätzlichen Tank für 1.000 l erhielt sie den typischen Rückenwulst, der auch das neue Flugkontrollsystem L-203BE aufnahm. Das moderne Glas-Cockpit und die Avionik, die ein schnelles Umschalten von Luft-Luft- auf Luft-Boden-Aufgaben ermöglicht, ließen aus der 29 ein Mehrzweckkampfflugzeug werden. Zu erwähnen ist die Version M (9-15) mit überarbeiteter Zelle und dem RD-33K. Die 9-17 erhielt erstmals eine Vorrichtung zum Abschießen von Täuschkörpern, nach den Erfahrungen in Afghanistan. Die SMT kam am 29. 11.1997 in die Luft (mit deutlich verbesserter Bewaffnung, Radar N019M), als Prototyp für die Modernisierung vorhandener älterer Muster (S und SM) der russischen und anderer Luftstreitkräfte.

Natürlich war der Export der MiG-29 bei der angespannten Kassenlage der Sowjetunion Ende der 80er Jahre ein wichtiges Thema. Vom 4. bis 11. September 1988 nahmen zwei Maschinen MiG-29 (9-12) und eine zweisitzige MiG-29U (9-51) an der Flugschau in Farnborough teil.

Bis 1991 erhielten die sowjetischen Streitkräfte etwa 800 Flugzeuge, 300 von ihnen waren in osteuropäischen Staaten (DDR, Ungarn, Tschechoslowakei) stationiert. Für die NVA wurden ab 1988 (JG-3 Preschen) 20 MiG-29A und 4 MiG-29UB beschafft. Letzter Flugbetrieb am 27. September 1990, danach Übergabe an die Bundeswehr, 1994 Verlegung nach Laage. Die Nutzung erfolgte bis 2004 (u.a. bei gemeinsamen Übungen mit der USAF), eine MiG-29A ging bei einem Absturz verloren (25. Juni 1996, 670 / 29+09), eine weitere (615 / 29+03) ist in Gatow ausgestellt. Die restlichen 22 Flugzeuge wurden 2004 an Polen übergeben. Dort war der Einsatz bis 2024 geplant, aber

Auf der MAKS 2017 stand die MiG-35 auf einem Podium wie ein Star, und in der Tat bietet sich hier eine interessante Alternative zu den Kampfflugzeugen von Suchoi.

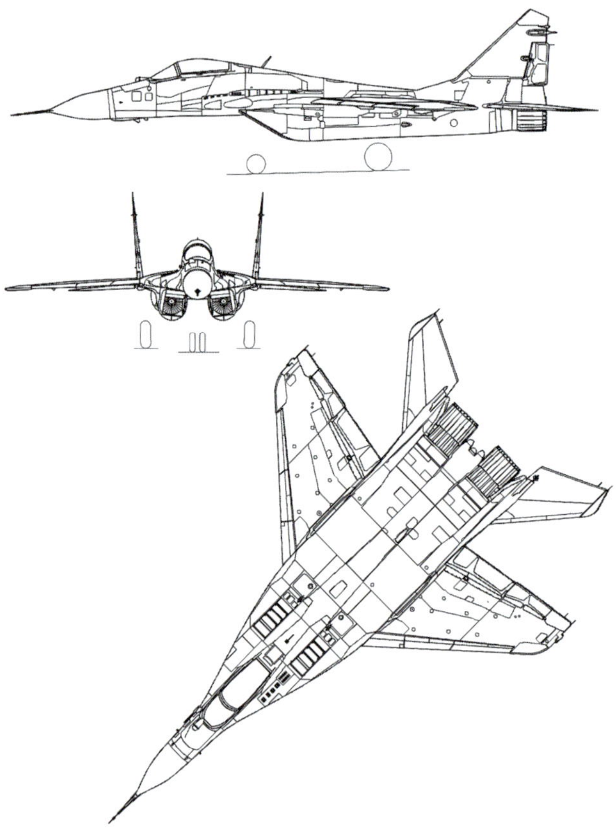

Mikojan/Gurewitsch MiG-29 (Dr. Péter Kaboldy)

in der letzten Zeit häufen sich Unfälle durch das Fehlen von Ersatzteilen. Sieben Maschinen dienen im Flugzeugwerk WZL-2 in Bydgoszcz als Ersatzteilspender.
Der Export der MiG-29 erreichte 752 Flugzeuge, Kunden waren auch Indien, Bangladesch, Algerien, Irak, Iran, Kuba, Polen. Im Jahr 1997 kauften die USA 21 Maschinen von Moldawien und nutzen sie zur Analyse der Radarsysteme und zur Feinddarstellung im Luftkampf.

Um im Wettstreit mit dem aktiven Marketing von Suchoi nicht ins Hintertreffen zu geraten, wurde 2009 die MiG-35 lanciert (Radar- und Waffenleitkomplex NIIR Schuk-A, max. Waffenlast 6.500 kg) – deutlich kleiner (und kostengünstigen) als die Su-35 und mit vergleichbaren Kampf- und Flugleistungen. Die Zahl der Pylone wurde im Verlauf der Entwicklung auf nunmehr elf erweitert. Zudem wurde die Treibstoffkapazität erhöht, die Zelle wurde in weiten Teilen vollkommen neu konstruiert und basiert auf der MiG-29K (trägergestützte Version 1990). Der größte Betreiber der MiG-29K ist die indische Marine. Nach anfänglichen Schwierigkeiten mit der Einsatzbereitschaft (Ersatzteile) der zwölf einsitzigen MiG-29K und vier zweisitzigen MiG-29KUB, Auslieferung bis 2012, ist man jetzt mit dem Muster sehr zufrieden (siehe Flugzeugträger Vikramaditya, Ex-Baku). Auch die russische Marine denkt über den Einsatz der MiG-29KUB nach. Für den Massenbau der MiG-35 wurde das Klimow RD-43 (NB 9.400 kp) vorgeschlagen, um der höheren Startmasse zu entsprechen – es besteht die Hoffnung, wenigstens einen Teil der vorhandenen russischen Bestände der MiG-29 ersetzen zu können. Wichtigster Exportkunde bleibt Indien. Dabei geht es weniger um den Erzfeind Pakistan als um das hegemonistische Auftreten Chinas. Auf der Aero India 2019 verkündete MiG-Generaldirektor Ilja Tarasenko auch ein neues After-Sale-Konzept für den kompletten Lebenszyklus der MiG-35: Produktion (auch in Indien), Wartung, Reparatur und Modernisierung sowie die Ausbildung von Flug- und Technikpersonal.
Das RSK MiG (Russische Flugzeugbau Kooperation) ist nach dem Misserfolg der MiG 1.44 (Erstflug 29. Februar 2000) und des Trainers MiG-AT (21. März 1996) heute weit entfernt von früherer Pracht. Alle Hoffnungen ruhen auf der MiG-35. Das Ingenieurbüro offerierte aber im letzten Jahrzehnt neue Projekte, u.a. die MiG-LMFS (Leichtes Mehrzweck-Frontflugzeug) als einstrahliger Ersatz für die weltweit noch in Dienst stehenden MiG-23/27. Als Nachfolge für die MiG-31 bot RSK MiG das Projekt 41 an mit Stealth-Eigenschaften, auch mit Blick auf ein mögliches Scheitern der Su-57.

Jakowlew Jak-130

Flugzeugtyp:	Jak-130
Verwendungszweck:	Schul- und Kampfflugzeug
Antrieb:	2 x Motor Sitsch (Salut) AI-222-25 je 2.500 kp (24,52 kN)
Besatzung:	2
Länge:	11,49 m
Spannweite:	9,84 m
Höhe:	4,76 m
Flügelfläche:	23,52 m^2
Leermasse:	4.600 kg
Startmasse:	7.430 kg (max. 10.250 kg)
max. Geschwindigkeit:	1.060 km/h
prakt. Gipfelhöhe:	12.500 m
Reichweite:	1.600 km (mit PTB 2.100 km)
Bewaffnung:	Luft-Luft- (R-73E) oder Luft-Boden-Raketen (S-25-OFM), Freifallbomben (FAB-500M), max. 3.000 kg
Erstflug:	25. April 1996
Auflage:	155

Hauptkontrahenten in der Ausschreibung für einen neuen Jet-Trainer 1990 waren die MiG-AT und die Jak-130. Das Pflichtenheft fordert vom Nachfolger der Aero L-39 Flugmanöver, die denen der MiG-29 und Su-27 vergleichbar sein sollten, Auslegung für +8/-3g. Zudem wurden zwei Triebwerke gefordert, ein vierfach redundantes Fly-by-Wire-System, eine Startrollstrecke von 500 m, Pylonen für mindestens zwei Raketen für das Schießtraining. Erste Planungen sahen eine Indienststellung 1994 vor, aber die Unentschlossenheit beim Auftraggeber selbst und die Wirtschaftskrise im Land verzögerten den Bau. Während man sich bei Mikojan französische Partner suchte, wurde die Jak-130 zusammen mit Aermacchi aus Italien entwickelt. Also wieder der bekannte Wettstreit der Jaks gegen die MiGs, wie so oft seit dem 24. April 1946.
Die Italiener (als erfolgreicher Produzent von Trainern) waren am Projekt Jak-130 ernsthaft interessiert, um das neue Flugzeug (offiziell AEM/Jak-130) am westeuropäischen Markt zu platzieren. Auf der Flugshow in Le Bourget 1995 wurde das Flugzeug erstmals vorgestellt, mit dem Logo beider Firmen am Leitwerk. Auffallend war das weit nach vorn gezogene Tragwerk mit Sägezahnvorderkante und Hochauftriebshilfen. Das Höhenruder war als Pendelruder ausgelegt, ein robustes Fahrwerk sollte auch den Einsatz auf unbefestigten Pisten ermöglichen. Interne Tanks 1.700 l, zwei Zusatztanks je 450 l.
Der Erstflug (01 RA-43130, seit 2012 in Monino) erfolgte am 25. April 1996 mit Testpilot Andrej Sinizyn, die anschließende Flugerprobung zog sich bis 2002 hin. Aber eine Entscheidung ließ auf sich warten. In keinem Fall wollte man ausländische Ausrüstungen im Flugzeug sehen. Die Trennung zwischen Aermacchi und Jakowlew war unausweichlich und sie verlief „zi-

Seit 2008 wird die Jak-130 (Erstflug 25. April 1996) gebaut, erster russischer Auftrag 95 – geschätzter Bedarf 200, Export u.a. nach Laos, Algerien, Weißrussland, Bangladesch.

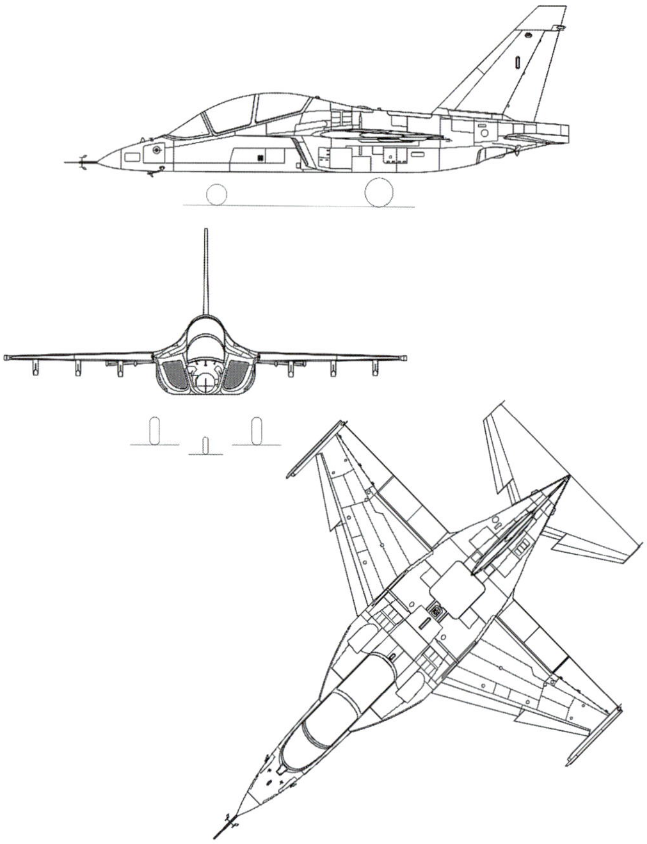

Jakowlew Jak-130 (Dr. Péter Kaboldy)

vilisiert". Alle notwendigen Unterlagen wurden ausgetauscht und man einigte sich über zukünftige Absatzgebiete. Der Generaldirektor des Jak-Büros Oleg Demtschenko (auch Präsident des OAK Irkut) fand lobende Worte in dem Sinne: Ohne die Italiener hätten wir es nicht geschafft. Die italienische Ausgabe, M-346 (heute Leonardo), konnte sich am Markt positionieren: Italien (18), Israel (30), Singapur (12), Polen (16), auch Österreich zeigt sich interessiert.

Die militärische Konflikte in Tschetschenien ab 1994 führte in Russland zu der Einsicht, dass man dringend einen Kampftrainer (so die neue Vokabel) brauchte und da war die Jak-130 mit 3.000 kg Waffenlast der MiG-AT deutlich überlegen. Die ersten vier Maschinen der Vorserie wurden dann im Flugzeugwerk „Sokol" in Nischni Nowgorod gebaut (Bordnummer 130, 131, 03, 133) und erhielten mit dem AI-222-25 einen neuen Antrieb (statt AI-25), ein neues Radar und die Pylonen wurden auf neun erweitert, einschließlich einer doppelläufigen MK GSch-23L unter dem Rumpf. Beide Cockpits sind mit drei multifunktionalen Farb-LCD-Displays und überwiegend mit der Hardware der Su-30MK ausgerüstet. Erstflug der BN 130 am 30. April 2004 mit Roman Taskajew, dann folgte die staatliche Abnahme. Die Bordnummer 131 war auch olivgrün lackiert, die 03 erschien in Grau – sie ging am 26. Juli 2007 verloren, beide Piloten konnten sich retten. Im Ganzen wurde die Prüfung positiv beurteilt und der Serienbau im Werk Irkutsk 2008 begonnen, erster russischer Auftrag zunächst 95 – geschätzter Bedarf 200. Exportpartner für die Jak-130 sind derzeit Algerien (16), Bangladesch (16), Weißrussland (8 + 4 Neubestellungen), Laos (4), Bangladesch (16) – Verhandlungen laufen mit Vietman, Malaysia u.a. Für China wurde eine Version zusammen mit Hongdu als L-15 (Erstflug 13. März 2006) realisiert, bisher 100 Maschinen, hier heißen die Interessenten Uruguay, Pakistan, Sambia und (!) die Ukraine.

An insgesamt neun Pylonen kann die Jak-130 bis zu 3.000 kg Außenlasten tragen, hier eine weißrussische Maschine November 2016 (Foto: Irkut).

Suchoi Su-57 (T-50)

Im Jahr 1998 veröffentlichten die Luftstreitkräfte die Ausschreibung TTS (Taktisch-technische Anforderung) mit dem Ziel, ein leichtes Mehrzweck-Kampfflugzeug zu schaffen. Die Firma Mikojan brachte die MiG-2000 an den Start, die genau den Vorgaben entsprach und zudem vier Tonnen leichter war als die Su-27. Aber im April 2001 änderte man das Pflichtenheft und es wurde das PAK-FA-Programm gestartet, frei übersetzt: Zukunftsprogramm für einen Frontbomber. Gedacht wurde, mit Blick auf die Lockheed Martin F-22A Raptor (Erstflug 7. September 1997), an ein Kampfflugzeug der 5. Generation mit Tarnkappeneigenschaften. Der Auftraggeber forderte eine Kombination aus Geschwindigkeit, Manövrierfähigkeit, Präzision im Luft-Luft- und Luft-Boden-Kampf. Als normale Startmasse wurden zunächst 24 Tonnen angepeilt. Die Ausschreibung lief von Anfang an in Richtung Suchoi, da man dort eine Kooperation mit Indien (Hindustan Aeronautics Limited HAL) anbieten konnte, d.h. die Entwicklungskosten sollten hälftig geteilt werden. Durch die zeitliche Verzögerung des Programms ist derzeit aber fraglich, ob die Indian Air Force wirklich noch 127 Maschinen abnehmen wird, zumal die Stealth-Eigenschaften wenig überzeugen und die gewünschte zweisitzige Variante nicht vorhanden ist. Der Chef der indischen Luftstreitkräfte, Marschall Birender Singh Dhanoa, erklärte am 16. Juli 2019, man werde die Indienststellung der Su-57 in Russland abwarten und dann eine Entscheidung treffen. Inoffiziell wurde parallel bekannt, dass Präsident Putin die Beschaffung von 76 Maschinen in Aussicht gestellt habe.

Der Entwurf des T-50 genannten Projekts wurde im Novem-

Flugzeugtyp:	**Su-57**
Verwendungszweck:	Mehrzweckkampfflugzeug
Antrieb:	2 x Saturn 117S mit 8.800 / NB 14.500 kp (86,3 / 142,2 kN)
Besatzung:	1
Länge:	19,70
Spannweite:	14,10 m
Höhe:	4,78 m
Flügelfläche:	82,2 m^2
Leermasse:	18.400 kg
Startmasse:	28.200 kg (max. 35.480 kg)
max. Geschwindigkeit:	2.350 km/h
prakt. Gipfelhöhe:	20.000 m
Reichweite:	1.400 km
Bewaffnung:	1 x 30-mm-MK Tula 9-A1-4071K (200 Patronen), Kampflast max. 10.000 kg, Luft-Luft-Raketen (R-77M / R-73E), Luft-Boden-Lenk-flugkörper (4 x Ch-38ME / Ch-35UE), lasergelenkte Bomben KAB-500L, 2 Zusatztanks je 3.000 l
Erstflug:	25. April 1996
Auflage:	155

Interessanter Vergleich zwischen der T-50-1 und der Su-35UB am 23. Januar 2010 auf dem Werksflugplatz Dsjomgi neben dem Serienwerk in Komsomolsk am Amur, beachte zwei Su-80 im Hintergrund (Foto: KnAAPO).

Die 055 und 056 bei einem Fototermin für den künftigen russischen Auftraggeber (Foto: Mil.ru).

ber 2004 im Ingenieurbüro Suchoi fertiggestellt (Chefdesigner Alexander Dawidenko) und im Dezember 2004 vom Verteidigungsministerium genehmigt, Mock-up T-50-KNS. Der Bau des ersten Prototyps (T-50-1) wurde im November 2006 im Flugzeugwerk KnAAPO (Komsomolsk am Amur) begonnen, zuzüglich zwei Zellen für statische Tests (T-50-0 und T-50-KPO). Am 29. Januar 2010 startete um 11:19 Uhr Pilot Sergej Bogdan den ersten Flug der T-50-1 auf dem Werksflugplatz Dsjomgi (Komsomolsk am Amur) mit einer Dauer von 47 Minuten. Am 3. Februar 2010 sagte der stellvertretende Ministerpräsident Sergej Iwanow: „Das war eine beeindruckende Vorstellung, aber es gibt noch viel zu tun." Das betraf alle Bereiche des neuen Flugzeugs: Avionik, Bewaffnung, Triebwerk. Auf der MAKS 2011 wurden die ersten beiden Prototypen (BN 051 und 052) erstmals öffentlich vorgestellt. Zu diesem Zeitpunkt lag das Programm schon deutlich hinter dem ursprünglichen Plan (Truppeneinführung 2015) zurück. Aber mit Blick auf die Su-35S wurde die Arbeit in Ruhe fortgesetzt. Michail Pogosjan (damals Generaldirektor des Ingenieurbüros Suchoi) erklärte am 12. März 2010 selbstbewusst, dass er mit einem Absatz von 200 Flugzeugen in Indien rechne, 200 russischen Bestellungen und weiteren 600 Maschinen weltweit – erste Kontakte mit Peru, Vietnam und Algerien. Die Verwendung von Verbundwerkstoffen (25 % in der Struktur, 70 % beim Tragwerk), die aerodynamische Auslegung sowie Maßnahmen zur Verringerung der Motorstrahlung sorgen für eine deutlich niedrigere Radar-, Infrarot- und optische Sichtbarkeit im Verhältnis zur Su-35. Unterbringung der Waffen in zwei internen Schächten und zwei Pylonen unter dem Tragwerk. Offensichtlich ist beim Design die enge Verbindung zwischen Rumpf und dem trapezförmigen Tragwerk: die Pfeilung der Vorder- und Hinterkante des Flügels beträgt 48 °/ 78 ° bzw. -14 ° Zum Einsatz kommt die bewährte Schubvektorsteuerung der beiden Triebwerke, d.h. bewegliche Düsen sowohl in der vertikalen als auch in der horizontalen Ebene, Einsatz sowohl gegen Luft- als auch Bodenziele. Obwohl viele Daten noch geheim sind, ist davon auszugehen, dass als Bugradar das AESA-N050-Radar (auf der Basis des N0-11M) zum Einsatz kommt, im Heckausleger wird das Radar N035 Irbis, ebenfalls von der Firma Tichomirow, vermutet. In der Vorderkante des Tragwerks befinden sich die Antennen für das System N-036L-01, zu erwarten ist auch das opto-elektronische Ortungssystem RL-50M.

Es zeigte sich bald, dass damit die Leermasse auf 18 Tonnen ansteigen wird. Der Vorschlag von Suchoi, eine abgespeckte Variante zu bieten (SFI), wurde abschlägig beschieden und diese Aufgabe der MiG-35 zugewiesen. Hilfreich bei der Entwicklung der T-50 wirkte sich aus, dass zahlreiche Steuerungssysteme, Strukturen und Komponenten der Su-35S übernommen werden konnten. Aber der Serienauftrag ist auch abhängig vom Triebwerk. Für die Flugerprobung wird das Saturn 117S benutzt, geplant ist der Einbau eines schubstärkeren Triebwerks (Isdelije 30, 19.200 kp), das gegenwärtig von den Firmen Sojus und Saturn gebaut bzw. bereits erprobt wird (leichter, sparsamer und mit deutlich höherer Lebensdauer – keine Modifikation, sondern eine ganz neue Turbine), Ziel: Überschallflug ohne NB.

Die Flugerprobung der inzwischen zehn flugfähigen Prototypen wird zielgerichtet fortgesetzt (seit fast zehn Jahren), in erster Linie im Flugerprobungszentrum der Luftstreitkräfte in Achtubinsk (GLIZ). Dazu gehörte die Erprobung der Luftbetankung (August 2012, BN 052), der Abschuss von Raketen aus dem internen Waffenschacht (März 2016, BN 056) und der Einbau der kompletten Avionik (April 2017, BN 059). Am 21. Februar 2018 landeten zwei Su-57 auf dem Militärflugplatz Hmeimim in Syrien, von „Kampfeinsätzen“ wurde berichtet, aber es handelte sich wohl eher um eine PR-Veranstaltung. Die russischen Luftstreitkräfte zeigen sich derzeit zurückhaltend, d.h. 2019 soll eine Maschine der Vorserie zur Truppenerprobung übernommen werden, eine zweite soll 2020 folgen. Begeisterung sieht anders aus. Aber wer weiß, vielleicht wird die Türkei ein unerwartet neuer Partner, siehe Besuch des türkischen Präsidenten Erdogan auf der MAKS 2019.

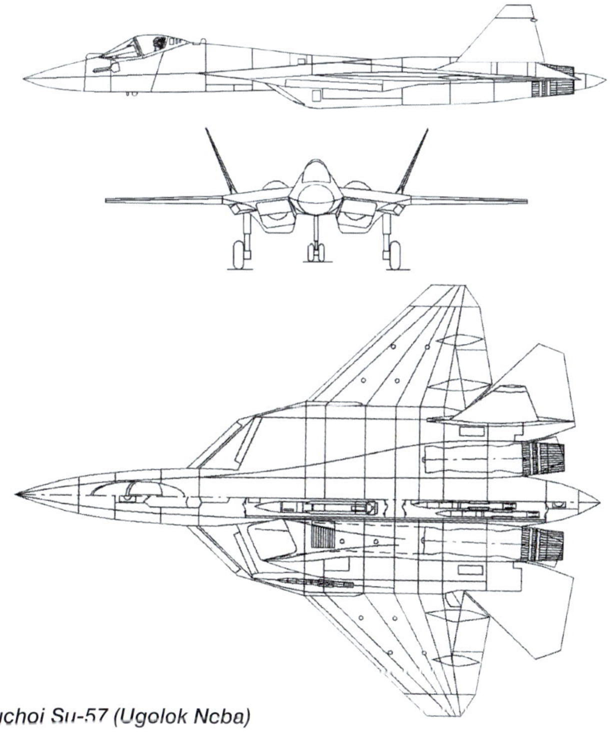

Suchoi Su-57 (Ugolok Ncba)

Bei den russischen Luftstreitkräften scheint die Euphorie verflogen, sollte man in Zukunft besser auf die Su-35BM und die MiG-35 setzen? Ende offen (Foto: UAC).

WEITERE INTERESSANTE BÜCHER ZUM THEMA

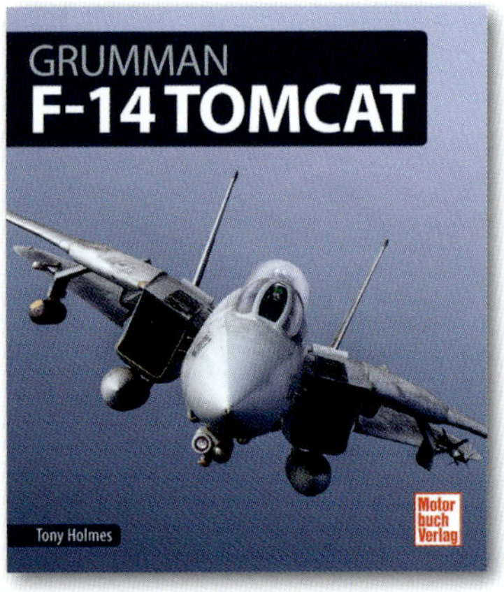

Die F-14 Tomcat ist das wohl mit Abstand bekannteste moderne Trägerflugzeug aller Zeiten. Dieses Buch stellt eine herausragende Darstellung dieses legendären Flugzeugs dar. Tolles Bildmaterial dient dabei zur Abrundung.

192 Seiten, 200 Bilder, Format 230 x 265 mm
ISBN 978-3-613-04192-9
€ 29,90 / € (A) 30,80

Kampfhubschrauber sind martialische Fluggeräte und mischen dort mit, wo es richtig zur Sache geht: mitten im Gefechtsfeld. Michael Normann beleuchtet die wichtigsten Typen und stellt Entwicklung, Einsatz und Varianten dar.

192 Seiten, 206 Bilder, Format 230 x 265 mm
ISBN 978-3-613-04044-1
€ 24,90 / € (A) 25,60

Jagdbomber gehören zu den vielseitigsten und leistungsfähigsten Militärflugzeugen überhaupt. Sie werden zur Bekämpfung von Boden-, See- und Luftzielen eingesetzt. In diesem Band werden die wichtigsten Jagdbomber ab 1945 dargestellt.

192 Seiten, 213 Bilder, Format 230 x 265 mm
ISBN 978-3-613-04043-4
€ 24,90 / € (A) 25,60

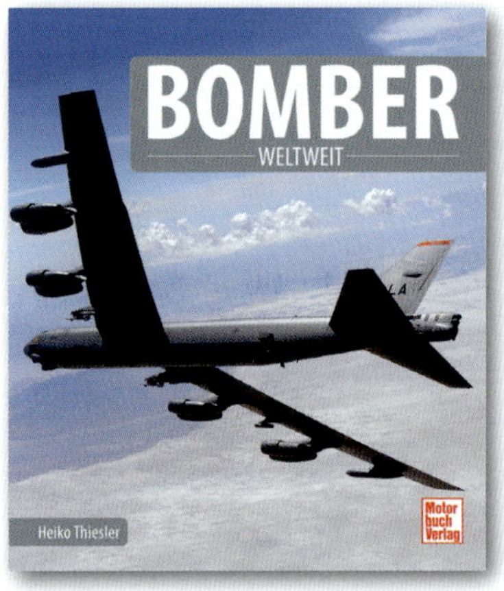

Heiko Thiesler stellt in diesem Buch sämtliche wichtigen Bomber der Welt vor. Berühmtheiten wie die mächtige, achtstrahlige Boeing B-52, die überschallschnelle B-1 oder die russische TU-95 sind nur einige der herausragendsten Beispiele.

176 Seiten, 185 Bilder, Format 230 x 265 mm
ISBN 978-3-613-04097-7
€ 24,90 / € (A) 25,60

Stand Oktober 2019
Änderungen in Preis und Lieferfähigkeit vorbehalten.

Überall, wo es Bücher gibt, oder
WWW.MOTORBUCH-VERSAND.DE
Service-Hotline: 0711 / 78 99 21 51

Motor buch Verlag